21世纪高等教育计算机规划教材

Access 2010 数据库技术及应用

李小华 主编

覃宝灵 林秋明 副主编

人 民 邮 电 出 版 社

北 京

图书在版编目（CIP）数据

Access2010数据库技术及应用 / 李小华主编. -- 北京 : 人民邮电出版社, 2014.9
21世纪高等教育计算机规划教材
ISBN 978-7-115-36089-2

Ⅰ. ①A… Ⅱ. ①李… Ⅲ. ①关系数据库系统－高等学校－教材 Ⅳ. ①TP311.138

中国版本图书馆CIP数据核字(2014)第182540号

内 容 提 要

本书以“进销存管理系统”开发的全过程为教学主线，通过大量实例讲解，使学生在“动手中”掌握数据库应用系统开发的基本知识和操作方法。为达到“学以致用”“学用并行”的目的，本书每章后都有“实训”部分，学生可以根据所学内容举一反三。全书的实训内容构成了一个完整的“学生成绩管理系统”开发过程。

本书介绍了关系数据库的基本知识与概念、数据库的建立与使用和表 、查询、窗体、报表、宏等数据库对象的创建及应用。本书还结合 VBA，讲解了程序设计的基本知识和使用 VBA 访问数据库的方法。

本书有配套数据库、实训任务结果参考、PPT 课件以及例题讲解和操作演示视频，学生可以非常容易地依托这些资源完成各种实例和实训任务。

本书可作为普通高等学校“数据库技术”课程的教材，也可作为各类人员学习数据库技术的自学用书及相关培训用书。

◆ 主　　编　李小华
副 主 编　覃宝灵　林秋明
责任编辑　王亚娜
责任印制　张佳莹　杨林杰

◆ 人民邮电出版社出版发行　北京市丰台区成寿寺路 11 号
邮编　100164　电子邮件　315@ptpress.com.cn
网址　http://www.ptpress.com.cn
北京天宇星印刷厂印刷

◆ 开本：787×1092　1/16
印张：14.75　2014 年 9 月第 1 版
字数：406 千字　2024 年 10 月北京第17 次印刷

定价：36.00 元

读者服务热线：(010) 81055256　印装质量热线：(010) 81055316
反盗版热线：(010) 81055315

本书以 Microsoft Access 2010 中文版为操作平台，以“进销存管理系统”开发的全过程为主线，系统介绍 Access 2010 应用系统开发过程。全书的“实训”部分构成了一个完整的“学生成绩管理系统”开发过程。

全书强调理论知识与实际应用的有机结合，语言力求通俗、简洁，让学生对教材“看得懂、用得着、学得进”。理论知识的介绍以“基础、够用和兼顾发展”为原则，尽量不编写纯理论性的章节，把相对枯燥的理论融合到实验内容的设计中；实例操作步骤清晰、简明扼要、图文并茂。

全书共 9 章，提供了丰富的案例和大量的习题。各章内容如下。

第 1 章介绍数据、数据处理与信息之间的关系，数据库系统，数据库应用系统开发过程，Access 2010 的功能和特点。

第 2 章介绍数据模型，关系和关系数据库，创建数据库文件，数据库、数据库文件、数据库对象和数据库应用系统之间的关系，数据库文件操作界面。

第 3 章介绍创建表、数据记录输入、关系的建立和实施参照完整性。

第 4 章介绍查询设计的基本操作方法。

第 5 章介绍创建窗体的各种方法，窗体和报表的常用控件的功能及其应用。

第 6 章介绍创建报表的各种方法，报表的打印。

第 7 章介绍创建和执行各种宏的方法，使用宏创建“加载项”选项卡自定义菜单的方法。

第 8 章介绍 VBA 语言基础，创建模块和过程，事件过程的编写，通过 DAO 和 ADO 访问数据。

第 9 章介绍 Access 2010 安全性新增功能，数据库安全基本操作，通过菜单实现小型数据库应用系统集成的方法。

我们将为使用本书的教师提供 PPT 教案、实例操作演示视频、实例操作素材和结果、实训操作素材和参考结果，需要者可以到人民邮电出版社教学资源网站上免费下载使用。

本书第 1～6 章由李小华编写；第 7～8 章、习题由覃宝灵编写；第 9 章由林秋明编写。全书由李小华统稿，林秋明审阅。

本书的编写过程中，陈梅兰、冉清、肖祥等参与了整理和策划工作，在此对他们表示感谢。

由于编者水平有限，加上编写时间仓促，错漏之处在所难免，敬请广大读者朋友批评指正。

编　者

2014 年 5 月

目录 CONTENTS

第1章 数据库系统及其应用概述

本章知识要点

- 数据、数据处理与信息的概念及它们之间的关系，数据处理过程中的关键问题。
- 数据库系统组成、功能与特点。
- 数据库应用系统的概念及其开发过程。
- Access 2010 的功能和特点。
- Access 2010 的启动和退出。

计算机已应用到我们生活和工作各个领域，在计算机应用中 70%是数据处理应用，数据库系统是目前最流行和高效的数据处理解决方案。当人们在银行存取款、医院挂号和结算、超市购物结算、网络购物、QQ 聊天、短信收发、信息搜索、各种刷卡出入或登记等时，都在享受着数据库系统服务。

1.1 数据、数据处理与信息

所谓数据就是人们对事物的属性（特征）和事物之间相互关系的描述。这里的事物不仅指具体的实体，如汽车、手机等；还包括抽象概念，如销售、信誉等。

例如描述企业，人们对其企业名称、地址、电话、网址、产品、信誉等级等属性有如下描述。

（千志公司，蒙古西街 8 号，700-77557689，http://www.fcw.com，肉绵羊，1 级）

（元元公司，凤阳东街 2 号，800-8248889，http://www.wzy.com，鲜羊肉，2 级）

这些描述事物属性的内容就是数据。对事物不同的属性描述会用到不同的数据类型，例如用数值表示销售数量、金额等，用文本描述商品名、地址等。随着计算机技术的发展，目前还可以处理图像、音频、视频等类型的数据。

在企业经营和管理过程中会形成大量数据，如某一家电经销企业在日常营运过程中会形成客户资料、进出仓单、销售单、库存等数据。对企业来说，记录和存储这些数据并不是主要目的，对这些称为原始数据的加工处理得到如企业销售报表、盈亏报表、库存报表等数据才是数据处理的目标。把这些对原始数据进行处理得到的数据叫作信息。

通过信息获取过程可以看出，数据是信息的载体，信息来源于数据。从原始数据中得到信息的过程如图 1-1 所示，这个过程就是数据处理。所谓数据处理就是为满足信息的需求对各种数据进行收集、存储、分类、排序、汇总、计算、制表、传输等所有操作的总和。

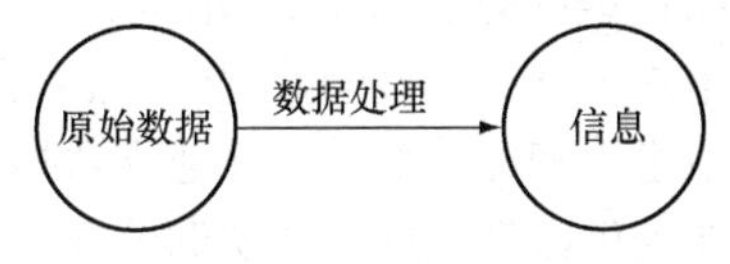

图 1-1　数据到信息的过程

从图 1-1 可以看出，在数据中提取所需信息要解决以下两个关键问题：

（1）必须完整收集到原始数据，并以一种形式完整、正确和有效地把这些数据存储起来，形成一个有组织的、能统一管理的数据集合。

（2）根据信息需求确定对数据集合进行哪些处理及如何处理，即对数据集合进行什么样的加工来得到所需要的信息。

1.2 数据库系统

对于 1.1 节中的两个关键问题，最好的解决方法是运用 20 世纪 60 年代末兴起至今长盛不衰的一种数据管理技术——数据库系统（Database System，DBS）。

1.2.1 数据处理技术的发展简介

数据处理技术发展到今天经历了以下几个阶段。

1．人工管理阶段

这个阶段数据不能存储，也没有专门的数据管理软件，还没有形成数据文件概念，数据不能共享。

2．文件系统阶段

这个阶段数据以文件的形式长期存储在磁盘上，由文件系统管理数据文件，但文件之间缺乏联系，数据的共享和独立性差。

3．数据库系统阶段

采用数据库系统进行数据处理，是目前最流行的数据处理方法。数据库系统采用了数据库管理技术，使数据结构化，数据的共享性和独立性高。目前，数据库系统的研究和发展方向主要有两个方面：

一是改造和扩充关系数据库，使其满足现实应用需求；

二是研究和实现新的数据库模型。

1.2.2 数据库系统的组成

采用了数据库管理技术的计算机系统叫数据库系统，数据库系统通常由以下几部分组成。

1．计算机硬件

指计算机的电子、机械和光电元件等组成的各种物理装置，如主机、显示器和鼠标等输入输出设备、存储设备等。

2．数据库

数据库（Database，DB）是按一定模式存储在计算机中结构化的、可共享的、能统一控制和管理的相互关联数据集合。数据库必须通过数据库管理系统建立。

3．数据库管理系统

数据库管理系统（Database Management System，DBMS）是数据库系统的核心，是提供用户和数据库之间接口的系统软件。用户不能直接接触数据库，必须通过它来对数据库进行统一控制和管理，其主要功能是完整有效地组织和存储数据，即建立数据库。它为用户提供方便、高效提取和维护数据库的工具与方法，即提供数据库应用系统的开发工具。

4．其他软件

数据库系统还包括如操作系统、图像处理软件、开发工具、网络通信软件等支撑和辅助软件。

5．各种人员

数据库的结构化和共享性特点要求对数据库的规划、设计和维护等都需要专门的人员管理，主要包括以下几类人员：

第一类是数据库管理员（Database Administrator，DBA），负责建立、维护、控制和管理数据库系统；

第二类是系统用户，又分为专业用户和终端用户，专业用户负责设计数据库和开发应用系统，终端用户只通过应用系统使用数据库。

1.2.3　数据库系统的特点

1．数据结构化

在一个数据库系统中，所有数据都是按某种模式结构建立的，数据的结构化是数据库的主要特征之一。

2．数据的共享性高，冗余度低，易扩充

数据库系统从面向整个系统的角度描述数据，数据被多用户和多任务共享，这种共享可以极大减少数据冗余，节约存储空间，同时也避免了数据的不一致性。

3．数据的独立性高

数据的独立性包括数据物理独立性和数据逻辑独立性。物理独立性是指开发的应用程序与数据库中的数据是相互独立的；逻辑独立性是指即使数据的逻辑结构改变了，用户程序也可以不变。

4．DBMS 对数据统一管理和控制

作为数据库系统的核心，建立数据库、开发和使用应用系统都是在数据库管理系统的同一管理和控制下完成。

5．数据安全性控制

数据的安全性是指防止未经授权或不符合给定安全规则使用数据，而造成数据的泄密和破坏。数据库系统提供了完备的安全控制机制来保证数据安全使用。

6．数据完整性检查

完整性检查将数据控制在有效的范围内，或保证数据满足一定的关系。例如，在输入商品的价格时只能输入数字、输入的商品销售日期不能是进货日期之前等，这样就保证了数据的有效性、正确性与相容性。

7．并发控制

并发控制防止多个用户在并发进程同时存取、修改数据库中的数据时，因相互干扰而导致错误结果和数据库的完整性遭到破坏。

8．数据库恢复

数据库由于计算机软硬件故障、操作员的操作失误或人为故意破坏，会导致部分或全部数据的丢失。DBMS 具有将数据库恢复到一定正确状态的功能。

1.3　数据库应用系统及其开发过程

通过数据库管理系统建立起数据库，即可解决从原始数据提取信息过程中的第一个关键问题。

在数据库建立后，要对数据进行加工处理来获得所需的信息，即解决数据处理中的第二个关键问题，解决这个问题的途径是开发数据库应用系统（Database Application System，DBAS）。

1.3.1 数据库应用系统概念

数据库应用系统是在数据库管理系统支持下开发的面向实际应用的软件系统，该系统根据用户的信息（功能）需求来确定对数据做哪些处理和如何处理。

例如一个家电经销公司通过使用进销存管理系统，实现对其商品、客户、进货、销售、库存等信息进行存储、查询、统计汇总和报表打印等。

1.3.2 数据库应用系统的开发过程

数据库应用系统的开发一般要经过 4 个阶段：系统分析、系统设计、系统实施和系统维护。

1．系统分析阶段

系统分析的好坏决定系统设计的好坏与成败。系统分析阶段主要工作有：对要开发的系统的相关信息进行收集，确定应用系统有哪些功能需求；确定应用系统的运行模式，是单机上还是网络运行；采用哪种数据库等技术思路；预计开发应用系统对资金、人员和时间等资源的需求和限制等。

2．系统设计阶段

在完成系统分析后，开始系统设计，该阶段的主要工作是应用系统的功能设计和数据库设计。

- 应用系统的功能设计主要有：划分系统功能模块并确定每个功能模块要完成的任务，确定各功能模块之间的调用关系，绘制出应用系统功能结构图。
- 数据库设计主要有：数据模式及结构设计、主键设计、数据关联设计、优化设计等。

3．系统实施阶段

系统实施阶段的主要任务是建立数据库结构。选择合适的系统开发工具（一般是一门计算机语言及其集成开发环境），根据系统的模块划分和模块间关系，确定模块间接口数量和方式、公用变量等，并用开发工具逐层建立各模块。

4．系统维护阶段

系统实施完成后，要进行系统的调试与维护。在这个阶段，不但要使用测试工具对系统的功能进行测试以找出系统的缺陷并修正，还要通过模拟操作对系统的功能和数据处理效能进行验证，及时发现和修正系统的缺陷和错误。

要特别说明的是，在系统的使用过程中还有可能发现系统的缺陷和错误，因此在系统开发的整个生命周期里，系统维护是一项可能要反复进行的工作，就像很多软件经常发布补丁给用户以修正软件的缺陷和错误一样。

1.3.3 用 Access 2010 开发一个数据库应用系统的案例

某家电销售公司要开发一个进销存管理系统，本书以该系统的开发为例来介绍建立数据库和开发小型数据库应用系统的方法和过程。

- 进销存管理：是指商品从购进（进）到入库（存）再到销售（销）的实时管理过程。其中，“进”是询价、采购到入库与付款的过程；“销”是报价、销售到出库与收款的过程；“存”是除出入库之外，包括退货、盘点、借入、借出等影响库存数量的过程。
- 进销存管理系统：是一个典型的数据库应用系统，它采用计算机技术开发，是集进货、销售、存储多个环节于一体的信息系统。它帮助企业处理日常的进销存业务，同时提供对进货情况、销售情况和库存进行实时查询、统计和报表等功能，以解决企业账目混乱和库存不准等问题，提高业务人员工作效率，帮助公司管理人员实时全面掌握公司业务以及做出及时准确的进货和销售业务决策。

相类似的系统还有文档资料管理系统、小型理财系统、工资管理系统、会员管理系统、教学管理系统、学生成绩管理系统、图书管理系统、考勤管理系统、小型收费系统、小型柜台结算系统等。

1. 进销存管理系统分析

小型的家电销售公司进销存管理系统将在单机上运行。系统的使用人员为仓管人员和管理人员，在系统建成后需充分培训。该系统管理的信息包括：所经销的商品信息、客户和供应商信息、销售信息、进货信息和库存信息等。

2. 进销存管理系统设计

在确定该应用系统的信息管理目标和功能需求后，规划该系统的功能结构如图 1-2 所示。对于不同公司或企业，可以根据实际功能需要对该图进行增删。

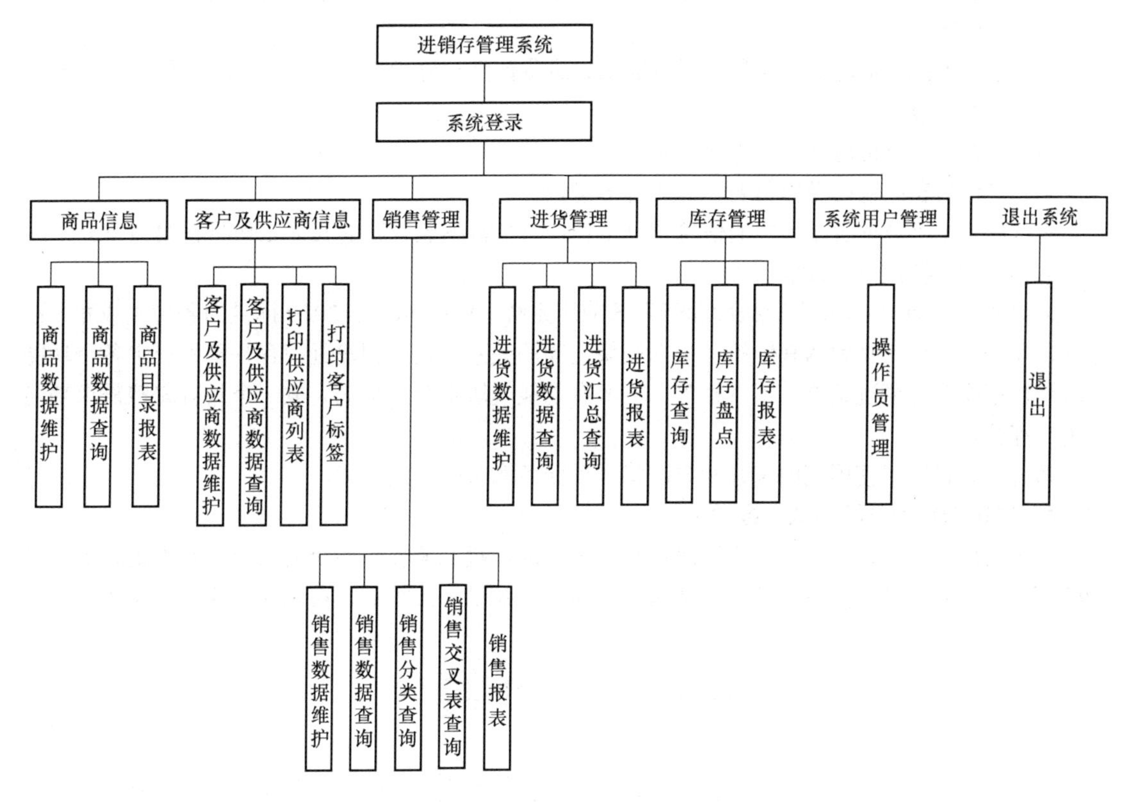

图 1-2 进销存管理系统功能结构图

图 1-2 中，各模块的功能描述如下。

（1）商品信息管理。用于商品资料的管理，实现商品信息的添加、修改、删除、检索操作，打印商品目录。

（2）客户及供应商信息管理。用于供应商及客户资料的管理，实现供应商及客户信息的添加、修改、删除、检索操作，打印供应商列表和客户标签。

（3）销售管理。用于销售资料的管理，实现销售数据的添加、修改、删除、检索操作，对商品销售情况实时分类、汇总查询和交叉统计分析等，打印销售实时统计报表。

（4）进货管理。用于进货资料的管理，实现进货数据的添加、修改、删除、检索操作，对商品进货情况实时汇总查询，打印实时进货统计报表。

（5）库存管理。用于库存数据的管理，实现库存实时查询、库存盘点，打印库存统计报表。

（6）系统用户管理。用于该系统对使用人员的管理，实现系统操作人员的添加、修改、删除、权限设置和系统使用说明。

数据库采用关系型数据库，根据系统功能结构和信息主题将信息划分到数据表，数据库包括以下数据表。

（1）商品表：包括商品编号、商品名、型号、供应商、生产日期、是否进口、商品图片、商品说明等信息。

（2）客户及供应商表：包括客户或供应商编号、客户或供应商名称、联系人、联系地址、邮政编码、联系电话、电子邮箱等信息。

（3）销售表：包括销售单编号、所售商品、销售日期、单价、数量、金额、客户、收款方式、收款日期等信息。

（4）进货表：包括进货单编号、所进商品、进货数量、进货价、供应商、进货日期、付款方式、付款日期等信息。

（5）库存表：包括商品、库存等信息。

（6）操作员表：包括操作员名、密码等信息。

这里只介绍了数据表设计中的信息划分工作，有关数据表设计的其他工作将在第三章介绍。

3．进销存管理系统实施

选用 Access 2010 来建立数据库和开发该应用系统。使用 Access 2010 提供的各种生成器、设计器、向导、控件工具和 VBA 等，根据模块之间的关系，逐层创建进销存管理系统中各个功能模块和数据库，再通过菜单、工具栏等，将所有功能模块组合（集成）成一个具有完整需求功能的进销存管理系统。

系统实施过程中使用到的工具和方法将在后面各章节中详细介绍。

4．进销存管理系统调试与维护

系统实施完成后，采集一些实际进销存数据，通过模拟操作对系统的功能和数据处理效能进行验证，及时发现和修正系统的缺陷和错误。系统在调试和维护后，可以交付给公司使用。

1.4 Access 2010 简介

Access 2010 是微软公司 Office 2010 套装软件的组件之一，是一个简单易学、功能强大的小型数据库管理系统，特别适合企事业单位数据查询、报表生成打印及当前流行的 Web 网站后台数据库的搭建和数据处理等应用。类似的软件还有 Visual FoxPro、Power Builder 等。由于微软 Office 软件巨大市场占有率，使得 Access 为更多人接受。

Access 作为数据库管理系统，能简单、快捷建立数据库，提供了程序设计开发语言 VBA（Visual Basic for Application），但其具有丰富的设计器、生成器和向导等，可以极少甚至不需编写程序代码也能建立小型数据库应用系统。

启动 Access 2010 的方法和启动其他 Windows 应用程序方法类似，在计算机桌面按顺序单击：【开始】→【所有程序】→【Microsoft Office】→【Microsoft Access 2010】，Access 2010 启动后界面如图 1-3 所示。

图 1-3 Access 2010 启动界面

1.5 实验一

【实验目的】

掌握 Access 2010 的启动和退出的常用方法。

【实验内容】

启动和退出 Access 2010。

【实验准备】

一台安装有 Access 2010 的计算机。

【实验方法及步骤】

启动和退出 Access 2010。

操作步骤如下：

（1）启动 Access 2010。

在计算机桌面按顺序单击：【开始】→【所有程序】→【Microsoft Office】→【Microsoft Access 2010】，Access 2010 启动后界面如图 1-4 所示。

（2）退出 Access 2010。

单击 Access 2010 窗口中的【文件】选项卡后，在 Access 2010 窗口左边的菜单中单击【退出】；或单击 Access 2010 窗口右上方的“关闭”按钮，或如图 1-4 所示。

图 1-4 Access 2010 启动和关闭

1.6 习题和实训

1.6.1 实训一

有一学校需开发学生成绩管理系统，试参照 1.3 节，按数据库应用系统的开发过程，完成该系统的分析和设计，画出该系统的功能结构图，完成信息的划分工作。该系统的功能需求如下：

（1）学生信息的输入、修改、删除和查询。

（2）学生成绩的输入、修改、删除和查询。

（3）课程信息的输入、修改、删除和查询。

（4）学生信息卡、学生成绩单、课程目录和班级成绩表等的打印。

（5）班级成绩统计和排序、班级成绩分析。

（6）补考名单查询和打印。

（7）学生成绩管理系统的操作员账号和密码管理。

图 1-5 是该系统功能结构的一个参考。

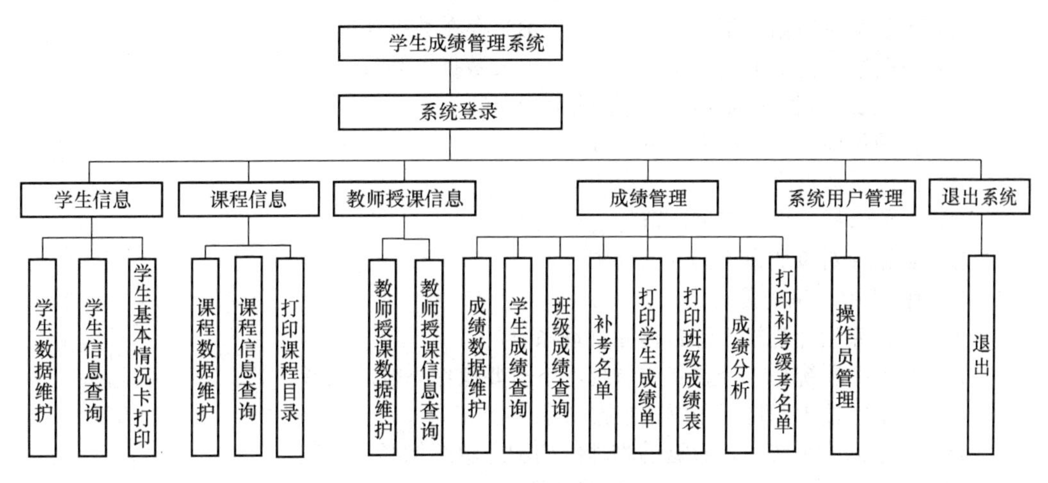

图 1-5 学生成绩管理系统功能结构图

1.6.2 习题

一、单选题

1. 用二维表来表示实体与实体之间联系的数据模型是（　　）。

   A）层次模型　　B）网状模型

   C）关系模型　　D）实体与联系模型

2. Access 的数据库类型是（　　）。

   A）层次数据库　　B）网状数据库

   C）关系数据库　　D）面向对象数据库

3. 数据库系统的核心是（　　）。

   A）数据库　　B）数据模型

   C）软件工具　　D）数据库管理系统

4. 在 Access 数据库中，表是（　　）。

   A）关系　　B）索引

   C）记录　　D）数据库

5. Access 中的表与数据库的关系是（　　）。

   A）数据库就是数据表　　B）一个数据库可以包含多个表

   C）一个表可以包含多个数据库　　D）一个表只包含 2 个数据库

6. 数据库中能够唯一地标识一个元组的属性称为（　　）。

   A）记录　　B）域

   C）字段　　D）关键字

7. 在数据库设计步骤中，确定了数据库中的表之后，接下来应该确定（　　）。

   A）表的主键　　B）表中的字段

   C）表之间的关系　　D）表中的数据

8. 数据库存储的是（　　）。

   A）信息　　B）数据

   C）数据模型　　D）数据以及数据之间的联系

9. 如果一个数据表中存在完全一样的元组，则该数据表（　　）。

A）不是关系数据模型　　B）存在数据冗余

C）数据模型使用不当　　D）数据库系统功能不好

10．关于 Access 数据库描述，下列说法中错误的是（　　）。

A）由数据库对象和组两部分组成

B）是关系数据库

C）对象包括：表、查询、窗体、报表等

D）数据库对象放在不同的文件中

11．下列说法中正确的是（　　）。

A）数据库设计是指设计数据库管理系统。

B）数据库系统是一个独立的系统，不需要操作系统的支持。

C）数据库技术的目标是解决数据共享。

D）在数据库系统中，数据的物理结构和逻辑结构必须一致。

12．用树形结构表示实体之间联系的模型是（　　）。

A）关系模型　　B）层次模型

C）网状模型　　D）数据模型

13．Access 提供的数据类型不包括（　　）。

A）备注　　B）文字

C）货币　　D）日期/时间

14．下列不属于 Access 窗体视图的是（　　）。

A）设计视图　　B）窗体视图

C）版面视图　　D）数据表视图

15．常见的数据模型有三种，分别是（　　）。

A）网状、层次和语义　　B）层次、关系和网状

C）环状、层次和关系　　D）字段名、字段类型和记录

16．在数据库中建立索引的主要作用是（　　）。

A）节省存储空间　　B）便于管理

C）提高查询速度　　D）防止数据丢失

17．关于数据库系统的描述，下列说法中正确的是（　　）。

A）数据库系统避免了一切冗余。

B）数据库系统减少了数据冗余。

C）数据库系统中数据的一致性是指数据类型的一致。

D）数据库系统比文件系统能管理更多的数据。

18．关系表中的每一行称为一个（　　）。

A）字段　　B）属性

C）元组　　D）码

19．关于建立良好的程序设计风格，下列描述中正确的是（　　）。

A）程序应简单、清晰、可读性好　　B）符号名称的命名要符合语法

C）充分考虑程序的执行效率　　D）程序的注释可有可无

20．关系数据库管理系统能实现的专门关系运算包括（　　）。

A）关联、更新、排序　　B）排序、索引、统计

C）选择、投影、连接　　D）显示、打印、制表

21．数据的存储结构是指（　　）。

A）数据的逻辑结构在计算机中的表示 B）数据所占的存储空间量
C）数据在计算机中的顺序存储方式 D）存储在外存中的数据

22. 在面向对象方法中，一个对象请求另一对象为其服务的方式是发送（ ）。
A）调用语句 B）命令
C）口令 D）消息

23. 在关系数据库中，用来表示实体之间联系的是（ ）。
A）树结构 B）网结构
C）二维表 D）线性表

24. 索引属于（ ）。
A）模式 B）内模式
C）外模式 D）概念模式

25. 数据库概念设计的过程中，视图设计一般有三种设计次序，不正确的是（ ）。
A）自顶向下 B）由底向上
C）由内向外 D）由整体到局部

26. 下列有关数据库的描述中正确的是（ ）。
A）数据库是一个 DBF 文件 B）数据库是一个关系
C）数据库是一个结构化的数据集合 D）数据库是一组文件

27. 文件系统与数据库系统的主要区别是数据库系统具有（ ）。
A）数据无冗余 B）数据可共享
C）特定的数据模型 D）专门的数据管理软件

28. 有两个关系 R 和 T 如下：

R

A	B	C
a	1	2
b	2	2
c	3	2
d	3	2

T

A	B	C
c	3	2
d	3	2

则由关系 R 得到关系 T 的操作是（ ）。
A）选择 B）投影
C）交 D）并

29. 数据库的特征不包括（ ）。
A）实现了数据共享 B）减少了数据冗余
C）增强了数据独立性 D）增强了处理数据的能力

30. 用于存放数据库数据的是（ ）。
A）表 B）查询
C）窗体 D）报表

31. 数据库管理系统（DBMS）是（ ）。
A）一种编译程序 B）OS 的一部分
C）OS 支持下的系统文件 D）混合型系统

二、多选题

1. 在下面所列的条目中，哪些是数据库管理系统的基本功能（ ）

A）数据库定义
B）数据库的建立和维护
C）数据库的存取
D）数据库和网络中其他软件系统的通信处理提问

2. 建立数据库时，常用到的数据模型（　　）。

A）现代模型　　B）层次模型
C）网状模型　　D）关系模型

3. 下列属于数据库基本特点的是（　　）。

A）数据的共享性　　B）数据量特大性
C）数据的独立性　　D）数据的完整性

4. 下列属于数据库系统特点的是（　　）。

A）较高的数据独立性　　B）最低的冗余度
C）数据多样性　　D）较好的数据完整性

三、判断题

1. 数据库管理系统不仅可以对数据库进行管理，还可以绘图。（　　）
2. “学校学生成绩管理系统”就是一个小型的数据库系统。（　　）
3. 用二维表表示数据及其联系的数据模型称为关系模型。（　　）
4. 记录是关系数据库中最基本的数据单位。（　　）
5. 在数据库中，数据就是能够进行运算的数字。（　　）

四、填空题

1. 在关系型数据库中，一个关系的逻辑结构就是一个______。
2. 表是由______和______组成的，每一列为一个______，每一行为一个______。
3. 目前的数据库系统主要采用______模型。
4. 在数据库系统中，数据的完整性包括______完整性、______完整性和______完整性。
5. 在客户关系中有客户编号、姓名、性别、地址、联系等字段，其中可以作为主键的字段是______。
6. 在数据库系统中，表之间的关系有三种，即______、______和______。
7. Access 可以定义三种主关键字：自动编号、单字段和。

五、简答题

1. 什么是数据、数据库、数据库管理系统和数据库系统？
2. 如何理解关系、属性和主键？

第2章 数据库

本章知识要点

- 数据概念模型和实施模型的概念。
- 关系和关系数据库的基本概念，关系的特点，关系的运算。
- 创建和打开数据库文件。
- 数据库、数据库文件、数据库对象和数据库应用系统之间的关系。
- 数据库文件操作界面。

前面已介绍，在数据库系统中进行数据处理要解决的关键问题之一是：建立存储在计算机中结构化的、可共享的、能统一控制和管理的关联数据集合即数据库。

2.1 数据模型

计算机不能直接存储和处理现实世界中的具体事物。例如进销存是由商品、客户、销售行为、进货行为等组成的，显然计算机不能直接存储和处理它们，必须对进销存管理中的人、物和行为及其之间的关系进行数据化描述，使之能被计算机存储和处理。

数据化描述事物有两种角度：一种是用户的角度，一种是计算机系统的角度。

2.1.1 概念模型

概念模型也叫信息模型，它是从数据库应用系统用户的角度，表示数据库中应该存储事物及其之间关系的内容，而不考虑这些内容在计算机中是如何存储的。目前，概念模型广泛采用实体-模型图法（Entity-Relationship 图法，简称 E-R 图法）表示。

1. 实体及其属性

在概念模型中，把相互区别的事物称为实体。实体可以是具体的人物，如一个学生、一个客户、一件商品等；也可以是抽象的概念或事件，如一堂课、一次销售业务等。同类型实体集合称为实体集，如所有学生、所有客户、所有商品等。

在概念模型中，通过实体的某些特性来描述事物，这些特性称为属性，属性是实体之间相互区别的标志。一个实体可以由若干个属性来描述，如一个客户可以用客户编号、客户名称、通信地址、联系电话等属性描述。属性有“名”和“值”之分，“名”即属性的名称，如“客户编号”为属性的“名”，如“020003”为某一客户的“客户编号”属性的“值”。在描述实体的所有属性中，能唯一标识实体的属性（或属性子集）称为主键。如“客户编号”属性可作为客户的主键，因为每一个客户只有一个编号。图 2-1 是对“客户”这一实体进行属性描述的 E-R 图。

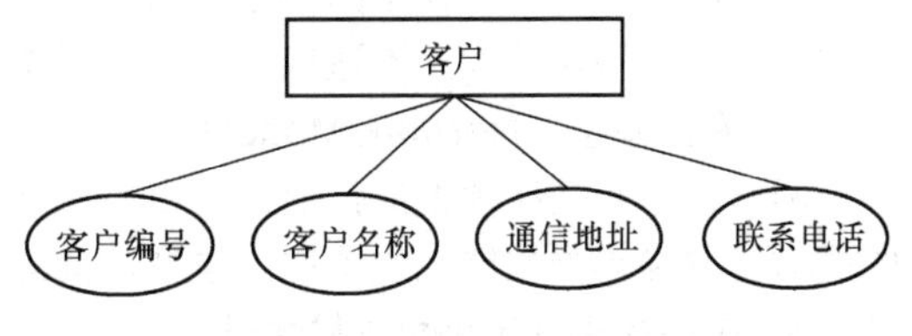

图 2-1 “客户”属性的 E-R 图

2．实体及其关系

实体之间是相互联系的，把这些联系称为关系，它反映了各个事物之间的相互关系。实体之间的关系有以下 3 种类型，如图 2-2 所示。

（1）一对一关系（1:1）。

如果对于实体集 A 中的每一个实体，实体集 B 中至多有一个（也可以没有）实体与之联系，反之亦然，则称实体集 A 与实体集 B 具有一对一关系，记为 1:1。如一种商品只有一个库存，一个库存登记记录只反映一种商品的库存情况。

（2）一对多关系（1:n）。

如果对于实体集 A 中的每一个实体，实体集 B 中有 n 个实体（n≥0）与之联系，反之，对于实体集 B 中的每一个实体，实体集 A 中至多只有一个实体与之联系，则称实体集 A 与实体集 B 有一对多关系，记为 1:n。如一种商品有多次销售记录，而一次销售记录只对应一种商品。

（3）多对多关系（m:n）。

如果对于实体集 A 中的每一个实体，实体集 B 中有 n 个实体（n≥0）与之联系，反之，对于实体集 B 中的每一个实体，实体集 A 中也有 m 个实体（m≥0）与之联系，则称实体集 A 与实体集 B 具有多对多关系，记为 m:n。如一种商品可以向多个供应商购买，一个供应商提供多种商品等。

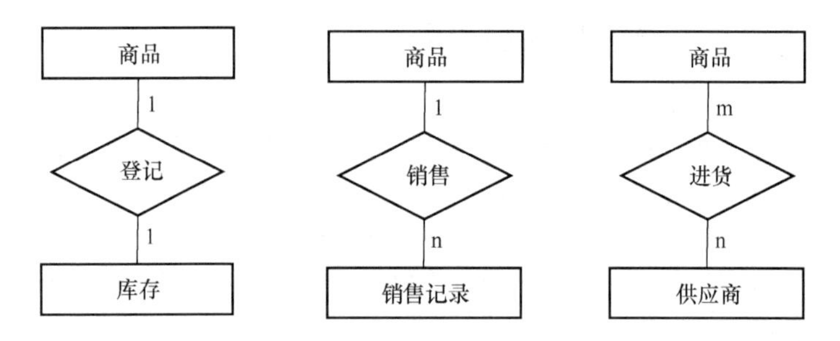

图 2-2　实体间关系 E-R 图举例

2.1.2　实施模型

从用户角度用 E-R 图表示出要处理的实体数据及其之间的关系后，就要把这些数据和关系在计算机上存储和传输。用概念模型描述的数据必须采用一种能被计算机存储和处理的结构来描述，实施模型就是从计算机系统的角度将数据及其之间关系在计算机中表示和存储的方法。不同的数据库管理系统可能采用不同的实施模型。

实施模型主要有层次模型、网状模型和关系模型。

1．层次模型（Hierarchical Model）

层次模型是数据库系统中最早采用的数据模型。它采用单有向树的数据结构来表示记录（节点）之间的关系。这种模型的数据结构简单，因而数据的操作也比较简单，但由于受文件系统的影响，模型受限制较大，不适用于表示非层次性数据。

2．网络模型（Network Model）

网络模型是层次模型的扩展，采用多从属关系的层次结构即网络结构表示记录（节点）之间的关系。网络模型性能上优于层次模型，但由于数据结构复杂，使得掌握和实现都比较困难。

3．关系模型（Relation Model）

关系模型源于数学，以二维结构表示实体以及实体之间的关系，一个二维表就是一个关系，每个关系都有一个关系名。关系由表结构和数据记录两部分组成。表结构由描述实体的属性名及其特征组成，每个实体对应表结构中所有属性的取值组成一个数据记录。

2.2 关系型数据库

采用关系模型建立的数据库称为关系型数据库。由于关系模型建立在严格的数学理论基础上，具有结构简单、容易理解以及在计算机上容易实现的特点，因此关系模型是当前的主流实施模型，采用关系模型的数据库管理系统也就成为主流。本书介绍的 Access 2010 采用的是关系模型，在 Access 2010 中建立的数据库为关系型数据库。

关系型数据库中数据的逻辑结构是一张二维表。表 2-1 所示的是以二维表的形式描述某家电经销公司的商品信息，也可称它是该公司进销存数据库中一个名为“商品”的关系。

表 2-1 商品

商品编号	商品名	型号	供应商编号	生产日期	保修期	是否进口
000001	等离子电视机	PCV600	010001	2009-1-1	3	FALSE
000002	空调	KFR-35GW/DQX1	010001	2009-10-13	5	FALSE
000003	显示器	HMD—481ED	030001	2008-12-23	1	TRUE
000004	量子芯 618 系列	PT50618	030001	2009-7-12	3	TRUE
000005	移动 DVD	DVD-P703T	020001	2009-12-21	1	FALSE
000006	家庭影院	AV302+CH812	020001	2009-10-9	3	FALSE
000007	电饭煲	PFZ40AE	757001	2009-12-12	1	FALSE
000008	太阳能热水器	RYY 系列	757001	2010-1-12	3	FALSE

2.2.1 关系的基本概念及特点

1. 关系和关系型数据库

关系（Relation）是由行和列组成的二维表。所有相关关系的集合组成关系型数据库。

2. 属性

二维表中的一列称为一个属性（Attribute），又可称为字段。二维表的每列第一行列出了该属性名（字段名），所有字段名构成字段名行。一个关系中不同的字段不能具有相同的字段名，同一关系中字段的顺序是任意的。字段是数据库中最小数据存储单元。表 2-1 中，第一行是由字段名组成的字段名行。

3. 元组

表中除字段名行外的每一行都称为一个元组（Tuple），又可称为记录，它由一个实体对应属性的取值构成，每个记录就是对一个实体的描述，所有记录和字段名行组成一个关系。一个关系中任意两个记录不能完全相同。

4. 关系模式

关系模式是对关系的描述方法，一般表示为：

关系名（属性 1，属性 2，…，属性 n）。

表 2-1 可表示为：

商品（商品编号，商品名，型号，供应商编号，生产日期，保修期，是否进口）

5．域

每个字段对应一个域（Domain），域由对应字段的取值范围构成。表 2-1 中“是否进口”字段的域为{True，False}。

6．关键字

如果一个关系中所有记录对某个属性（或几个属性）的取值是唯一的，则该属性可以唯一标识一个记录，该属性（或几个属性）即可称为候选关键字。一个关系中候选关键字可能有多个，可以选择其中一个为主关键字，也称为主键（Primary Key）或主码。

表 2-1 中，“商品编号”和“商品名”都是候选关键字。如果一个关系中某个属性不是候选关键字，但它是其他关系的候选关键字，则称该属性为外部关键字，也称为外键（Foreign Key）。表 2-1 中，“供应商编号”属性不是这个关系的候选关键字，但它是表 3-4 所表示关系的候选关键字，因此“供应商编号”属性是“商品”表的外键。

7．关系的特点

不是任意二维表都能称为关系，关系应该具有以下特征：

（1）每个字段在同一个域的范围内取值。

（2）字段的顺序和记录的顺序可以任意，即二维表的行和列的排列次序可以任意。

（3）任意两个记录不能完全相同。

（4）任意两个字段名不能相同。

（5）每个字段必须是不可再细分的数据项。如不能以“学号姓名”作为一个字段名，因为“学号姓名”可分为“学号”和“姓名”两个不同意义的数据。

2.2.2 关系运算

关系运算的数学基础是集合运算。关系运算的对象是关系，运算的结果也是关系。关系运算主要有选择、投影、联接运算等，表 2-2 列举了 3 种运算。

R 为关系的名称，n 是关系的目或度（Degree），即关系 R 有 n 个属性。引入如下几个记号：

（1）假设关系为 R（A_1，A_2，…，A_n）。t∈R 表示 t 是 R 的一个元组。t［Ai］则表示元组 t 中相应于属性 Ai 的一个分量。

（2）若 A={Ai_1，Ai_2，…，Ai_k}，其中 Ai_1，Ai_2，…，Ai_k 是 A_1，A_2，…，An 中的一部分，A 称为属性列。t［A］=（t［Ai_1］，t［Ai_2］…，t［Ai_k］）表示元组 t 在属性列 A 上诸分量的集合。

（3）R 为 n 目关系，S 为 m 目关系。t_r∈R，t_s∈S，t_rt_s 称为元组的连接（Concatenation）。它是一个 n+m 列的元组，前 n 个分量为 R 中的一个 n 元组，后 m 个分量为 S 中的一个 m 元组。

1．选择

选择又称为限制（Restriction）。它是在关系 R 中选择满足给定条件的各元组，记作：

$$σ_F(R) = \{ t \mid t \in R \wedge F(t) ='真' \}$$

式中，F 表示选择条件，它是一个逻辑表达式，取逻辑值“真”或“假”。

2．投影（Projection）

关系 R 上的投影是从 R 中选择出若干属性列组成新的关系。记作：

$$\pi_A(R) = \{ t[A] \mid t \in R \}$$

其中，A 为 R 中属性列的子集。

3．连接（Join）

进行连接运算的两个关系必须有相同的属性列，并且根据相同的属性列的取值是否相等来选择构成结果关系的元组，在结果中把重复的属性列去掉。

设 R 和 S 具有相同的属性组 B，则连接运算可记作：

$$R \bowtie S=\{t_rt_s \mid t_r \in R \wedge t_s \in S \wedge t_r[B]=t_s[B]\}$$

表 2-2 关系运算示例

R			S		$\sigma_{A=a1}$（R）			$\pi_{B,C}$（R）		R⋈S			
A	B	C	B	E	A	B	C	B	C	A	B	C	E
a1	b1	5	b1	3	a1	b1	5	b1	5	a1	b1	5	3
a1	b2	6	b2	7	a1	b2	6	b2	6	a1	b2	6	7
a2	b3	8	b4	10				b3	8	a2	b4	12	10
a2	b4	12	b4	2				b4	12	a2	b4	12	2
			b5	2									

2.2.3 关系型数据库规范化设计简介

建立关系型数据库的关键是设计好数据库中的关系模式和它们之间的关系。好的关系模式要具备以下特征：

（1）最少的数据冗余。

（2）没有插入、删除和更新异常。

解决以上问题的方法是数据库规范化设计。关系规范化理论由 IBM 的 E.F. Codd 1970 年提出。该理论的主要思想是按 1NF、2NF、3NF、BCNF 四级范式（也叫约束条件）来规范关系模式，使不好的关系模式转化为好的关系模式，其转化的基本方法是将不好的关系模式分解成两个或两个以上关系模式。

2.3 在 Access 中创建和打开数据库文件

Access 2010 可创建基于网络应用的 Web 数据库文件和基于传统应用的传统数据库文件，使用 Access Services（SharePoint Server 的一个组件）可将传统数据库文件转换为 Web 数据库文件。将基于网络应用的 Web 数据库文件发布到运行 Access Services 的服务器，用户无需安装 Access 即可在浏览器中使用发布的数据库文件中的数据。

本书只介绍基于传统应用的传统数据库文件。

2.3.1 创建数据库文件

在 Access 中创建数据库有两种方法：一种是使用模板创建，一种是创建空数据库。

在 Access 2010 中，数据库文件扩展名为 accdb，accdb 是 Access 2007 数据库文件的扩展名，Access 2010 依然采用了和 Access 2007 数据库文件相同的格式。早期 Access 版本数据库文件的扩展名为 mdb，Access 2010 兼容 mdb 格式的数据库文件。

1．使用模板创建数据库文件

Access 2010 提供了 12 个数据库模板，可基于模板创建自己的数据库文件，也可用 Office.com 上搜索到的模板来创建数据库文件。

例 2-1 创建“E:\学生管理”文件夹。以“学生”模板创建一名为“附属幼儿园学生管理”的数据库，并将其保存到“E:\学生管理”文件夹中。

操作步骤如下：

（1）创建“E:\学生管理”文件夹，启动 Access 2010。

（2）选择数据库模板。

在 Access 2010 窗口中部的【可用模板】窗格中，单击【样本模板】。

（3）选择【学生】模板。

在 Access 2010 窗口中部的【可用模板】窗格中，单击【学生】模板。

（4）命名要创建的数据库文件。

在【文件名】文本框中输入“附属幼儿园学生管理”，如图 2-3 所示。

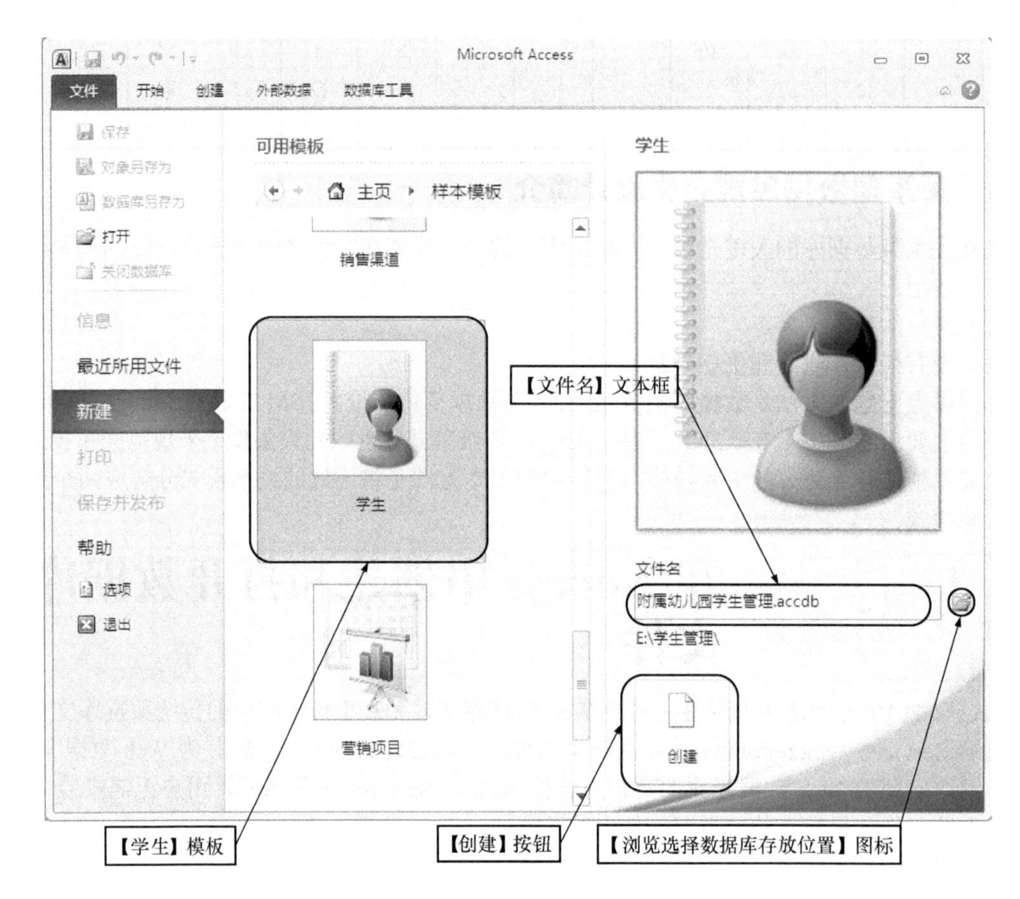

图 2-3　用模板创建数据库文件

（5）选择数据库文件的保存位置。

单击【浏览选择数据库存放位置】图标，如图 2-3 所示，出现【文件新建数据库】对话框，如图 2-4 所示。在该对话框中浏览选择“E:\学生管理”文件夹后，单击【确定】按钮。

（6）创建并打开数据库。

单击【文件名】文本框下方的【创建】按钮，则在“E:\学生管理”文件夹中出现“附属幼儿园学生管理.accdb”文件，同时该数据库被打开，如图 2-5 所示。

2. 创建空数据库文件

例 2-2　创建“E:\进销存管理”文件夹，创建名为“进销存管理系统.accdb”的空数据库文件，并将其保存到“E:\进销存管理”文件夹中。

操作步骤如下：

（1）创建“E:\进销存管理”文件夹，启动 Access 2010。

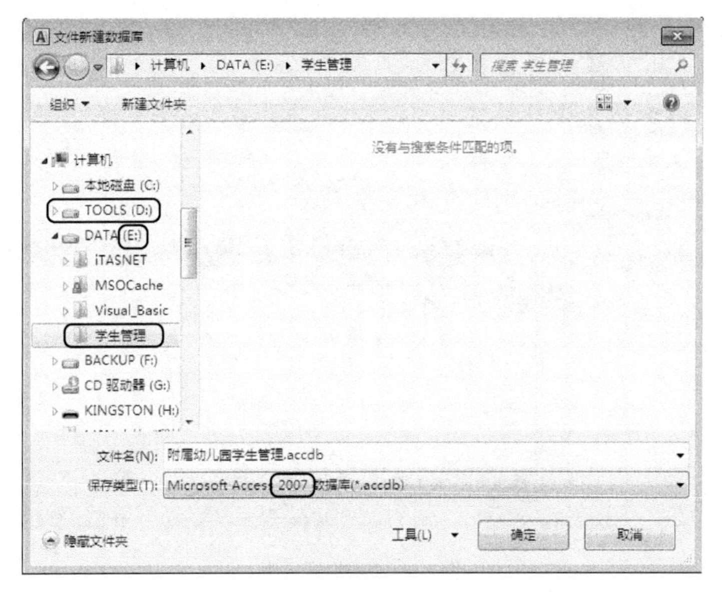

图 2-4　“文件新建数据库”对话框

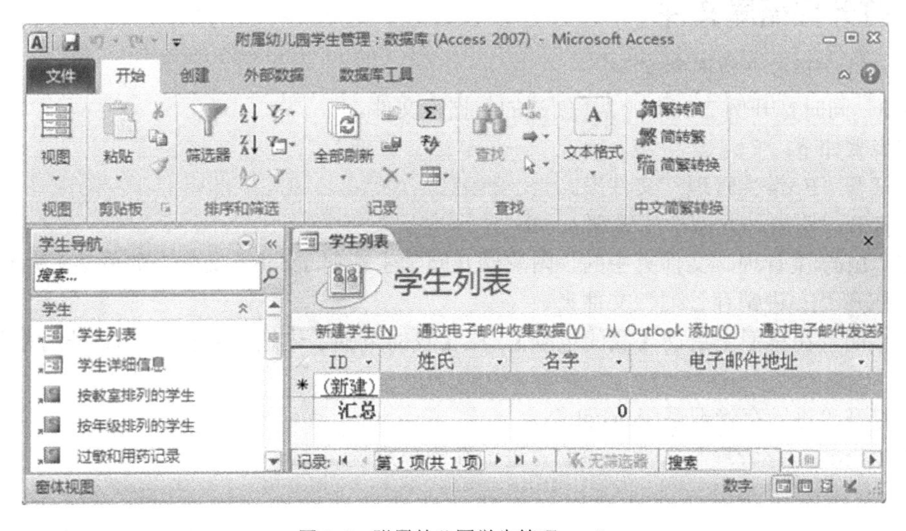

图 2-5　附属幼儿园学生管理.accdb

（2）选择【空数据库】模板。

在 Access 2010 窗口中部的【可用模板】窗格中，单击【空数据库】。

（3）命名要创建的空数据库文件名。

在图 2-3 所示的【文件名】文本框中输入“进销存管理系统”。

（4）选择空数据库文件的保存位置。

单击图 2-3 所示的【浏览选择数据库存放位置】图标，在出现的【文件新建数据库】对话框中，如图 2-4 所示，浏览选择“E:\进销存管理”文件夹后，单击【确定】按钮。

（5）创建并打开空数据库。

单击【文件名】文本框下方的【创建】按钮，则在“E:\进销存管理”文件夹中出现“进销存管理系统.accdb”文件，同时该空数据库文件被打开，如图 2-6 所示。

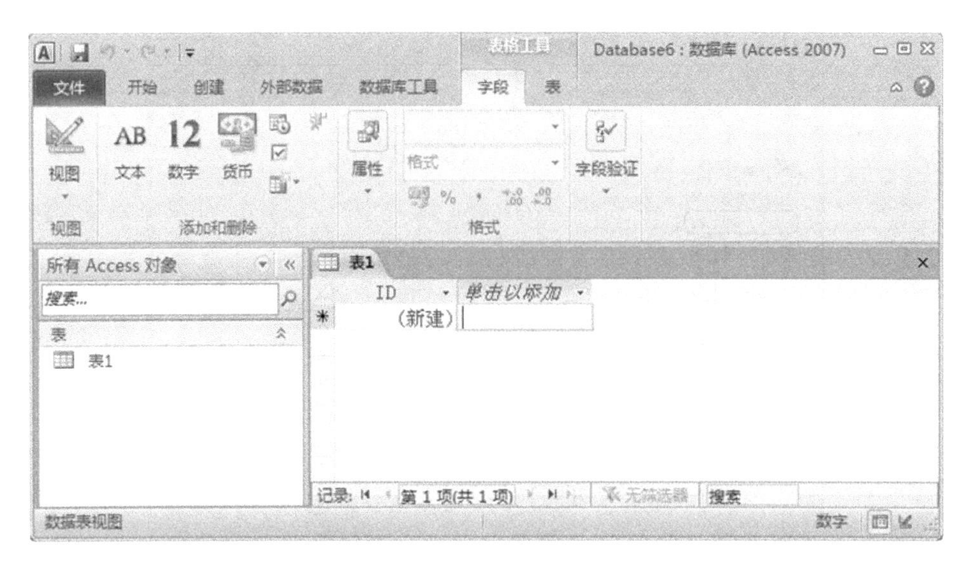

图 2-6 空数据库文件

2.3.2 打开数据库文件

可以同时打开多个数据库文件。

例 2-3 同时打开例 2-1 和例 2-2 创建的数据库文件。

操作步骤如下：

（1）打开“E:\学生管理”文件夹。

（2）打开“附属幼儿园学生管理.accdb”。

双击“E:\学生管理”文件夹中的“附属幼儿园学生管理.accdb”文件，如图 2-5 所示。

（3）打开“E:\进销存管理”文件夹。

显示桌面，在桌面上启动【我的电脑】，在【我的电脑】中选择并打开“E:\进销存管理”文件夹。

（4）打开“进销存管理系统.accdb”

双击“E:\进销存管理”文件夹中的“进销存管理系统.accdb”文件。

2.4 Access 数据库与数据库对象

设计和建立数据库是开发数据库应用系统的重要基础性工作。前面介绍了在 Access 中建立和打开数据库文件，但在 Access 中，数据库文件和传统意义上的数据库不是等价概念，因此，在实施应用系统的开发之前，要清楚数据库、数据库文件和数据库应用系统之间的关系。

1．Access 数据库文件与数据库应用系统

在 Access 中，数据库应用系统由一个或多个数据库文件组成。数据库文件就像一个容器，它包含并管理数据库应用系统中要处理的数据和各种功能模块。因此，建立数据库应用系统首先要建立数据库文件，然后在数据库文件中建立各类对象模块，用来存储数据和实现各种功能。

从例 2-3 中打开的“附属幼儿园学生管理.accdb”可以看到，通过使用模板，已经建立存储学生信息和进行学生信息管理的各种模块，它是一个具有学生管理功能的应用系统。

打开例 2-2 所建立的“进销存管理系统.accdb”文件，它是一个不包含任何数据和模块的空数据库文件，要使它成为一个具有进销存管理功能的应用系统，就要设计创建用于存储数据和实现各功能的模块。

在 Access 中，把数据库文件中用于存储数据和实现各种功能的模块统称为数据库对象或简称对象。

2．Access 数据库文件与数据库

在 Access 2010 中，数据库文件也称为 Access 数据库或简称为数据库，但从 Access 数据库文件所包含的数据库对象可以看出，数据库文件不仅包含用于存储数据的数据库对象，这些对象组成了传统意义上的数据库，而且包括实现数据处理功能的各种数据库对象，因此在 Access 中，数据库文件虽然也称为数据库，但它与传统意义上的数据库是有区别的。

3．数据库应用系统与数据库对象

在 Access 中，数据库应用系统中用于存储数据的数据库对象称为表或数据表。所有表组成了数据库应用系统要管理的数据集合，由于 Access 采用关系模型，因此每个表都对应一个关系（二维表），又由于数据库应用系统管理的数据是相互关联的，因此这些表之间是相互关联的。

除表之外，在数据库应用系统中还应创建具有其他功能的数据库对象，表 2-3 列出了可创建的主要数据库对象。

表 2–3 常见数据库对象

对象	功能
表	用于存储数据
查询	用于查找和检索所需数据，执行计算、合并不同表中的数据，添加、更改或删除表数据
窗体	用于查看、添加和更新表中的数据
报表	用于分析或打印特定布局的数据
宏	用于自动执行任务和向窗体、报表和控件中添加功能
模块	用 VBA 编写，用于实现数据处理和过程控制

在 Access 中，创建数据库文件就开始了数据库应用系统的实施过程，因此，数据库应用系统的实施过程就是逐一创建数据库应用系统所需数据库对象的过程。

2.5 Access 2010 数据库操作界面

数据库文件打开后，即出现了 Access 2010 的数据库操作界面，如图 2-7 所示。对数据库对象的操作是在数据库操作界面中进行的，在对不同的对象进行操作时，数据库操作界面的布局也有所不同。

Access 2010 数据库操作界面布局及操作：

① 控制按钮

单击控制按钮，可以最大化、最小化、还原及关闭 Access 2010 窗口。

② 标题栏

显示当前打开的数据库文件名。

③ 快速访问工具栏

是一个可自定义的常用工具栏，通过自定义，用户可增减该工具栏中工具的数量。

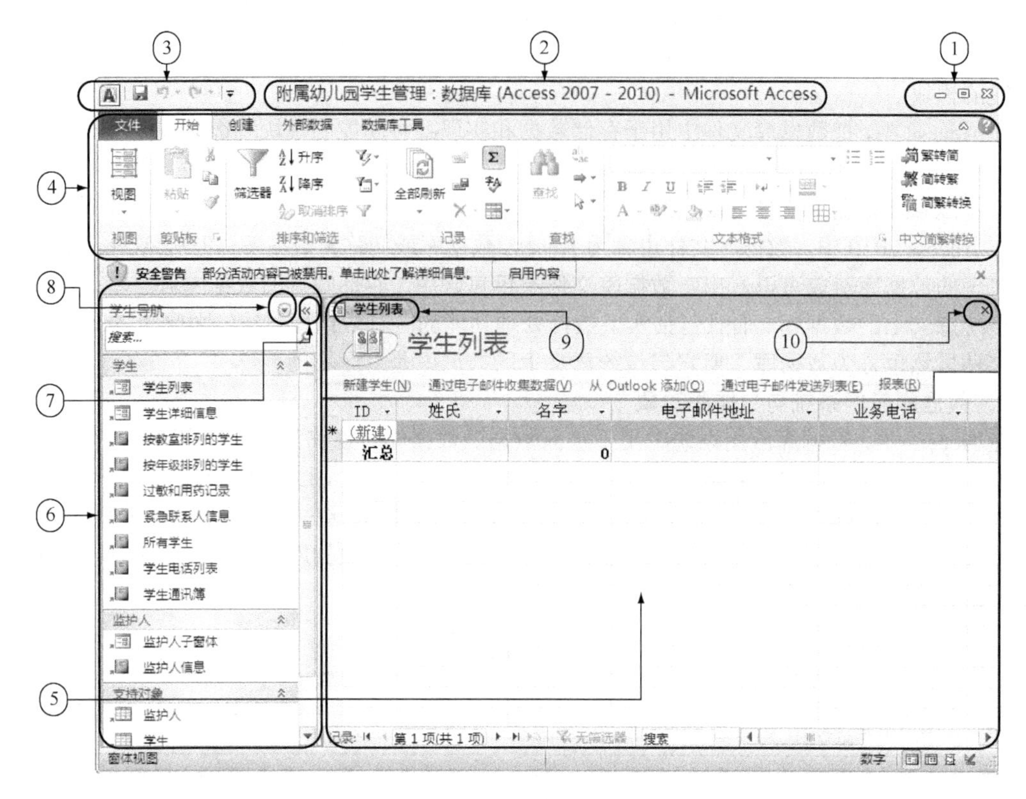

图 2-7　Access 2010 数据库操作界面

④ 功能区和命令选项卡

功能区取代了早期版本的菜单栏和工具栏，功能区中包含了一组选项卡，对于不同的操作对象，选项卡的数目和内容不同，如数据库打开后就有【文件】、【开始】、【创建】、【外部数据】、【数据库工具】、【版本控制】选项卡。单击选项卡的标题可选择该选项卡，双击任意选项卡标题可以打开或关闭功能区。

选择不同选项卡，功能区中以分组的形式显示所有相关操作的工具按钮。每组工具或某个工具可能是可用或不可用（灰色）状态，由用户当前操作对象或操作状态决定。将鼠标停留在工具按钮上会显示该工具按钮的功能提示。

⑤ 文档窗口

【文档窗口】用于设计、编辑、显示和运行数据库对象。

⑥ 导航窗格

用于显示当前数据库包含的所有对象，有表、窗体、查询和报表等对象。它有折叠和展开两种状态，单击【导航窗格折叠/展开】按钮可实现折叠和展开状态转换。导航窗格中数据库对象可以选择不同的浏览方式，浏览方式的选择是通过对【导航菜单】操作实现的。

⑦ 导航窗格折叠/展开按钮

单击该按钮可以折叠或展开导航窗格。

⑧ 导航菜单折叠/展开按钮

单击该按钮可打开/隐藏如图 2-8 所示的导航菜单，在该菜单中可以选择当前数据库对象的浏览方式。

⑨ 对象选项卡

在默认的情况下，每个打开的对象都会在【文档窗口】生成一个选项卡，对象选项卡的标题为打开在【文档窗口】中对象的名称，单击选项卡标题对应的对象显示在【文档窗口】。

⑩ 关闭对象按钮

单击对象关闭按钮可关闭当前显示在【文档窗口】的对象。

⑪ 对象操作快捷菜单

右击导航窗格中数据库对象，弹出一个和该对象操作相关的快捷菜单，如图 2-9 所示，是一个报表对象的快捷菜单。

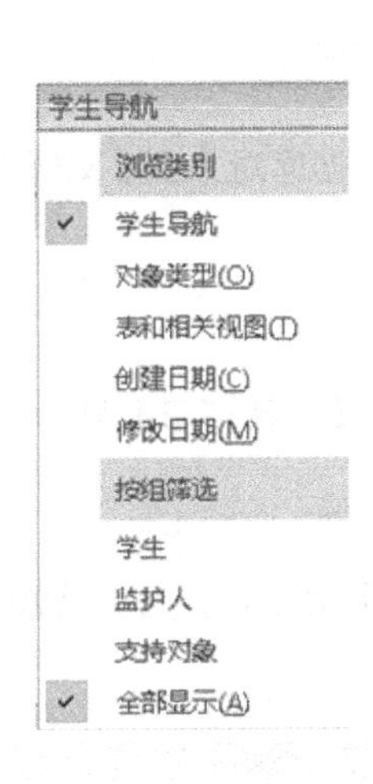

图 2-8 导航菜单

图 2-9 对象操作快捷菜单

⑫ 选项设置

在【文件】选项卡中，单击【选项】命令，则出现【Access 选项】对话框，如图 2-10 所示，在这个对话框中可以为当前打开的数据库自定义用户设置，如使用 Access 2010 时采用的常规选项、为当前数据库选择导航选项、数据表外观选项等。

2.6 实验二

【实验目的】

1. 掌握使用创建和打开数据库文件的方法。
2. 熟悉 Access 2010 数据库操作界面，认识各种数据库对象，了解 Access 选项设置。

【实验内容】

1. 创建和打开数据库文件。
2. 浏览各种数据库对象。
3. 熟悉 Access 2010 数据库操作界面布局，了解 Access 选项设置。

【实验准备】

一台安装有 Access 2010 的电脑。

【实验方法及步骤】

1．实验任务 1-1

完成例 2-1 的操作。

2．实验任务 1-2

完成例 2-2 的操作。

3．实验任务 1-3

完成例 2-3 的操作。

4．实验任务 1-4

打开例 2-1 创建的数据库文件。根据图 2-7 所示，熟悉 Access 2010 数据库操作界面布局，并尝试相关操作。

5．实验任务 1-5

打开实验任务 1-1 创建的数据库，设置该数据库的数据库对象在【文档窗口】显示方式为【重叠窗口】。

操作步骤如下：

（1）打开“e:\学生管理\附属幼儿园学生管理.accdb”。

打开“e:\学生管理\附属幼儿园学生管理.accdb”后，【文档窗口】显示方式如图 2-5 所示。此时【文档窗口】显示方式为【选项卡式文档】。

（2）打开【Access 选项】对话框。

在【文件】选项卡中，如图 2-3 所示，单击【选项】命令，则打开【Access 选项】对话框，如图 2-10 所示。

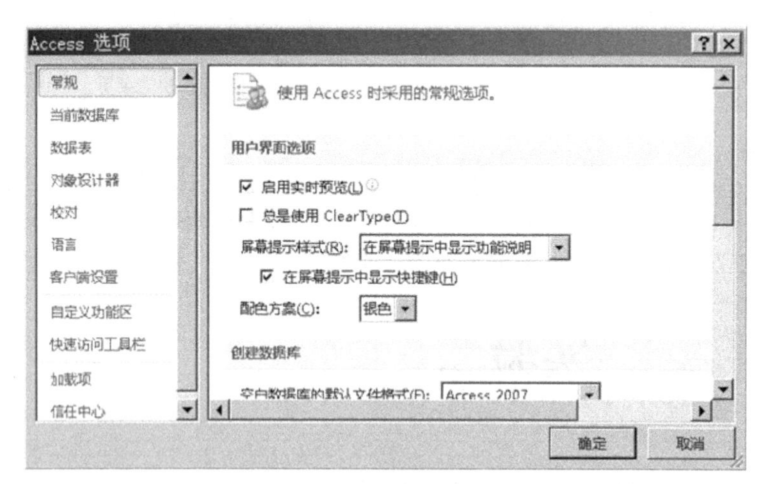

图 2-10　Access 选项对话框

（3）设置数据库对象在【文档窗口】中的显示方式。

单击【Access 选项】对话框左边窗格中的【当前数据库】，在【Access 选项】对话框右边窗格中，选中【文档窗口选项】下方的【重叠窗口】选项，如图 2-11 所示。单击【确定】按钮。

（4）使选项设置生效。

关闭 Access 2010，重新打开“E:\学生管理\附属幼儿园学生管理.accdb”。如图 2-12 所示。此时观察【文档窗口】显示方式和图 2-5 的区别。

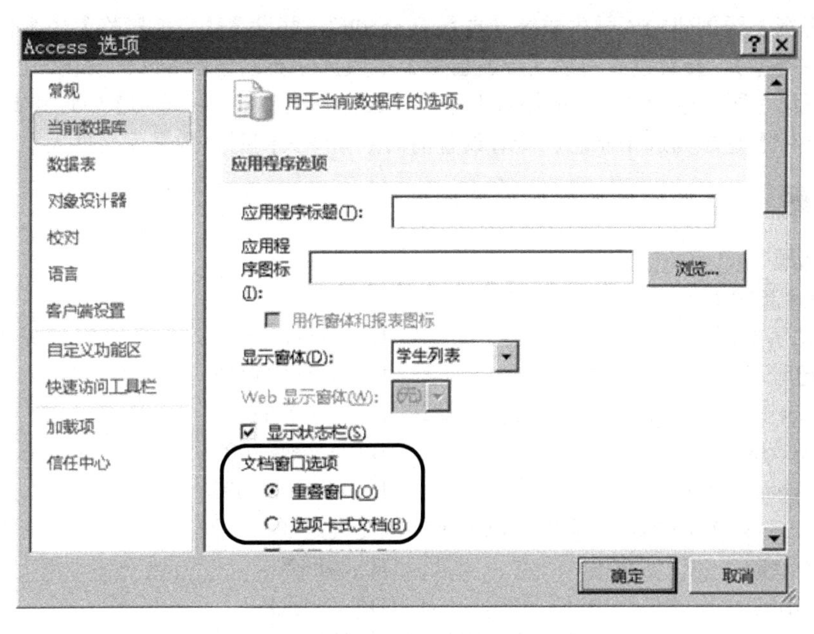

图 2-11 【当前数据库】选项设置

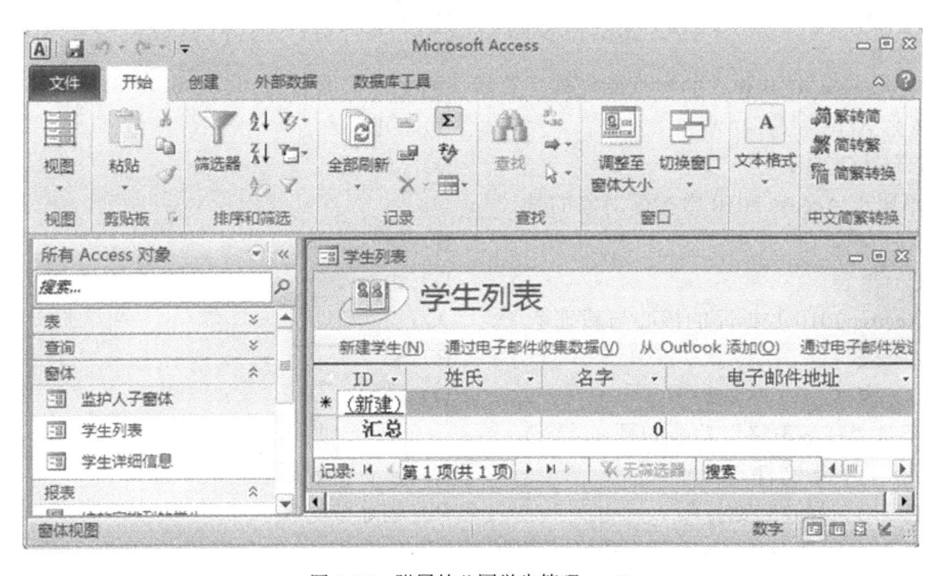

图 2-12 附属幼儿园学生管理.accdb

2.7 习题和实训

2.7.1 实训二

（1）创建“e:\成绩管理”文件夹，创建名为“学生成绩管理系统”的空数据库文件，并将其保存到“e:\成绩管理”文件夹中。

（2）打开第 1 题创建的“学生成绩管理系统.accdb”，并设置【导航窗格】中数据库对象显示方式为【对象类型】。查看设置前后【导航窗格】中数据库对象显示方式的变化。

（3）打开第 1 题创建的“学生成绩管理系统.accdb”，在【Access 选项】中设置【当前数据库】的【关闭时压缩】选项为选中状态。查看设置前后数据库关闭时，数据库文件大小的变化。

2.7.2 习题

一、单选题

1．Access 2010 是一个（　　）软件。

A）文字处理　　B）网页制作
C）电子表格　　D）数据库管理

2．用 Access 2010 建立的数据库文件，默认为（　　）版本。

A）Access 97　　B）Access 2007
C）Access 2000　　D）Access 2003

3．退出 Access 2010 数据库系统可以使用的快捷键是（　　）。

A）Alt+F4　　B）Alt+X
C）Ctrl+C　　D）Ctrl+O

4．在 Access 2010 中，可以选择输入字符或空格的输入掩码是（　　）。

A）A　　B）C
C）0　　D）&

5．用 Access 2010 建立的数据库文件，其默认的文件扩展名为（　　）。

A）.ADP　　B）.DBF
C）.ACCDB　　D）. MDB

6．不属于 Access 2010 数据库对象的是（　　）。

A）窗体　　B）表
C）报表　　D）组合窗

7．Access 2010 数据库的核心与基础是（　　）。

A）表　　B）宏
C）窗体　　D）模块

8．不是“任务窗格”功能的是（　　）。

A）打开旧文件　　B）建立空数据库
C）用向导建立数据库　　D）删除数据库

9．数据表和查询是 Access 2010 数据库的（　　）。

A）用于浏览器浏览　　B）数据源
C）控制中心　　D）强化工具

10．Access 在同一时间，可打开（　　）个数据库。

A）1　　B）2
C）3　　D）4

11．不属于 Access 数据库对象的是（　　）。

A）窗体　　B）报表
C）查询　　D）关系模型

12．以下叙述中，正确的是（　　）。

A）Access 只能使用系统菜单创建数据库应用系统

B）Access 只具备模块化程序设计能力

C）Access 具备面向对象的程序设计能力，并能创建复杂的数据库应用系统

D）Access 不具备程序设计能力

13. Access 2010 是一种（　　）。

A）数据库　　B）数据库系统

C）数据库管理软件　　D）数据库管理员

14. 在一个数据库中存储着若干个表，这些表之间可以通过（　　）建立关系。

A）内容不相同的字段　　B）相同内容的字段

C）第一个字段　　D）最后一个字段

15. Access 2010 中的窗体是（　　）之间的主要接口。

A）人和计算机　　B）操作系统和数据库

C）数据库和用户　　D）用户和操作系统

16. Access 2010 包括的对象有（　　）。

A）表，窗体，报表，查询，宏，模块

B）窗体，报表，页，宏，模块，查询，项目

C）窗体，报表，页，宏，模块，主键和索引

D）表，窗体，报表，页，函数，模块，查询

17. 关于 Access 的描述，正确的是（　　）。

A）Access 是一个运行于操作系统平台上的关系型数据库管理系统。

B）Access 是一个文档和数据处理应用软件。

C）Access 是 Word 和 Excel 的数据存储平台。

D）Access 是网络型关系数据库。

18. 在 Access 中，表和数据库的关系是（　　）。

A）一个数据库可以包含多个表　　B）一个数据表只能包含 2 个数据库

C）一个数据表可以包含多个数据库　　D）一个数据库只能包含一个表

二、多选题

1.（　　）对象包含在 Access 2010 数据库中。

A）宏　　B）报表

C）多媒体　　D）窗体

2. Access 2010 提供了（　　）创建数据库的方法。

A）使用向导法　　B）不使用向导法

C）使用模板法　　D）使用综合法

3. 下列关于 Access 2010 数据库的说法中，正确的是（　　）。

A）数据库文件的扩展名为 accdb。

B）所有的对象都存放在同一个数据库文件中。

C）一个数据库可以包含多个表。

D）表是数据库的最基本的对象，没有表也就没有其他对象。

三、判断题

1. 在 Access 数据库中，数据是以二维表的形式存放的。（　　）

2. 在数据库操作中，只有单击主窗口的“关闭”按钮，才能退出 Access 2010。（　　）

3. 对数据库 Access 2010 对象的所有操作都是通过数据库窗口开始的。（　　）

4. 数据库 Access 2010 的对象包括表、查询、窗体、报表、页、图层和通道七种。（　　）

四、填空题

1．Access 是功能强大的______系统，它具有界面友好、易学易用、开发简单等特点。

2．Access 2010 数据库的对象包括表、______、______、报表、宏、______。

3．当关闭 Access 数据库时，选择______操作可以减少数据库文件的存储空间。

五、简答题

1．简述打开数据库的常用方法。

2．如何设置数据库文件保存的默认位置？

第3章 表

本章知识要点

- 表的设计。
- 创建表。
- 在数据表视图中输入和编辑数据记录。
- 关系的类型、关系的建立和关系操作。
- 参照完整性。

表（Table）是最基本的Access数据库对象。在Access 2010中，数据库应用系统要处理的数据集合是由表组成的，表及表间关系的设计对于实现数据库应用系统功能非常重要。表的设计就是在Access数据库中创建多个表，并建立它们之间的关系。

3.1 表的设计

关系数据库的设计主要是数据表及表间关系的设计，设计的好坏有以下几个评价原则：

（1）将信息划分到基于主题的表中，以减少冗余数据。

（2）根据需要建立表之间的关联。

（3）设置有支持和确保信息准确性和完整性的措施。

（4）可满足数据处理对数据的需求。

表的设计过程主要包括以下几个方面。

1．信息的收集和划分

信息的收集和划分是收集希望在数据库中记录的各种信息，并划分到多个表中。

如第1.3.3节中，将进销存管理系统所管理的信息划分到“商品”“客户及供应商”“销售”“进货”“库存”“操作员”数据表中。

2．表结构设计

表结构设计是根据信息的划分，确定每个表的关系模式及定义各模式中的每个字段，即设计表结构。

对表结构的设计有以下几个原则：

（1）表中不要包含可以通过关系运算得到的字段。

例如不要把商品表中的“商品名”“型号”“商品图片”等有关商品的详细信息放到销售表中，只需在销售表中设一个“商品编号”字段。因为在处理一个销售记录的时候，如果希望得到该销售记录对应商品的详细情况，可以通过该销售记录中“商品编号”到“商品”表中进行匹配查找得到。这其实就是对“商品”表和“销售表”做了一次关系的连接运算。

（2）每个字段必须是最小的数据单元，即每个字段是不可再细分的数据项。

例如不能把“联系人”“联系地址”“联系电话”“E-mail”合并成一个“联系方式”字段。

以下是进销存管理系统数据表的关系模式：

商品（商品编号，商品名，型号，供应商编号，生产日期，是否进口，商品图片，商品说明）

客户及供应商（客户或供应商编号，客户或供应商名称，联系人，联系地址，邮政编码，联系电话，E_mail）

销售（销售单编号，商品编号，销售日期，单价，数量，金额，客户编号，收款方式，收款日期）

进货（进货单编号，商品编号，进货数量，进货价，供应商编号，进货日期，付款方式，付款日期）

库存（商品编号，库存）

操作员（操作员名，密码）

以上6个关系模式对应的表结构如表3-1、表3-2、表3-3、表3-4、表3-5、表3-6所示。

表3-1 “商品”表结构

字段名 属性	商品编号	商品名	型号	供应商编号	生产日期	是否进口	商品说明	商品图片
数据类型	文本	文本	文本	文本	日期	是/否	备注	OLE 对象
说明	主键							
字段大小	6	20	20	6				

表3-2 “客户及供应商”表结构

字段名 属性	客户或供应商编号	客户或供应商名称	联系人	联系地址	邮政编码	联系电话	E_mail
数据类型	文本	文本	文本	文本	文本	文本	文本
说明	主键						
字段大小	6	30	20	50	6	30	20

表3-3 “销售”表结构

字段名 属性	销售单编号	商品编号	销售日期	单价	数量	金额	客户编号	收款方式	收款日期
数据类型	文本	文本	日期	货币	数字	货币	文本	文本	日期
说明	主键								
字段大小	6	6			整型		6	6	
小数				2		2			

表3-4 “进货”表结构

字段名 属性	进货单编号	商品编号	进货数量	进货价	供应商编号	进货日期	付款方式	付款日期
数据类型	文本	文本	数字	货币	文本	日期	文本	日期
说明	主键							
字段大小	6	6	整型				6	
小数				2				

表 3-5 “库存”表结构

属性＼字段名	商品编号	库存
数据类型	文本	数字
说明	主键	
字段大小	6	整型

表 3-6 “操作员”表结构

字段名 属性	操作员名	密码
数据类型	文本	文本
说明	主键	
字段大小	20	12

3. 设置主键

设置主键，为表间关系设计做准备。

4. 建立表间关系

Access 是关系数据库管理系统。在关系数据库中，信息划分到了基于主题的不同表中。要根据需要建立的表间关系将信息组合在一起，为数据处理服务。

根据进销存管理系统的功能设计，表间应建立如图 3-1 所示的关系，各关系的定义如表 3-7 所示。

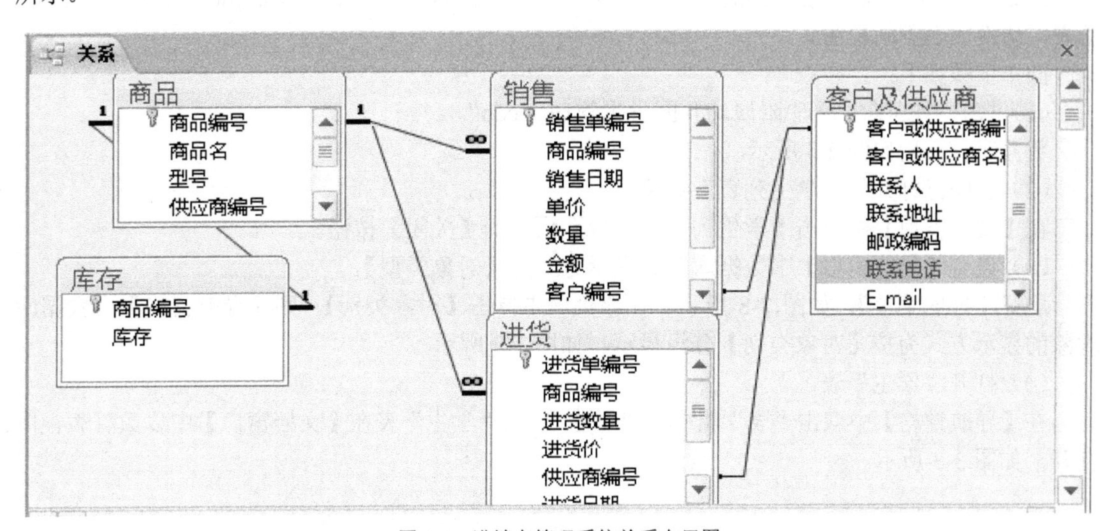

图 3-1 进销存管理系统关系布局图

表 3-7 进销存管理系统关系定义表

关系定义＼表		商品	商品	商品	客户及供应商	客户及供应商
关系定义	主表	商品	商品	商品	客户及供应商	客户及供应商
	相关表	库存	销售	进货	销售	进货
关联字段	主表	商品编号	商品编号	商品编号	客户或供应商编号	客户或供应商编号
	相关表	商品编号	商品编号	商品编号	客户编号	供应商编号
关系类型		一对一	一对多	一对多	一对多	一对多
参照完整性		√	√	√		
级联更新相关字段		√	√	√		
级联删除相关字段		√	√	√		

5．优化设计

所谓优化设计，主要是检查和更正表设计中的缺陷和遗漏，主要考虑几个方面：是否缺失数据处理所需的字段，是否有可以通过关系运算得到的字段，是否在某个表中有重复输入相同数据的字段，每个字段是否为不可再细分的数据项，每一字段和它所在表的主题是否相符，所建立的关系是否满足数据处理功能需求。

3.2 表的视图

所谓表的视图，就是一种对表进行显示和操作的方式。在 Access 2010 中，表可用设计视图、数据表视图、数据透视表视图、数据透视图视图打开并对其操作。

不同视图满足对数据显示的不同需求，强化和突出了对某些操作的简易性，同时屏蔽一些易导致表中数据损坏的操作。

打开的表可以切换不同视图显示。

例 3-1 打开例 2-1 创建的数据库“E:\学生管理\附属幼儿园学生管理.accdb”中名为“学生”的表，切换该表不同视图。

操作步骤如下：

（1）打开“E:\学生管理\附属幼儿园学生管理.accdb”。

数据库打开后如图 2-5 所示。

（2）关闭已打开的“学生列表”对象。

在【文档窗口】中单击“学生列表”对象选项卡的【关闭】按钮。

（3）设置【导航窗格】中数据库对象显示方式为【对象类型】。

展开【导航菜单】，如图 2-8 所示，在该菜单中单击【对象类别】，则【导航窗格】中数据库对象的显示方式为按【对象类别】分组显示，如图 3-2 所示。

（4）打开“学生”表。

在【导航窗格】中双击“表”组中的“学生”，则“学生”表在【文档窗口】中以数据表视图打开，如图 3-3 所示。

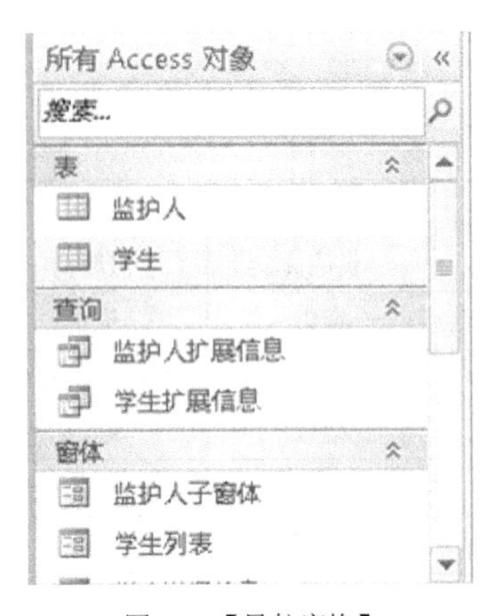

图 3-2 【导航窗格】

图 3-3 “学生”表在【文档窗口】中打开

（5）打开【视图选择】菜单。

在【表格工具\字段】选项卡的【视图】组中，单击【视图】工具，出现【视图选择】菜单，如图 3-4 所示。

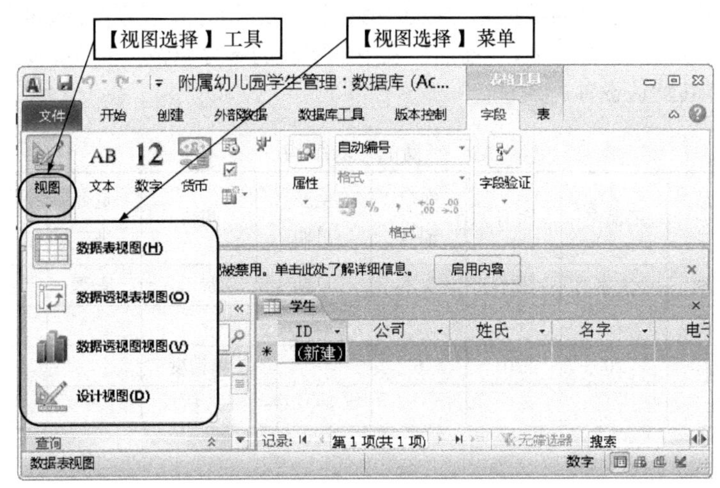

图 3-4 视图选择菜单和工具

（6）选择“学生”表要切换到的视图，并在所选视图中打开“学生”表。

在【视图选择】菜单中选择一种视图为“学生”表要切换到的视图。图 3-5 所示为选择【设计视图】后，“学生”表切换到的设计视图。

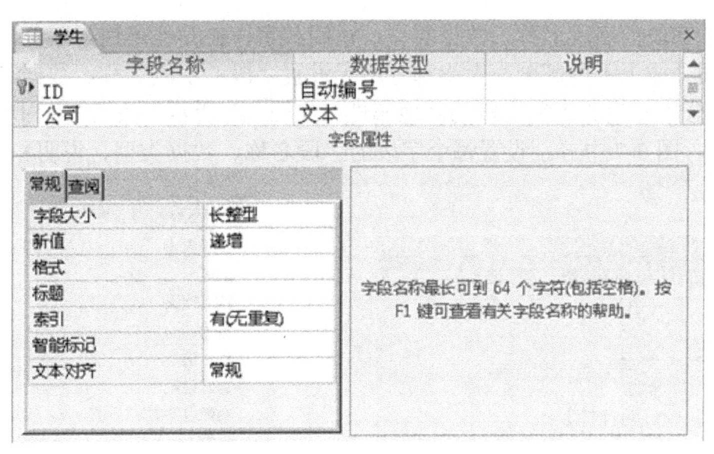

图 3-5 “学生”表的设计视图

3.3 创建表

Access 2010 提供了分别在设计视图和数据表视图中创建表的方法。由于有些操作（如主键设置）在数据表视图中不能完成，必须切换到设计视图中才能完成，所以这里只介绍在设计视图中创建表的方法。

3.3.1 创建表结构

创建表结构包括定义该表关系模式中每个字段的字段名称、数据类型、说明和字段的其他属性，这些属性决定了每个字段取值必须具有的特征、输入输出方式和它们在表中起的作用等。

例 3-2 打开例 2-2 创建的数据库“E:\进销存管理\进销存管理系统.accdb”，在表的设计视图中，为该数据库创建“商品”表，“商品”表中各字段的部分属性按表 3-8 设置，表 3-8 中未列出的字段属性保持其默认设置。

表 3–8 “商品”表结构

字段名 / 属性	商品编号	商品名	型号	客户编号	生产日期	售价	是否进口	商品说明	商品图片
数据类型	文本	文本	文本	文本	日期	货币	是/否	备注	OLE 对象
说明	主键								
字段大小	6	20	20	6		单精度			
小数						2			

操作步骤如下：

（1）打开“E:\进销存管理\进销存管理系统.accdb”，并设置【导航窗格】中数据库对象显示方式为【对象类型】。

（2）打开表的设计视图。

在【创建】选项卡的【表格】组中单击【表设计】工具，则在【文档窗口】打开表的设计视图。

（3）设置每个字段的字段名称、数据类型、说明和字段的其他属性。

表的设计视图分成上下两部分，上半部分用于设置字段的字段名称、数据类型和说明，如图 3-6 所示；下半部分用于设置当前字段的其他属性，如图 3-7 所示。按表 3-8 对“商品”表中各字段的定义，如图 3-6、图 3-7 中分别设置每个字段的字段名称、数据类型、说明和字段的其他属性。

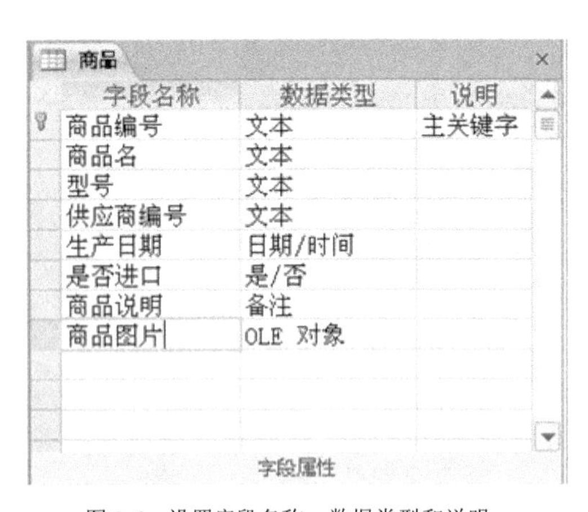

图 3-6 设置字段名称、数据类型和说明

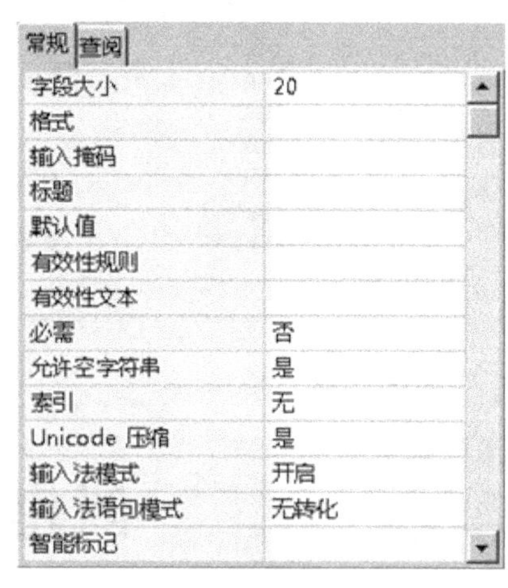

图 3-7 字段其他属性

（4）在创建表结构过程中，根据需要删除、插入、复制和移动字段。

在数据表的设计视图中右击字段的行选择区，出现字段快捷菜单，如图 3-8 所示，选择该菜单中的命令，可以删除、移动和复制所选择行的字段，或在所选择行的字段前面插入一个新字段。

（5）选择并设置主键。

如图 3-6 中选择“商品编号”字段所在行，在【表格工具\设计】选项卡的【工具】组中单击

【主键】工具，在"商品编号"字段所在行的行选择区出现一个钥匙形状的图标，即设置了"商品编号"字段为主键，如图 3-8 所示。

（6）命名并保存表。

单击快速访问工具栏中的【保存】工具。在出现的【另存为】对话框中，如图 3-9 所示，输入表的名称"商品"，单击【确定】按钮，则"商品"表出现在【导航窗格】的"表"组中，如图 3-10 所示。

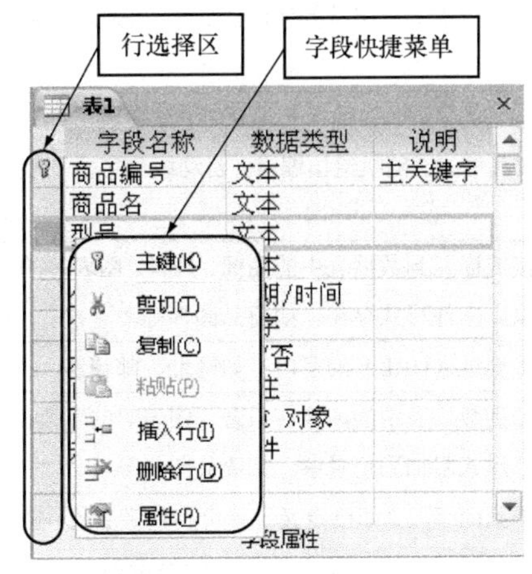

图 3-8 字段快捷菜单图

图 3-9 命名表

图 3-10 "商品"表

3.3.2 设置字段的属性

字段属性就是字段具有的一组特征。字段的属性要根据表的关系模式和应用系统功能进行规划和设计。

1. 字段名称

字段的命名要遵守以下规则：

- 字段名可以由汉字、字母、数字、空格或其他字符组成，但不能用空格作为字段名的第一个字符，也不能包含如（）、？、*、{}、[]等字符；
- 字段名最长不能超过 64 个字符，一个汉字按 1 个字符长度计算。

2. 设置数据类型和数据大小

字段应该设置为何种数据类型及数据大小，其说明见表 3-9。

表 3–9 字段数据类型说明

数据类型	大小	应用
文本	不超过 256 个字符	用于文本和不参加数值计算的字段。如商品编号、商品名、型号等
数字	字节：（0～255） 整型：（-32768～32768） 长整型：（-214783648～+214748647） 单精度：-3.4×10^{38}～$+3.4\times10^{38}$ 双精度：-1.797×10^{38}～$+1.797\times10^{38}$	用于要参加数值计算的字段。如商品数量、销售数量等
日期	8 字节	用于表示日期的字段。如生产日期、销售日期等

续表

数据类型	大小	应用
货币	带有货币符号的双精度	用于表示货币数值的字段，在计算时不许四舍五入。如：售价、金额等
是/否	1 位二进制	用于表示只有两种取值状态的字段。如是否进口、性别等
备注	不超过 65536 个字符	用于需保存可能超过 256 个字符的字段。如商品说明、个人简历、注释等
自动编号	4 字节	用于不需人工编号的字段，在插入一记录时，该字段由计算机自动按顺序（递增）或随机给出编号，自动编号字段不能更新
OLE 对象	不超过 1GB	用于要存储连接或嵌入到数据表中的图像、声音、图表等的字段，这些对象以文件形式存在。如商品图片等
超链接	不超过 64000 个字符	用于存储超链接地址（URL）的字段。如网址、邮箱等
附件	不超过 1GB	用于要存储附加到数据表中的图像、声音、图表等的字段。这些对象以文件形式附加到记录中。如商品图片等
计算	根据表达式的计算结果	用于可以计算得到的字段。如已定义了单价和数量字段，金额字段可以定义为计算字段，表达式为：单价×数量
查阅向导	4 字节	用于可以通过查询其他字段的数据或给定的数据列表，以组合框的方式实现选择输入的字段。如学历等具有通用固定可选值的字段

对于某一具体字段而言，可以采用的数据类型可能有多种，例如电话号码可以使用数字型，也可使用文本型，但只有一种是最合适的。

主要考虑的几个方面如下：

- 字段中可以使用什么类型的值。
- 需要用多少存储空间来保存字段的值。
- 是否需要对数据进行计算（主要区分是否用数字、文本、备注等）。
- 是否需要建立排序或索引（备注、超链接及 OLE 对象、附件型字段不能使用排序和索引；进行索引和排序时，数字和文本是有区别的）。
- 是否需要在查询或报表中对记录进行分组（备注、超链接、OLE 对象、附件型字段不能用于分组记录）。

3．说明

说明主要用来说明设置该字段的目的、输入数据的要求等，以帮助使用该数据库的用户了解该字段。

如图 3-8 中，“商品编号”字段的说明为“主关键字”，即注释了“商品”表的主键为“商品编号”。

4．字段的其他属性

❐ 格式

格式属性只影响数据的显示与打印的格式，而不影响数据实际存储格式。不同的数据类型使用不同格式设置。如表 3-10 是“文本”和“备注”型数据的设置，是使用特殊符号设置的，表 3-11 是“数字”和“货币”型数据的格式设置。对日期型和是否型也可以按需要进行格式设置。

表 3-10 “文本”和“备注”型数据特殊符号用法

特殊符号	说明	应用举例	
		格式设置	数据显示和打印格式
@	对由字符或空格组成的文本起作用	@@-@@@@-@@@@	输入的数据为：01A8732501 显示为：01-A873-2501
&	对任意文本起作用	（&&）&&&&&&&&	输入的数据为：01A8732501 显示为：（01）A8732501
>	将所有字符显示为大写	>	输入的数据为：01a8732501 显示为：01A8732501
<	将所有字符显示为小写	<	输入的数据为：01A8732501 显示为：01a8732501

表 3-11 “数字”和“货币”型数据格式设置

设置	说明	应用举例	
		输入数据	数据显示和打印格式
常规数字	输入格式和显示格式相同	-2318.128	-2318.128
货币	按 Windows 控制面板中“区域和语言”选项设置格式	2318.128	¥2,318.13
欧元	使用欧元货币符号	2318.128	€2,318.13
固定	必须显示至少一个数字	2318.128	2,318.13
标准	使用千分隔符	2318.128	2,318.13
百分比	将数值转换为百分数	0.32	32%
科学计数	使用科学计数法	2318.128	2.32E+3

❑ 输入掩码

输入掩码为数据的输入提供了一个模板，可确保数据输入时具有正确的格式。它影响数据实际存储值，字段的输入掩码通过特殊符号来设置。如设置“商品编号”字段的“输入掩码”为“000000”，则输入“商品编号”数据时，用户必须输入一个由 6 位数字组成的编码。表 3-12 为输入掩码特殊符号定义表。

表 3-12 输入掩码特殊符号定义

特殊符号	说明	应用举例	
		输入掩码	示例
0	只允许输入数字 0～9（必须输入）	（000）0000-0000	（010）8238-0386
9	只允许输入数字或空格（非必须输入）	（999）9999-9999	（020）8238-0386
#	只允许输入数字或空格、加减号（非必须输入，保存数据时空白数据将被删除）	#900	-38 238
L	只允许输入字母 A～Z 或 a～z（必须输入）	>L?00L??9	fs09Gas1

续表

特殊符号	说明	应用举例	
		输入掩码	示例
?	只允许输入字母 A～Z 或 a～z（非必须输入）		
A	只允许输入字母或数字（必须输入）	（000）AAAA-AAAA	（757）1000-email
a	只允许输入字母或数字（非必须输入）	（000）aaaaa	（757）110
&	可输入任意字符或空格（必须输入）	（&&&）&&&&	（757）1000
C	可输入任意字符或空格（非必须输入）	（CCC）CCCC	（Tel）1000
.,:;-/	小数点占位符或千位、日期与时间分隔符	990,99/L	110,01/M
<	将所有字符转换为小写	>L<????009	Email879
>	将所有字符转换为大写		
\	不管输入任何内容，都只显示\后面的的字符	\A	不管输入任何内容只显示 A

如果一个字段既进行了格式设置也设置了输入掩码，那么格式设置在数据显示和打印时优先于输入掩码起作用。即数据输入时按输入掩码的格式，数据显示和打印时按格式设置显示和打印数据。

❑ 标题

在显示表、打印报表时，标题中输入的内容将代替该字段的字段名，而该字段的字段名称不变。

如“商品”表中的“型号”字段，可设置标题为“商品型号”，则在显示或打印该字段时，显示或打印为“商品型号”，而该字段的字段名仍为“型号”。

❑ 默认值

在向数据表中添加新记录时，如希望某些字段有缺省值（可提高数据输入的速度及保证数据正确），就可以为这些字段设置默认值。如“商品”表中的“是否进口”可设置其默认值为“False”，那么在添加新记录时该字段就默认输入为“False”。

❑ 有效性规则

数据的有效性规则用于对字段所接受的值加以限制，以保证用户输入的数据是有效的。有些有效性规则可能是自动的，如检查日期值是否合法。有效性规则也可以是用户自定义的，如设置“销售”表中“数量”字段的有效性规则为“>0”，那么在输入销售记录时，“数量”字段只能输入大于 0 的数。

❑ 有效性文本

有效性文本用于设置了有效性规则的字段，如输入的数据违反该字段有效性规则，则显示出“有效性文本”中的信息。如“数量”字段的有效性规则为“>0”，有效性文本为“销售数量必须大于 0!”，用户输入该字段的数据小于或等于 0 时，则会显示有效性文本中的内容以提示用户输入错误。

❑ 必填字段

设定用户输入一个新记录时，该字段是否要必须输入一个值。

❑ 允许空字符串

设定用户输入一个新记录时，对于文本型、备注型和超链接型的字段是否可以为空值。Access 2010 中有两类空值：一种是零长度字符串，即不含任何字符的字符串，以两个之间没有空格的半角双引号""表示；另一种是 Null 值，Null 值表示丢失或未知数据，对一个字段不做任何输入操作，那么它的值就为 Null。主键字段不能为 Null。

❑ 索引

设置是否以该字段建立数据表的索引。索引是一种排序的方法，索引的目的就是使记录数据有序。记录是按一定的顺序存储在磁盘上的，这是记录的物理顺序。索引在不改变记录的物理顺序情况下，按某个索引关键字（或表达式）来建立记录的逻辑顺序。索引建立后，对数据表中记录的操作是按这个索引建立的逻辑顺序来操作的。

设置一个字段“有”索引，可提高以该字段为序对数据表进行查询或统计的速度。

❑ Unicode 压缩

只有文本型、备注型和超链接型字段有该属性的设置，设定是否对这些类型字段的数据进行压缩。

❑ 文本对齐

设定其在绑定控件内文本的对齐方式。

5．选择和设置主键应该考虑的问题

主键也叫主关键字，在 Access 2010 中数据表一般都有主键，主键用来唯一标识一个记录。可以设置三种类型的主键：单独字段主键、多字段主键和自动编号主键。

（1）单独字段主键设置。

如果数据表中某个字段可以唯一标识一条记录，就可以设置该字段为主键。如“商品”表中的“商品编号”字段能唯一标识一个记录，即一种商品对应一个商品编号，则可将“商品编号”字段设置为主键。

（2）多字段主键设置。

如果数据表中没有一个字段能单独标识记录，则可以选择两个或以上字段作为数据表的多字段主键。选择多个字段的方法是：按住【Ctrl】键后依次单击字段,可选择/取消选择字段。

（3）自动编号字段主键。

如果在保存数据表之前没有设置主键，将出现图 3-11 所示的是否设置主键对话框。选择【是】Access 2010 将自动为数据表添加一个字段名为“编号”，字段类型为“自动编号”的字段，并将该字段设置为主键。

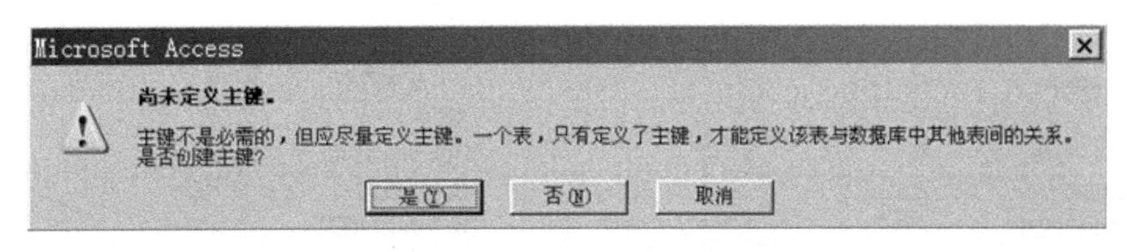

图 3-11　是否设置主键的对话框

3.3.3　修改表结构

表的结构可以根据需要进行修改，但对已经输入数据的表结构进行修改时，可能影响字段中存放的数据和使用这些被修改字段的对象。如在数据记录输入后修改“有效性规则”，则必须修改已经输入的数据记录以满足新的有效性规则；查询、报表、窗体等数据库对象中使用了被更名的字段，那么这些对象中的字段名也要进行相应更改，这给应用系统开发和运行带来严重影响。这就要求在数据库设计时做好表结构的设计工作，保证表结构修改工作在数据输入前完成。

可以在设计视图和数据表视图中修改表的结构，基于创建表结构相同的原因，这里只介绍在设计视图中修改表结构。

例 3-3 按下列要求修改例 3-2 创建的“商品”表结构。

（1）删除“售价”字段。

（2）设置“型号”字段的标题为“商品型号”。

（3）将“客户编号”字段名改为“供应商编号”；并设置该字段的显示和打印格式为“(&&)-&&&&”；用掩码规定该字段只能输入 6 位数字编号；设置该字段的默认值为“="000000"”。

（4）设置“生产日期”字段的有效性规则为“>#2008/1/1#”，有效性文本设置为“你输入了一个无效的生产日期，本公司不销售生产日期在 2008/1/1 之前的电器，请查证！”

操作步骤如下：

（1）打开 “e:\ 进销存管理\进销存管理系统.accdb”。

（2）打开“商品”表并切换到设计视图。

（3）删除选择“售价”字段。

右击“售价”字段的行选择区，在字段快捷菜单中选择【删除行】，则“售价”字段被删除。

（4）设置“型号”字段的标题为“商品型号”。

单击“型号”字段所在行使其为当前字段，设置其标题属性为“商品型号”，如图 3-12 所示。

（5）将“客户编号”字段名改为“供应商编号”。

单击“客户编号”字段所在行使其为当前字段，并将“客户编号”字段的字段名改名为“供应商编号”。

（6）设置“供应商编号”字段的格式、掩码和默认值。

单击“供应商编号”字段所在行使其为当前字段，分别按要求设置其格式、掩码和默认值属性，如图 3-13 所示。

常规 | 查阅

字段大小	20
格式	
输入掩码	
标题	商品型号
默认值	
有效性规则	
有效性文本	
必需	否
允许空字符串	是
索引	无
Unicode 压缩	是
输入法模式	开启
输入法语句模式	无转化
智能标记	

图 3-12 设置“型号”字段的标题

常规 | 查阅

字段大小	6
格式	(&&")-"&&&&
输入掩码	000000
标题	
默认值	="000000"
有效性规则	
有效性文本	
必需	否
允许空字符串	是
索引	无
Unicode 压缩	是
输入法模式	开启
输入法语句模式	无转化
智能标记	

图 3-13 设置“供应商编号”字段属性、掩码和默认值

（7）设置“生产日期”字段的有效性规则和有效性文本。

单击“生产日期”字段所在行使其为当前字段，分别按要求设置其有效性规则和有效性文本属性，如图 3-14 所示。

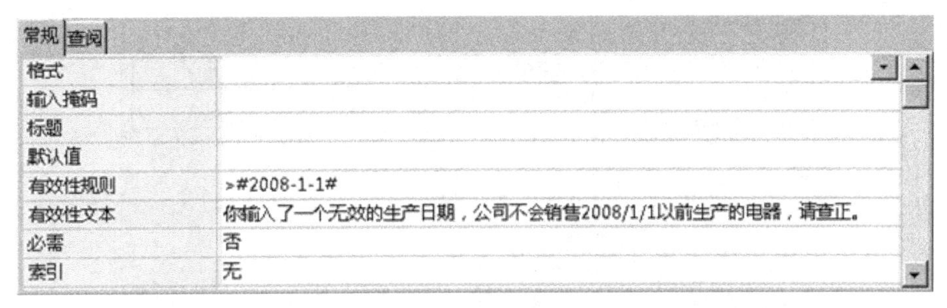

图 3-14　设置“生产日期”字段的有效性规则和有效性文本

（8）保存表。

单击快速访问工具栏中的【保存】工具。

3.4 数据输入与编辑

创建完表结构的表，是不包含任何数据的表，即没有数据记录。在实际数据库应用系统中，用户一般不是直接打开数据表输入和编辑数据记录，而是通过系统提供的数据操作界面（窗体）来输入和编辑数据表中的数据记录。

下面介绍的是在表的数据表视图中输入数据的方法。

3.4.1　各种类型数据的输入方法

大部分数据类型的数据可以直接输入，有些数据类型的数据输入有其特殊操作方法，下面介绍几种常见特殊数据类型输入方法。

1．“是/否”型数据的输入

“是/否”型数据只有两个值，如“是”和“否”或“真”和“假”或“开”和“关”，这两个值在计算机中分别以“-1”和“0”表示。如图 3-22 中，“是否进口”字段为“是/否”型字段，选中☑表示“是”，字段值为“-1”；未选中□表示“否”，字段值为“0”。

2．OLE 对象型数据的输入

OLE 对象型数据的输入是通过插入对象的方法来输入的，这里的对象指的是 Excel 表格、Word 文档、图像、声音或其他二进制数据。

如“商品”表中的“商品图片”字段就是 OLE 对象类型，输入空调的“商品图片”字段的操作步骤如下：

（1）选择要插入的对象的字段，执行【插入对象】命令。

右击一个记录的“商品图片”字段，在弹出的快捷菜单中，如图 3-15 所示，选择【插入对象】命令，则出现【Microsoft Access】对话框，如图 3-16 所示。

图 3-15　OLE 型字段快捷菜单

（2）插入对象。

选中【Microsoft Access】对话框中的【由文件创建】选项，则【Microsoft Access】对话框显示为如图 3-17 所示，再单击【浏览】按钮，选择磁盘上空调的相片文件，如图 3-18 所示，单击【确定】按钮。此时该字段处根据图像文件的格式显示为“位图图像”或“包”，如果插入的是其他类型对象则显示为相应对象名称，如 Word 文档，则显示“Microsoft Word 文档”等。

图 3-16 【Microsoft Access】对话框

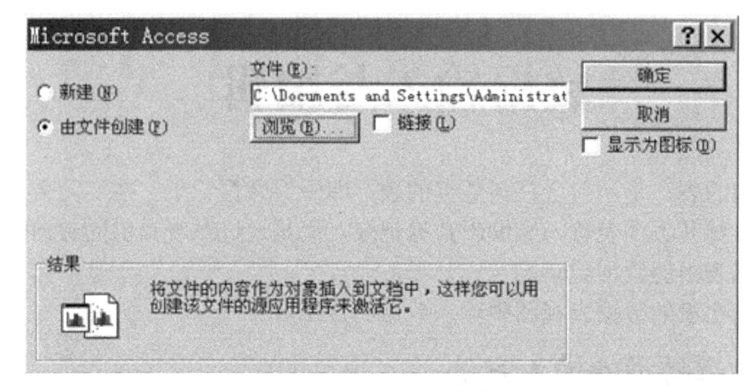

图 3-17 设置 OLE 对象来源

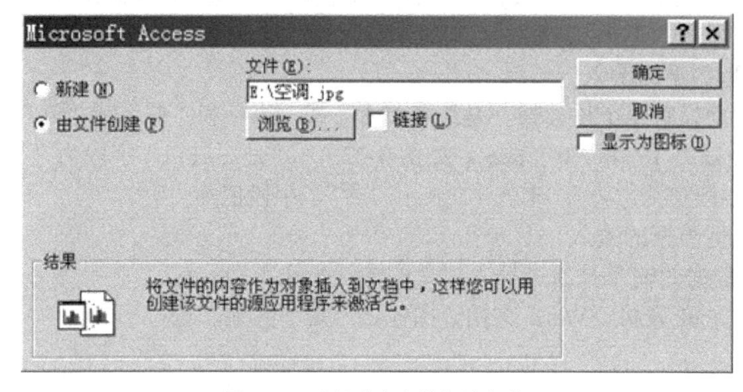

图 3-18 选择磁盘上的相片文件

3. 附件型数据的输入

任何附件型字段的字段名都显示为“📎”，每个记录的附件型字段数据显示为“📎(0)”，括号中的数值表示该字段的附件个数。

输入附件型字段的操作方法如下：

（1）选择要插入对象的字段，执行【管理附件】命令。

右击一个记录的附件型字段，在弹出的快捷菜单中，如图 3-19 所示，选择【管理附件】命令，出现【附件】对话框，如图 3-20 所示。

（2）添加附件。

单击选择【附件】对话框中的【添加】按钮，则打开【选择文件】对话框，在【选择文件】

对话框中选择一个文件附加到这个字段，重复以上操作可以添加多个附件，如图 3-21 所示。这个操作过程和给邮件添加附件类似。添加完所有附件后，单击【确定】按钮。

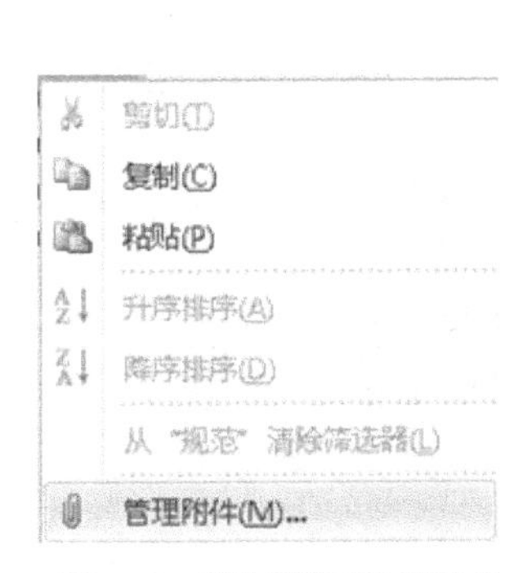

图 3-19 附件型字段快捷菜单

图 3-20 【附件】对话框

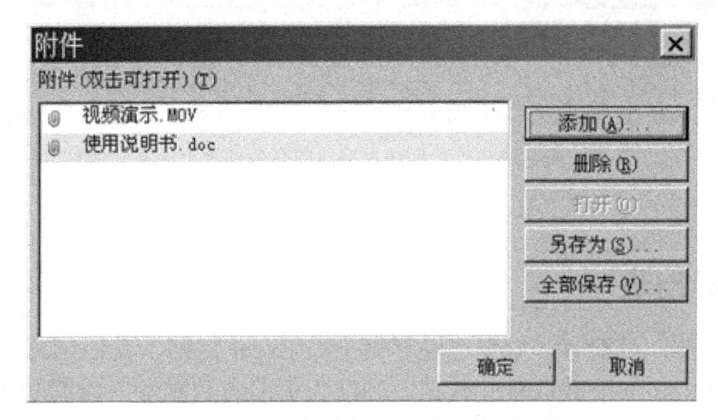

图 3-21 添加完附件后的【附件】对话框

3.4.2 输入数据

例 3-4 在例 3-3 修改过的“商品”表中输入数据记录，数据记录如表 3-13 所示。

表 3-13 商品

商品编号	商品名	型号	供应商编号	生产日期	是否进口	商品图片	商品说明
000001	等离子电视机	PCV600	010001	2009-1-1	FALSE	略	略
000002	空调	KFR-35GW/DQX	010001	2009-10-13	FALSE		
000003	3D 镜像多媒体	HMD—481ED	030001	2008-12-23	TRUE		
000006	家庭影院	AV302+CH812	020001	2009-10-9	TFALSE		

操作步骤如下：

（1）打开“e:\进销存管理\进销存管理系统.accdb”。

（2）在数据表视图中打开“商品”表。

（3）输入数据记录。

输入每个记录中各字段的内容，如图 3-22 所示。在输入数据时，除了对不同数据类型采用不同输入方法外，还要注意字段掩码对输入格式的要求和字段有效性规则对输入数据的限制。如：

“型号”字段在数据表视图中，字段名显示为“商品型号”；“供应商编号”字段的默认值为“000000”，只能输入 6 位数字编号，显示格式为“(&&)-&&&&”；输入的生产日期在 2008/1/1 之前则显示如图 3-23 所示信息。

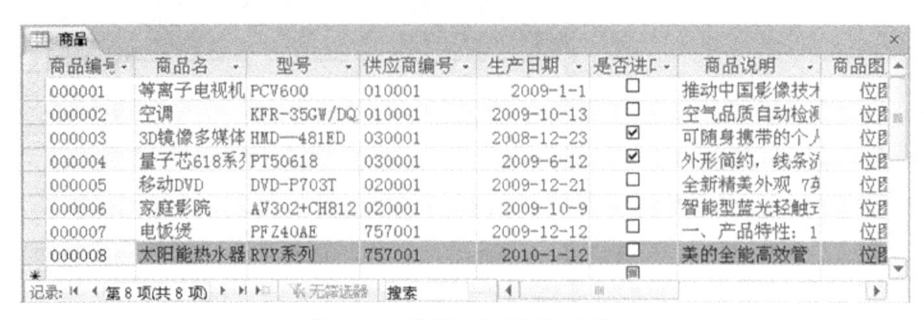

商品

商品编号	商品名	型号	供应商编号	生产日期	是否进口	商品说明	商品图
000001	等离子电视机	PCV600	010001	2009-1-1	☐	推动中国影像技术	位图
000002	空调	KFR-35GW/DQ	010001	2009-10-13	☐	空气品质自动检测	位图
000003	3D镜像多媒体	HMD—481ED	030001	2008-12-23	☑	可随身携带的个人	位图
000004	量子芯618系列	PT50618	030001	2009-6-12	☑	外形简约，线条流	位图
000005	移动DVD	DVD-P703T	020001	2009-12-21	☐	全新精美外观 7英	位图
000006	家庭影院	AV302+CH812	020001	2009-10-9	☐	智能型蓝光轻触	位图
000007	电饭煲	PFZ40AE	757001	2009-12-12	☐	一、产品特性：1	位图
000008	太阳能热水器	RYY系列	757001	2010-1-12	☐	美的全能高效管	位图

记录：第 8 项(共 8 项)　无筛选器　搜索

图 3-22　“商品”表的数据表视图

图 3-23　输入的生产日期违反字段的有效性规则的显示信息

（4）关闭并保存表。

3.4.3　导入和导出表

在建立数据表之前，可能有些数据已经存储于如 Excel 文档、其他 Access 数据库和 dbase 数据库文件等其他文件中，如能获取这些数据，则能大大节省数据输入时间和避免数据输入错误及数据不一致的问题。同样，有时希望能将 Access 数据库中的数据输出到其他格式的文档中。

在许多程序中，使用【另存为】命令可以将文档另存为其他格式，以便在其他程序中打开此文档。例如，在 Microsoft Word 中可通过【另存为】命令将.docx 文档另存为.PDF 文档。但是在 Access 2010 中，【另存为】命令只可以将 Access 数据库文件或数据库对象，另存为另一个类型相同但名称不同的 Access 数据库文件或数据库对象。

要实现 Access 数据库与其外部数据交换，必须通过 Access 2010 的【导入并链接】和【导出】操作来实现，Access 2010 可以导入、导出 Excel 工作表、SharePoint 列表、XML 文件、dbase 数据库文件、Outlook 文件等。通过【导入并链接】操作，将在数据库中创建一个表，同时导入数据源中的数据记录。

1．导入和链接表数据

通过【导入】和【链接表】操作都可以获取外部数据。但它们是有区别的：

• 【导入】操作不会改变被导入的数据，数据被导入后作为一个新的表存储在数据库文件中，这个导入的表将不再与被导入的数据源存在任何联系。

• 而【链接表】操作只是在 Access 数据库内创建了一个表与外部数据源的链接对象——链接表，表中的数据不存储在 Access 数据库文件中，当打开这个链接表的时候才从外部数据源获取数据，因此对链接表中数据所做的任何修改，实际上都是在修改外部数据源的数据，同样其他程序对数据源作的任何修改都会反映到链接表中。

如果作为数据源的数据经常需要在外部做修改，可以选择链接表方式，否则只需要做导入操作。

例 3-5 将“e:\进销存管理\商品信息.xlsx”中的“商品目录”工作表导入到例 2-2 创建的空数据库中，并命名表为“商品信息”。

操作步骤如下：

（1）打开“e:\进销存管理\进销存管理系统.accdb”。

（2）选择要导入的数据源类型，运行导入向导。

在【外部数据】选项卡的【导入并链接】组中单击【Excel】工具，出现【获取外部数据 - Excel 电子表格】对话框，如图 3-24 所示。

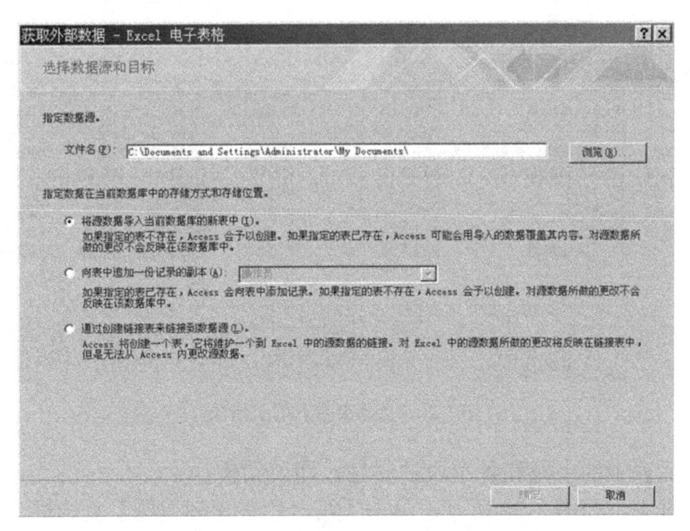

图 3-24 【获取外部数据 - Excel 电子表格】对话框

（3）确定导入类型为导入数据，指定要导入的 Excel 文件。

在【获取外部数据 - Excel 电子表格】对话框中，选中“指定数据在当前数据库中的存储方式和存储位置”中的【将源数据导入当前数据库新表中(I)】选项，如果选择的是【通过创建链接表来链接到数据源(L)】选项，则为导入链接表数据。在【文件名】文本框中输入“E:\进销存管理\商品信息.xlsx”后，【获取外部数据 - Excel 电子表格】对话框显示如图 3-25 所示。

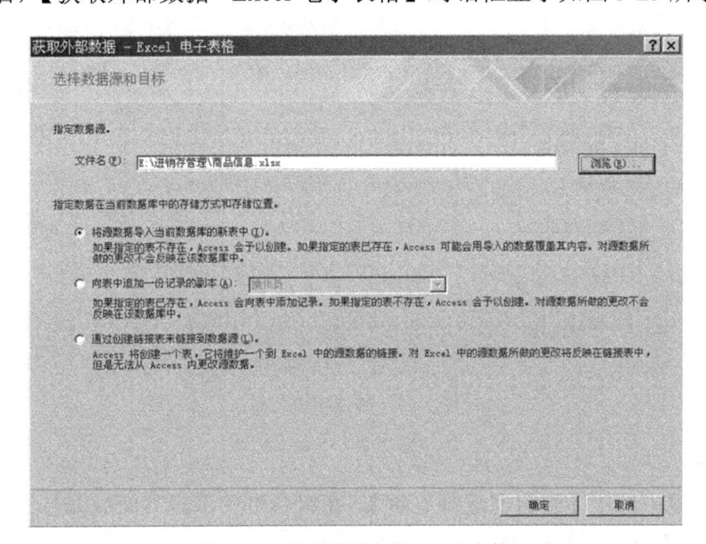

图 3-25 选择要导入的 Excel 文件

（4）选择 Excel 文件中要导入的工作表。

单击【获取外部数据 - Excel 电子表格】对话框中的【确定】按钮。在打开的【导入数据表向导】对话框中，如图 3-26 所示，选择“商品目录”工作表，单击【下一步】按钮。

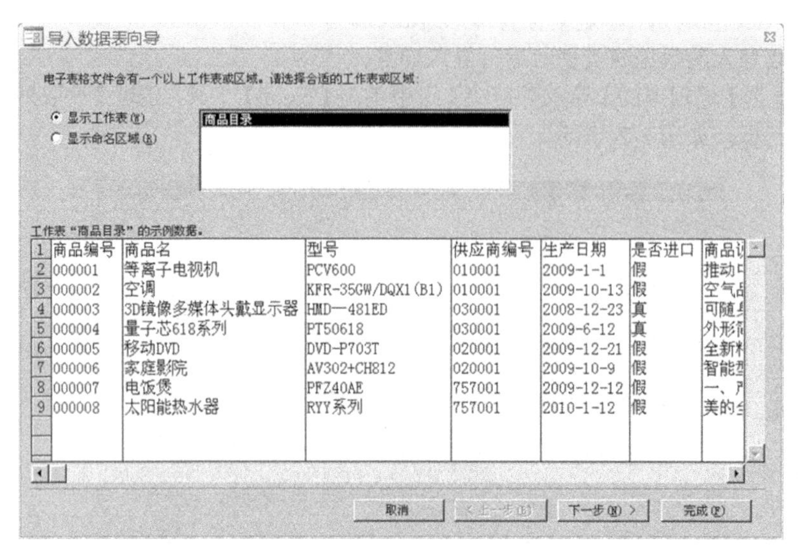

图 3-26　选择要导入的工作表

（5）设置导入后表中的字段和各字段的属性，即表结构。

在打开的对话框中，如图 3-27 所示，单击【第一行包含列标题】复选框，单击【下一步】按钮。在打开的对话框中，如图 3-28 所示，选择每一列，并按表 3-8 设置数据导入后每个字段的字段名称和数据类型等字段属性，单击【下一步】按钮。

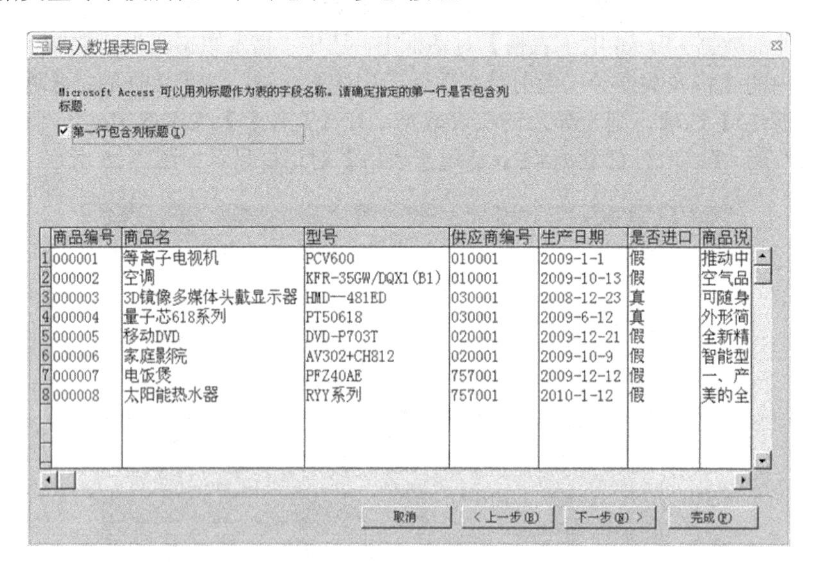

图 3-27　确定字段名称

（6）设置主键。

在打开的对话框中选中【我自己选择主键】，在组合框中选择“商品编号”作为表的主键，如图 3-29 所示，单击【下一步】按钮。

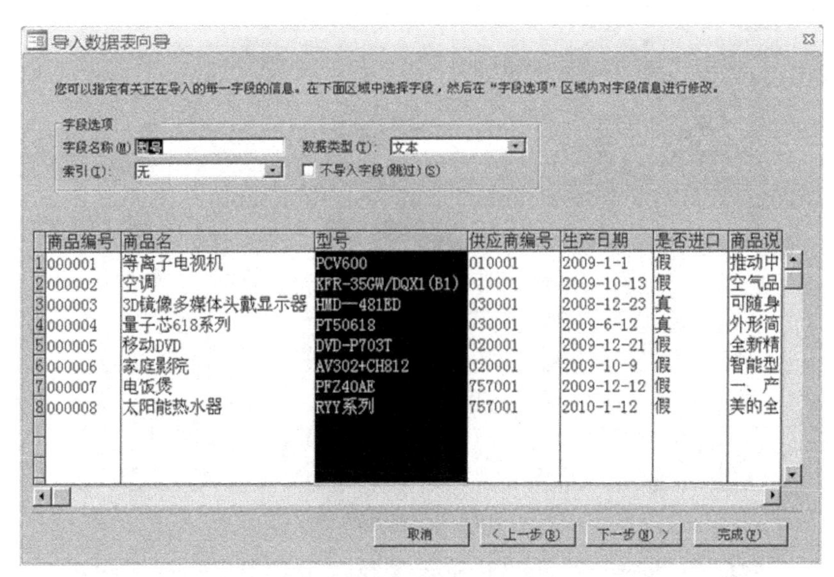

商品编号	商品名	型号	供应商编号	生产日期	是否进口	商品说
000001	等离子电视机	PCV600	010001	2009-1-1	假	推动中
000002	空调	KFR-35GW/DQX1(B1)	010001	2009-10-13	假	空气品
000003	3D镜像多媒体头戴显示器	HMD—481ED	030001	2008-12-23	真	可随身
000004	量子芯618系列	PT50618	030001	2009-6-12	真	外形简
000005	移动DVD	DVD-P703T	020001	2009-12-21	假	全新精
000006	家庭影院	AV302+CH812	020001	2009-10-9	假	智能型
000007	电饭煲	PFZ40AE	757001	2009-12-12	假	一、产
000008	太阳能热水器	RYY系列	757001	2010-1-12	假	美的全

图 3-28　设置各字段的其他属性

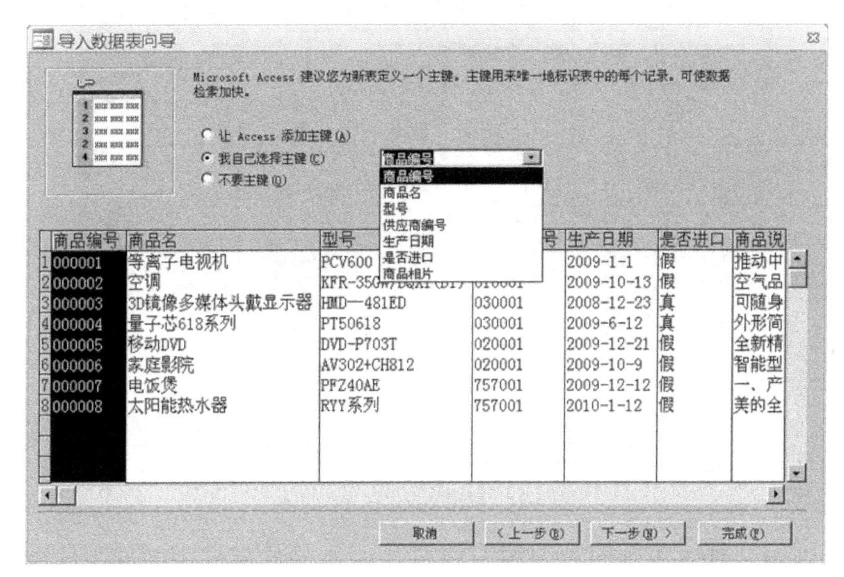

商品编号	商品名	型号	供应商编号	生产日期	是否进口	商品说
000001	等离子电视机	PCV600		2009-1-1	假	推动中
000002	空调	KFR-35		2009-10-13	假	空气品
000003	3D镜像多媒体头戴显示器	HMD—481ED	030001	2008-12-23	真	可随身
000004	量子芯618系列	PT50618	030001	2009-6-12	真	外形简
000005	移动DVD	DVD-P703T	020001	2009-12-21	假	全新精
000006	家庭影院	AV302+CH812	020001	2009-10-9	假	智能型
000007	电饭煲	PFZ40AE	757001	2009-12-12	假	一、产
000008	太阳能热水器	RYY系列	757001	2010-1-12	假	美的全

图 3-29　设置表的主键

（7）命名表。

在打开的对话框中的文本框中输入导入后表的名称“商品信息”，如图 3-30 所示，单击【完成】按钮。

（8）确定是否保存以上导入向导步骤。

在打开的对话框中，如图 3-31 所示，通过是否选中【保存导入步骤】选项，来确定是否保存以上导入向导步骤（如果选择保存，则再次导入该 Excel 文件中的“商品目录”工作表时，将不需要再执行以上向导），单击【关闭】按钮。

（9）查看导入的“商品信息”表。

在数据表视图中打开“商品信息”表，如图 3-32 所示。

图 3-30　命名表

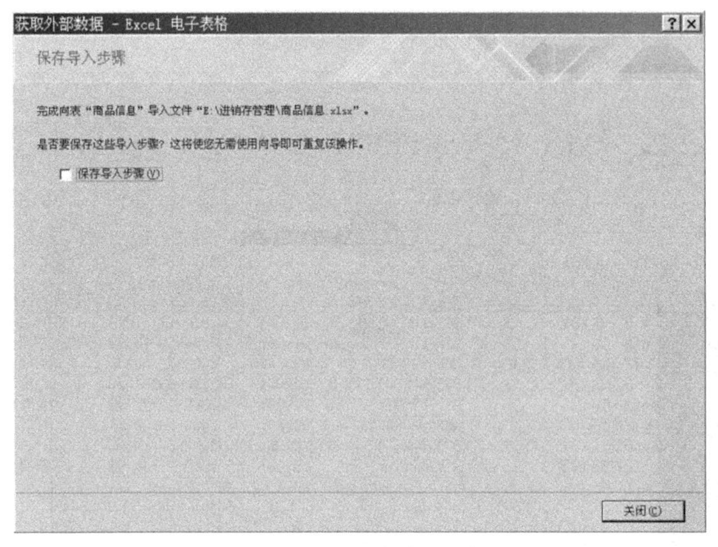

图 3-31　确定是否保存导入步骤

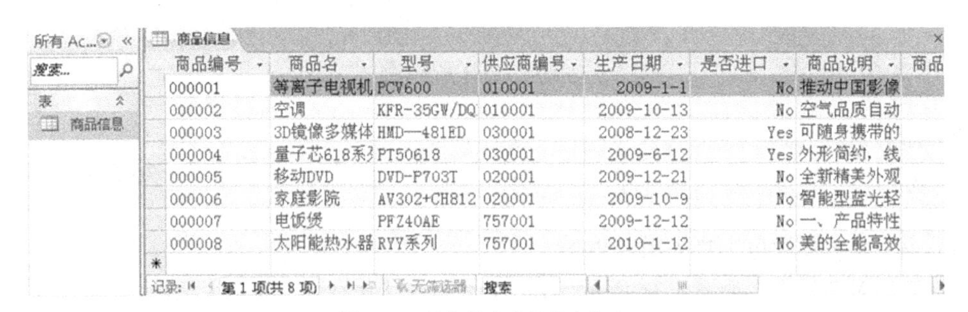

商品编号	商品名	型号	供应商编号	生产日期	是否进口	商品说明
000001	等离子电视机	PCV600	010001	2009-1-1	No	推动中国影像
000002	空调	KFR-35GW/DQ	010001	2009-10-13	No	空气品质自动
000003	3D镜像多媒体	HMD—481ED	030001	2008-12-23	Yes	可随身携带的
000004	量子芯618系	PT50618	030001	2009-6-12	Yes	外形简约，线
000005	移动DVD	DVD-P703T	020001	2009-12-21	No	全新精美外观
000006	家庭影院	AV302+CH812	020001	2009-10-9	No	智能型蓝光轻
000007	电饭煲	PFZ40AE	757001	2009-12-12	No	一、产品特性
000008	太阳能热水器	RYY系列	757001	2010-1-12	No	美的全能高效

图 3-32　导入的“商品信息”表

2．导出数据

数据被导出时，有些 Access 数据类型可能无法导出到目标数据文件，比如 OLE 对象型的“商品图片”不能导出到 Excel 文件中。

例 3-6 将例 3-5 导入到“E:\进销存管理\进销存管理系统.accdb”中的“商品信息”表导出到“E:\进销存管理\商品目录.xlsx”中。

操作步骤如下：

（1）打开“进销存管理系统.accdb”。

（2）选择要导出的表。

在【导航窗格】中单击“商品信息”表。

（3）选择导出的数据文件类型。

在【外部数据】选项卡的【导出】组中单击【Excel】工具，则打开【导出 - Excel 电子表格】对话框，如图 3-33 所示，

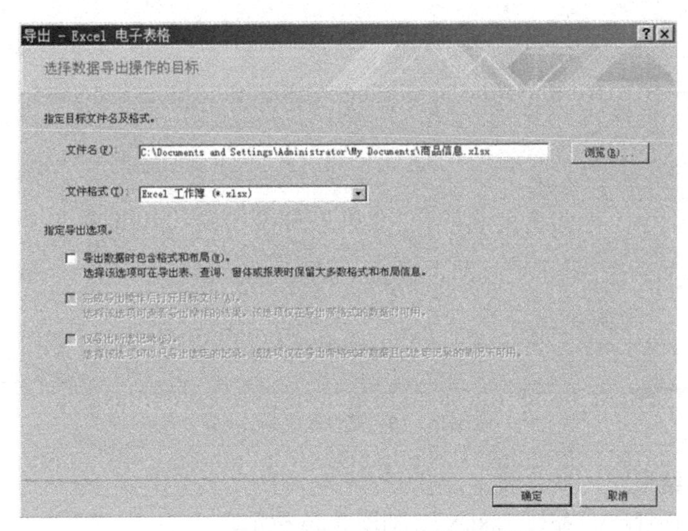

图 3-33 【导出 - Excel 电子表格】对话框

（4）选择导出文件的保存位置、文件名及其采用文件格式版本。

在【导出 - Excel 电子表格】对话框的【文件名】文本框中输入“E:\进销存管理\商品目录.xlsx”，在【文件格式】组合框中，选择“Excel 工作簿”，如图 3-34 所示，单击【确定】按钮。

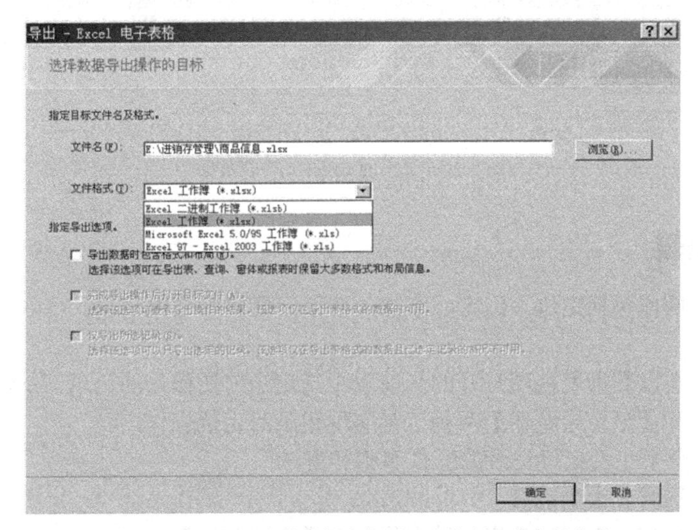

图 3-34 选择导出文件的保存位置、文件名及其文件格式

（5）确定是否保存以上导出向导步骤。

在打开的对话框中，如图 3-35 所示，通过是否选中【保存导出步骤】选项，来确定是否保存以上导出向导步骤（如果选择保存，则再次导出该表时，将不需要再执行以上向导），单击【关闭】按钮。

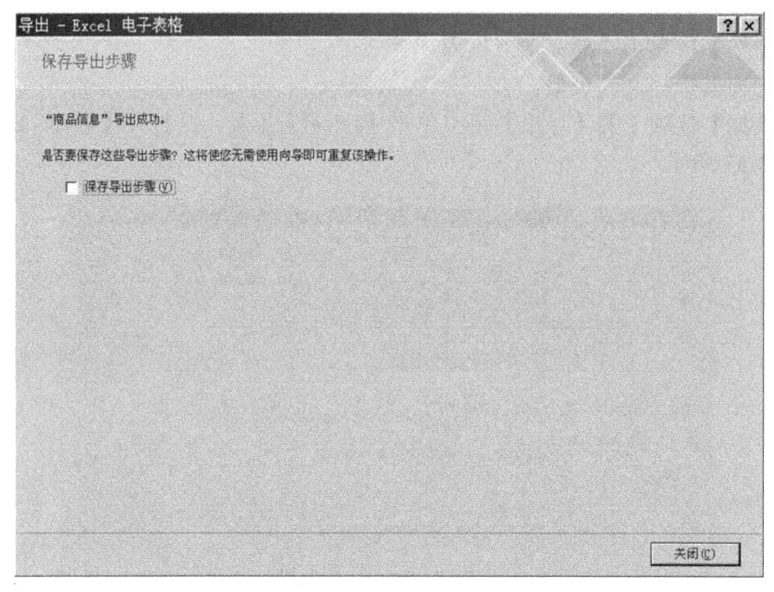

图 3-35　确定是否保存导出步骤

（6）查看导出结果。

打开“e:\进销存管理\商品目录.xlsx”，如图 3-36 所示。

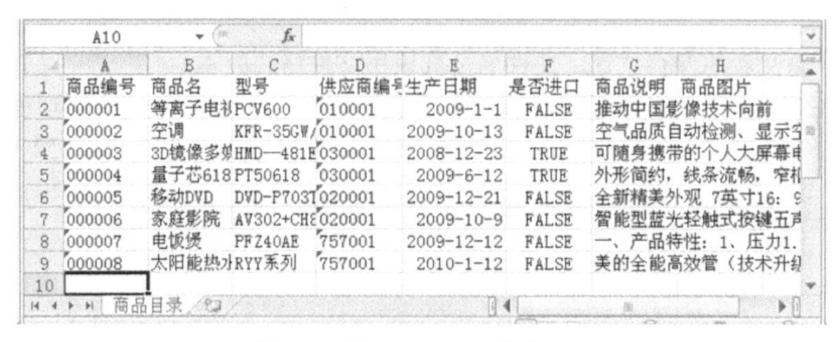

图 3-36　导出的 Excel 工作表数据

3.4.4　记录编辑

数据记录编辑操作包括定位、选定、添加、修改、删除和复制记录。

1．定位记录

定位记录是指在以数据表视图打开的当前表中指定当前要操作的记录。在表的数据表视图中，可以使用【转至】和【记录导航器】两种工具实现记录的定位操作。

❒　使用【转至】工具定位记录的操作步骤和方法：

（1）打开表并选择其为当前表。

在数据表视图中打开表，使该表的数据显示在【文档窗口】。

（2）打开【转至】工具菜单。

在【开始】选项卡的【查找】组中单击【转至】工具，则打开如图 3-37 所示的【转至】工具菜单。

（3）定位记录。

选择【转至】工具菜单中命令，实现记录定位。如选择【尾记录】，则记录定位到表的最后一行记录。

❒ 使用【记录导航器】定位记录的操作步骤和方法：

（1）打开表并选择其为当前表。

在数据表视图中打开表，使该表的数据显示在【文档窗口】。

（2）记录定位。

在位于【文档窗口】底部的【记录导航器】中，如图 3-38 所示，单击导航工具实现记录定位。

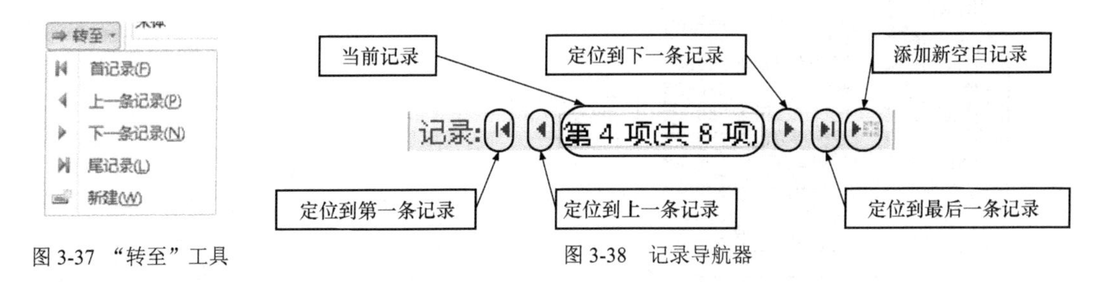

图 3-37 “转至”工具　　　　图 3-38 记录导航器

2. 选定记录

有时需要对一个或多个记录进行如复制、移动和删除等操作时，必须先选定要操作的记录。在表的数据表视图中，选定记录的操作步骤和方法如下：

（1）打开表并选择其为当前表。

在数据表视图中打开表，使该表的数据显示在【文档窗口】。

（2）选定记录

在记录选择区中，如图 3-39 所示，单击记录选择按钮，可以选定一个记录；在记录选择区拖放鼠标，可以选定连续多个记录。

3. 添加记录

有时需要将新的数据记录添加到表中。添加记录的操作步骤和方法如下：

（1）打开表并选择其为当前表。

在数据表视图中打开表，使该表的数据显示在【文档窗口】。

（2）添加记录。

定位记录到记录选择区显示有“*”的记录，在该记录的各单元格中输入数据，如图 3-39 所示。

4. 修改记录

在数据表的数据表视图中，只能对当前记录中的数据进行修改操作。修改记录的操作步骤和方法如下：

（1）打开表并选择其为当前表。

在数据表视图中打开表，使该表的数据显示在【文档窗口】。

（2）定位要修改的记录。

（3）修改数据。

单击当前记录中各字段的单元格对记录中的数据进行修改。

5．删除或复制记录

可根据需要删除或复制表中的一个或多个记录。删除或复制记录的操作步骤和方法如下：

（1）打开表并选择其为当前表。

在数据表视图中打开表，使该表的数据显示在【文档窗口】。

（2）选定要删除或复制的记录。

（3）删除或复制记录。

右击已选定记录的记录，在出现的记录操作快捷菜单中，如图3-40所示，选择【删除】即可删除选定的记录；如选择的是【复制】，则再要定位复制记录的目标位置后，执行快捷菜单中的【粘贴】，即可实现记录复制。

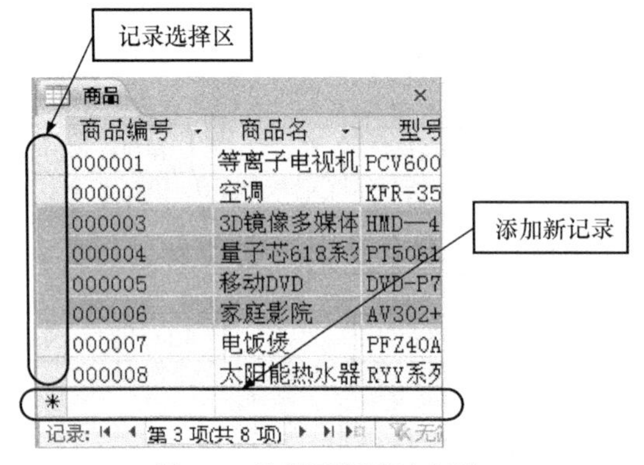

图3-39 选择记录和添加记录

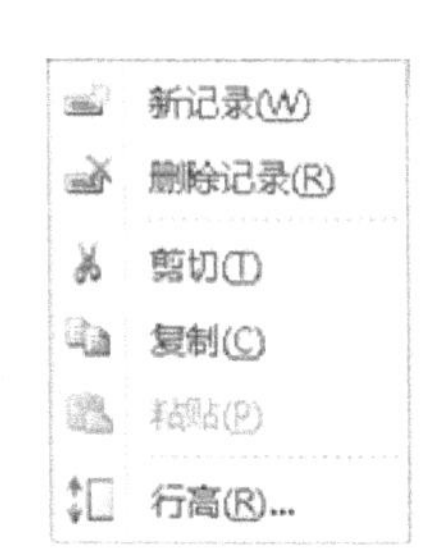

图3-40 记录操作快捷菜单

3.5 表之间的关系

在数据库应用系统中，要存储和处理的数据是相互关联的，即表与表之间是相互关联。如在进销存管理系统中，“销售”表中的销售数据描述的是“商品”表中商品销售情况，说明两个表中的数据是相关的，因此可以设计一个具有统计功能的数据库对象，该对象根据这两个表中数据统计出商品的销售情况，如图3-41所示。

商品销售统计

商品编号	商品名	平均销售单	销售数量合	销售金额合计	销售记录数
000001	等离子电视机	￥12,300.00	82	￥1,008,600.00	6
000002	空调	￥3,890.00	10	￥38,900.00	6
000003	3D镜像多媒体头戴显示器	￥400.00	72	￥28,800.00	4
000004	量子芯618系列	￥8,900.00	14	￥124,600.00	4
000005	移动DVD	￥3,900.00	45	￥175,500.00	4
000007	电饭煲	￥900.00	3	￥2,700.00	3
000008	太阳能热水器	￥6,500.00	3	￥19,500.00	3

记录: 第7项(共7项) 无筛选器 搜索

图3-41 销售统计数据

从图3-41中可以看出统计信息来源于“商品”和“销售”两个表，而要正确统计出图中的数据，必须有一种方式能够把两个表中的数据正确对应起来，有统计功能的数据库对象在执行时，从“商品”表中读取一种商品的商品编号后，能正确地从“销售”表中读取该商品的所有销售记录并对它们进行统计，而不会出现如把空调的销售数据统计到等离子电视中去的错误。

在 Access 2010 中，保证表之间数据正确对应的方法是建立表之间的关系。建立表之间的关系，不仅能保证表之间数据的对应关系，还能使得对多表操作时数据保持同步和一致，避免在对一个表的记录操作时影响到另一个表中的记录。

表间的所有关系应该在数据操作之前规划和建立好。

3.5.1 关系的类型

建立两个表间的关系是通过分别在两个表中选取一个字段，通过这两个字段数据间的对应关系来建立两个表之间的关系。这个字段称为关联字段。

1. 选择关联字段的规则

（1）关联字段不一定要有相同的名称，但它们要么具有相同的数据类型，要么其中一个是“自动编号”型。在建立一对一关系时，当关联字段中的一个是“自动编号”型，要求另一个必须是具有和“自动编号”型相同“字段大小”的“数字”型。

（2）关联字段描述的应该是事物含义相同的属性，这样建立的数据对应关系才有意义。如“商品”表和“进货”表都有具有同样含义的“商品编号”字段，因此选择“商品编号”来建立两个表间的关系是有意义的。如果选择“商品”表中的“商品编号”字段和“进货”表中的“供应商编号”字段作为关联字段，虽然也能建立关系，但这种数据对应关系是没有意义的。

（3）如果关联字段都为“数字”型，那么两个关联字段的“字段大小”必须相同。

2. 关系的类型

在 Access 2010 中，表间可以建立 3 种类型的关系：一对一、一对多、多对多。

（1）“一对一”关系。

如果两个表的关联字段都是单个字段主键，则创建的关系为“一对一”关系。如“商品编号”是“商品”表和“库存”表的单个字段主键，则以两个表中的“商品编号”为关联字段建立两表间的关系就是“一对一”关系。可以理解为一种商品只有一个库存记录。

（2）“一对多”关系。

如果两个表间的关联字段仅是其中一个表的主键，则创建的关系为“一对多”关系。如“商品”表中“商品编号”字段是的主键，而“销售”表中“商品编号”字段不是主键，则以两个表中“商品编号”为关联字段建立两表间的关系就是“一对多”关系。可以理解为一种商品有多个销售记录。

（3）“多对多”关系。

“多对多”关系实际上是两个表和第三个表间的两个“一对多”关系。在数据处理中，对“多对多”关系的处理是把它转化为两个“一对多”关系处理的。如“商品”表、“客户和供应商”表间的关系是“多对多”关系，因为这两个表和“销售”表之间都是“一对多”的关系。可以理解为每种商品销售给了多个客户，而每个客户可以购买多种商品。

3.5.2 创建和编辑关系

不能在已打开的表之间创建关系，创建关系前必须关闭已经打开的要创建关系的表。两个表之间建立了“一对多”或“一对一”关系后，两个表并不是平等的，把“一对多”关系中的“一”方称为主表（父表），“多”方称为相关表（子表）。如“商品”表和“销售”表建立“一对多”关系后，“商品”表为主表，“销售”表为相关表。把“一对一”关系中，第一个“一方”称为主表（父表），第二个“一方”称为相关表（子表）。如“商品”表和“库存”表建立“一对一”关系后，“商品”表为主表，“库存”表为相关表。

例 3-7 创建“E:\进销存管理\进销存管理系统.accdb”中“商品”和“库存”表之间、“商品”和“销售”表之间的关系。

操作步骤如下：

（1）打开“E:\进销存管理\进销存管理系统.accdb”。

（2）如“商品”“销售”和“库存”表被打开，则关闭它们。

（3）选择关联字段。

按照选择关联字段的规则，因为“商品”“销售”和“库存”表中都有“商品编号”字段，而且该字段在每个表中有相同的定义和含义，因此选择“商品编号”字段建立这两个关系能形成表间有意义的数据对应关系。

（4）打开【关系设计器】。

在【数据库工具】选项卡的【关系】组中单击【关系】工具，则在【文档窗口】中打开【关系设计器】，如图 3-42 所示，如果之前没有在当前数据库建立关系，则同时打开【显示表】对话框，如图 3-43 所示。

图 3-42 【关系设计器】

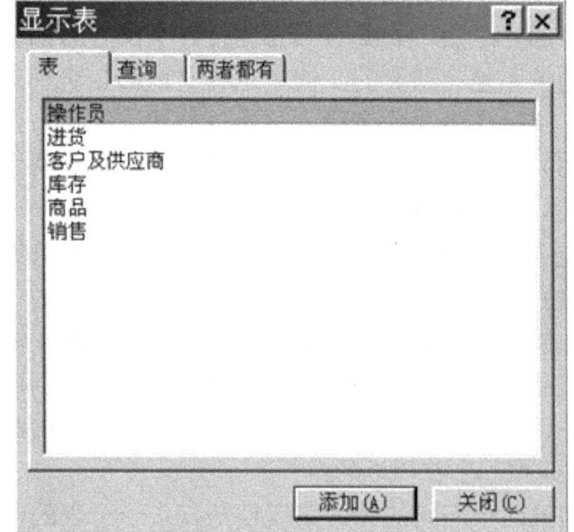

图 3-43 【显示表】对话框

（5）打开【显示表】对话框。

如图 3-43 所示的【显示表】对话框没有打开，则在【关系工具\设计】选项卡的【关系】组中单击【显示表】工具，打开【显示表】对话框。

（6）添加要建立关系的表到【关系设计器】。

在【显示表】对话框中，分别选择“商品”“销售”和“库存”表后，单击【添加】按钮将表添加到【关系设计器】。添加完成后，单击【关闭】按钮以关闭【显示表】对话框。此时，【关系设计器】显示如图 3-44 所示。如果没有添加完所有表，可重复第 5 步打开【显示表】对话框继续添加；如果添加了多余的表，可选择该表后，按键盘上的【Del】键，把该表从【关系设计器】中移除。

（7）建立“商品”表和“销售”表的“一对多”关系。

在【关系工具\设计】选项卡的【工具】组中单击【编辑关系】工具，则打开【编辑关系】对话框，如图 3-45 所示。单击【编辑关系】对话框中的【新建】按钮，则打开【新建】对话框，在【新建】对话框中按图 3-46 所示，选择主表、相关表和关联字段，单击【确定】按钮关闭【新建】对话框，【编辑关系】对话框显示为如图 3-47 所示。单击【编辑关系】对话框中的【创建】按钮关闭【编辑关系】对话框，【关系设计器】显示为如图 3-48 所示。

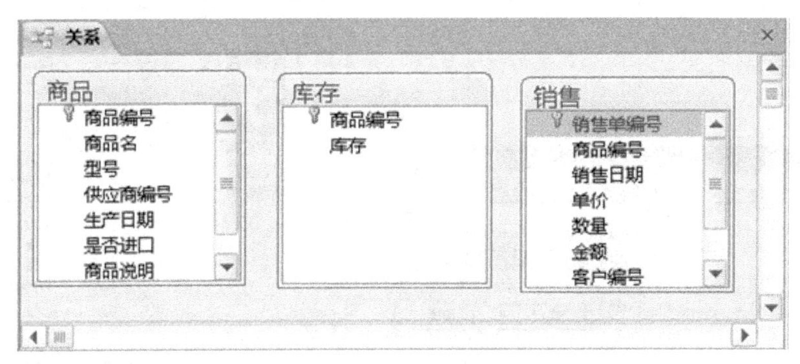

图 3-44　添加要建立关系的表到【关系设计器】

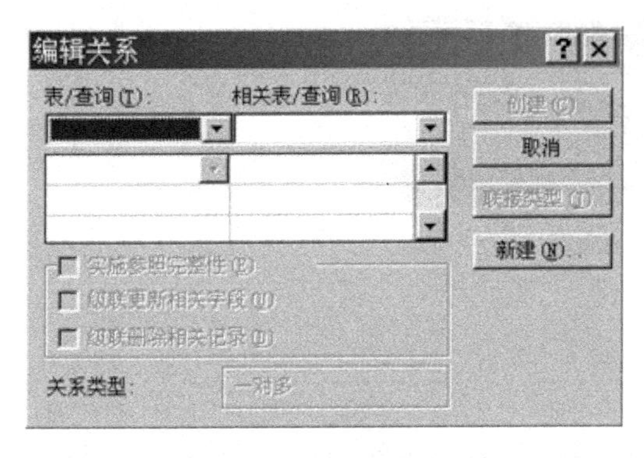

图 3-45 【编辑关系】对话框

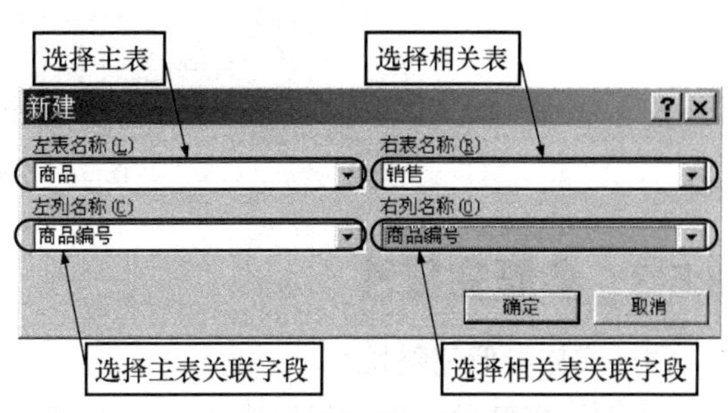

图 3-46 【新建】对话框

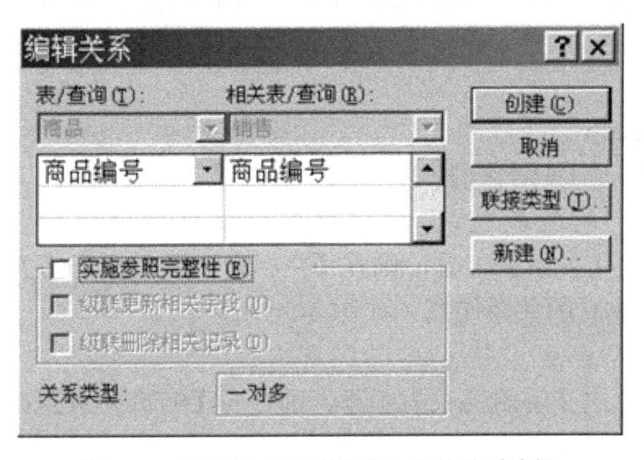

图 3-47 “商品”表和“销售”表的关系编辑

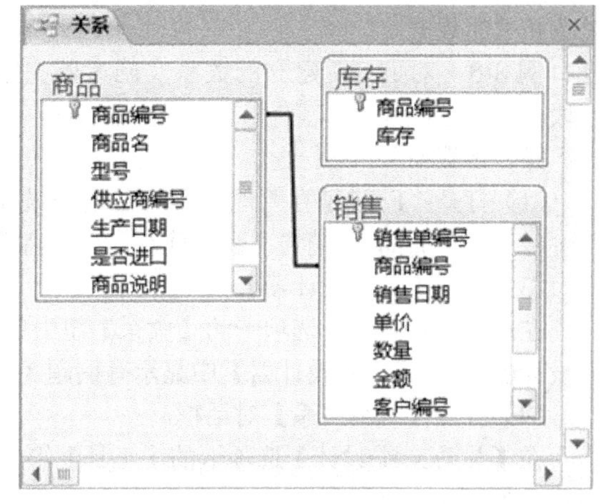

图 3-48 “商品”表和“销售”表的关系布局

（8）建立“商品”表和“库存”表的“一对一”关系。

按上一步同样的方法操作建立“商品”表和“库存”表的“一对一”关系。按图 3-49 所示，选择主表、相关表和关联字段，关系建立后【关系设计器】显示如图 3-50 所示。

（9）保存关系布局。

关闭【关系设计器】，则出现【Microsoft Access】对话框，如图 3-51 所示，单击【是】按钮。

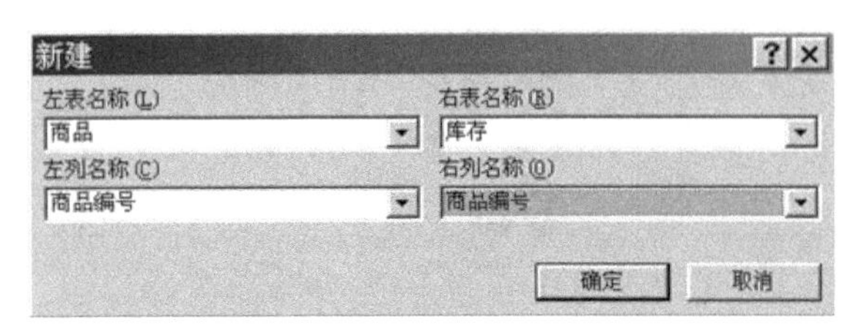

图 3-49　“商品”表和“库存”表的关系定义

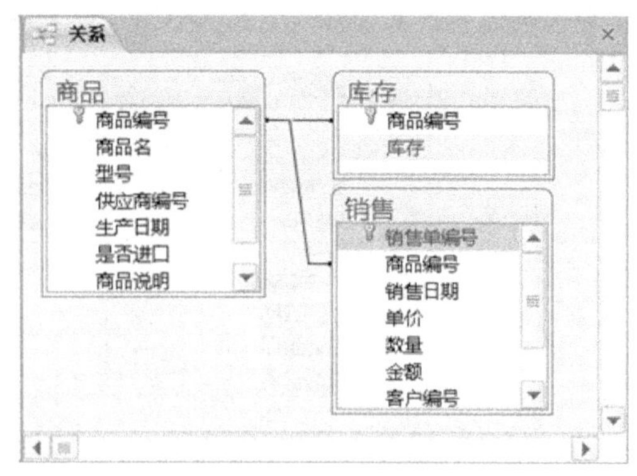

图 3-50　关系建立后的布局

图 3-51　保存关系布局

3.5.3　参照完整性

1. 实施参照完整性

参照完整性是一个规则系统。如果表之间的关系实施了参照完整性，Microsoft Access 就使用这个系统来确保建有关系的表中数据记录对应的有效性，以及保证不会因误操作等意外而删除或更改相关的数据。

例 3-8　对例 3-7 建立的关系实施参照完整性，并设置级联更新相关字段和级联删除相关字段。

操作步骤如下：

（1）打开“E:\进销存管理\进销存管理系统.accdb”。

（2）如“商品”“销售”和“库存”表被打开，则关闭它们。

（3）打开【关系设计器】。

在【数据库工具】选项卡的【关系】组中单击【关系】工具，则在【文档窗口】中打开【关系设计器】，在【关系设计器】中显示有例题 3-7 建立的关系布局，如图 3-50 所示。

（4）打开【编辑关系】对话框。

在【关系工具\设计】选项卡的【工具】组中单击【编辑关系】工具，则打开【编辑关系】对话框，如图 3-45 所示。

（5）对“商品”表和“销售”表的关系实施参照完整性。

按图 3-52 选择要编辑的关系。在【编辑关系】对话框选中【实施参照完整性】、【级联更新相关字段】和【级联删除相关字段】复选框，如图 3-53 所示，单击【确定】按钮关闭【编辑关系】对话框。

（6）对“商品”表和“库存”表的关系实施参照完整性。

打开【编辑关系】对话框，按图 3-54 选择要编辑的关系。在【编辑关系】对话框选中【实施参照完整性】、【级联更新相关字段】和【级联删除相关字段】复选框，如图 3-55 所示，单击【确定】按钮关闭【编辑关系】对话框。

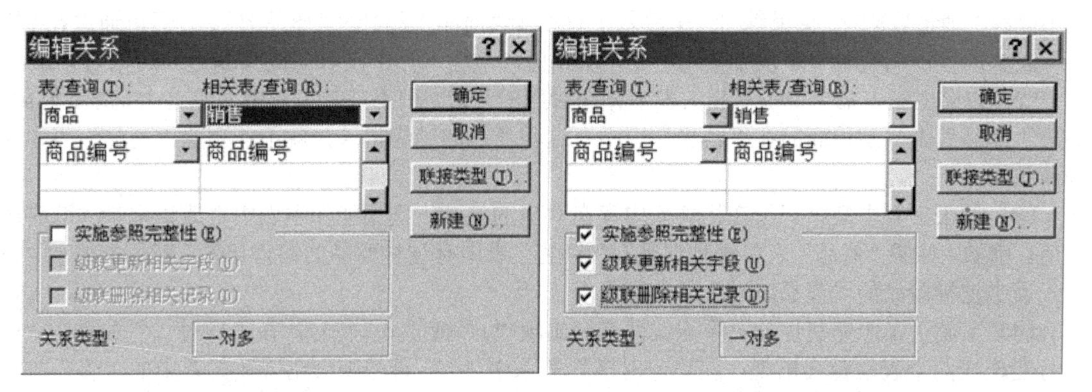

图 3-52 选择要编辑的关系　　　图 3-53 实施参照完整性

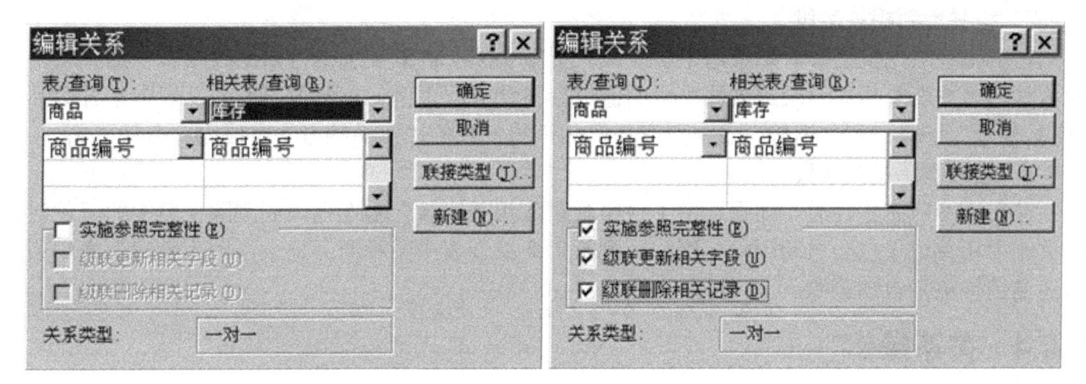

图 3-54 选择要编辑的关系　　　图 3-55 实施参照完整性

（7）观察实施参照完整性后关系布局的变化。

实施参照完整性后的关系布局如图 3-56 所示。

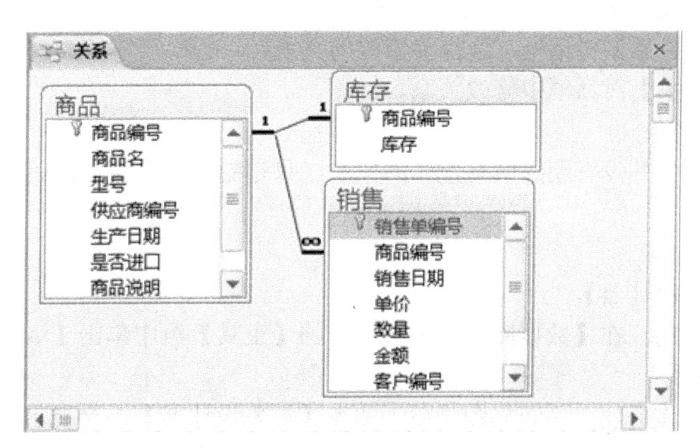

图 3-56 实施参照完整性后的关系布局

（8）保存关系布局。

表间关系实施参照完整性后，将遵循以下规则：

（1）不能在相关表的关联字段中输入不存在于主表关联字段中的值，但是，可以输入一个空（Null）值来指定这些记录之间并没有关系。如“商品”表与“销售”表以“商品编号”为关联字段建立了“一对多”关系并选择了“实施参照完整性”，“销售”表是“商品”表的相关表，那么，就不能在“销售”表的“商品编号”中输入不存在于“商品”表中的“商品编号”，但可通过在“销售”表中的“商品编号”字段中输入一个 Null 值，来输入一个没有“商品编号”的销售记录。

（2）如果主表中某个记录在相关表中存在对应的记录，则不能从主表中删除这个记录。例如，如果“商品”表中某种商品在“销售”表中有这种商品的销售记录，就不能删除“商品”表中这种商品的记录。

（3）如果主表中某个记录在相关表中存在对应的记录，则不能在主表中更改该记录关联字段的值。例如，如果“商品”表中某种商品在“销售”表中有这种商品的销售记录，就不能修改“商品”表中这种商品的“商品编号”的值。

（4）实施了参照完整性的关系连线两端会出现“1”或“∞”符号，在“一对一”关系中“1”符号在连线两个表端都会出现；在“一对多”关系中“∞”符号则会出现在关系中的“多”方连线的一端上，如图 3-55 所示。

2．级联更新相关字段

在实施参照完整性时，如果选中了【级联更新相关字段】复选框，则更改主表中的关联字段的值时，相关表中相关记录的关联字段的值也会自动更改。例如，修改“商品”表中某种商品的“商品编号”字段，则“销售”表中所有该商品销售记录的“商品编号”字段内容自动更新。

3．级联删除相关字段

在实施参照完整性时，如果选中了“级联删除相关字段”复选框，则删除主表中的记录时，相关表中相关记录也会自动删除。例如，删除“商品”表中某种商品记录，则“销售”表中所有该商品销售记录自动删除。

3.5.4 关系操作

1．编辑关系

如果发现建立的关系有误，就需对关系进行修改。修改关系的操作步骤如下：

（1）打开数据库。

（2）打开【关系设计器】。

（3）打开【编辑关系】对话框，选择要修改的关系。

（4）在【编辑关系】对话框中修改关系。

2．清除关系布局

清除关系布局操作并没有删除所有建立的关系，只是隐藏关系布局图。清除关系布局操作步骤如下：

（1）打开数据库。

（2）打开【关系设计器】。

（3）清除关系布局。在【数据库工具】选项卡的【工具】组中单击【清除布局】工具。

3．显示所有关系

清除关系布局操作会使关系布局图隐藏，即在【关系设计器】不会显示出当前数据中表间的关系，但这并不意味着没有建立表间的关系。可以用显示所有关系布局操作来查看当前数据库中所建关系状况。

显示所有关系布局操作步骤如下：

（1）打开数据库。

（2）打开【关系设计器】。

（3）显示所有关系布局。在【数据库工具】选项卡的【关系】组中单击【所有关系】工具。

4．删除关系

如果不需要关系则可用删除关系操作删除该关系。有时需重建某个关系，也可以先删除该关系再重建关系。删除关系操作步骤如下：

（1）打开数据库。

（2）打开【关系设计器】。

（3）显示所有关系布局。

（4）删除关系。单击要删除的关系连线，按键盘的【Del】键。

3.5.5 在主表中打开子表

当两个表建立了“一对多”关系后，在主表的数据表视图中，通过单击折叠按钮可以展开/折叠和每个记录相关的子表中的记录。

例 3-9 按例 3-7 和例 3-8 建立关系后，在“商品”表中展开或折叠每种商品的销售子表。

操作步骤如下：

（1）打开“E:\进销存管理\进销存管理系统.accdb”。

（2）打开“商品”表的数据表视图。

（3）在主表中打开子表。单击【展开\折叠】按钮，展开或折叠和每种商品对应的销售记录，如图 3-57 所示。

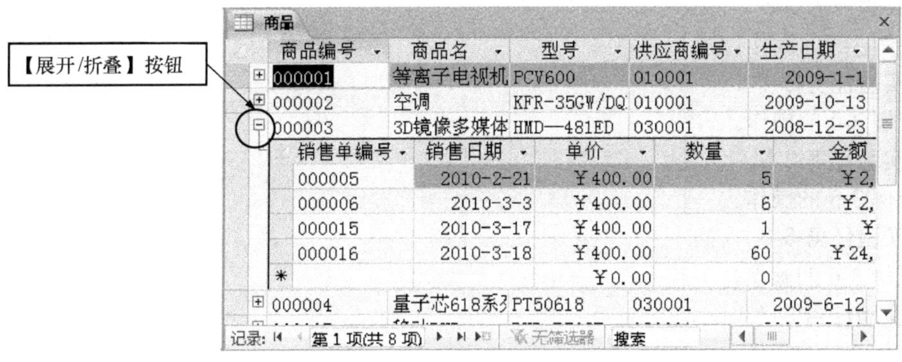

图 3-57 在主表中打开子表

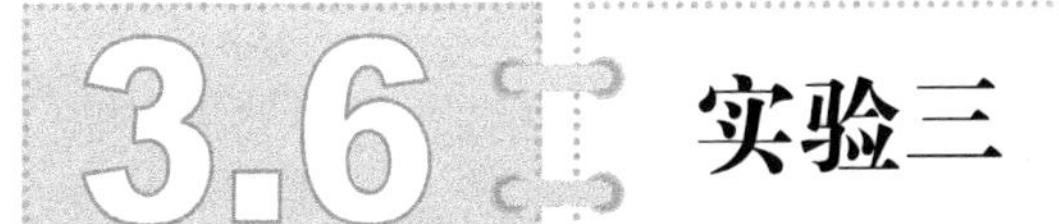

3.6 实验三

【实验目的】

1．了解表的设计过程。

2．掌握创建和修改表结构的方法。

3．掌握字段属性的设置方法。

4．熟悉在数据表视图中输入和编辑数据记录方法。

5．了解数据导入和导出。

6．掌握关系的建立和关系的相关操作。

7．掌握实施参照完整性操作。

【实验内容】

1. 表视图的切换。
2. 创建和修改表结构。
3. 输入和编辑数据记录。
4. 数据导入和导出。
5. 建立关系。
6. 实施参照完整性。

【实验准备】

1. E:\学生管理\附属幼儿园学生管理.accdb。
2. E:\进销存管理\进销存管理系统.accdb（空数据库）。
3. E:\进销存管理\商品信息.xlsx。
4. “E:\进销存管理”文件夹中4个图片文件。

【实验方法及步骤】

1．实验任务3-1

完成例3-1的操作。

2．实验任务3-2

完成例3-2的操作。

3．实验任务3-3

完成例3-3的操作。

4．实验任务3-4

完成例3-4的操作。

5．实验任务3-5

完成例3-5的操作。

6．实验任务3-6

完成例3-6的操作。

7．实验任务3-7

完成例3-7的操作。

8．实验任务3-8

完成例3-8的操作。

3.7 习题和实训

3.7.1 实训三

在完成实训二后的数据库“学生成绩管理系统.accdb”中完成以下操作：

1．设计并创建下列表的结构及表之间的关系。

学生（学号，姓名，班级编号，性别，出生日期，出生地，相片，联系电话，电子邮箱，是否走读，备注）

班级（班级编号、班级名称、专业）

课程（课程编号，课程名称，开课学期，开始周，结束周）

教师授课（教师编号，教师姓名，授课课程编号）

成绩（学号，课程编号，授课教师编号，期末成绩，补考成绩，毕业成绩）

操作员（操作员名，密码）

2．在“E:\成绩管理\学生成绩管理系统.accdb”中，创建第 1 题中设计的表及其之间的关系，并对“课程”表中的字段属性进行设置，并验证这些设置是否有效：

（1）“课程编号”字段的默认值为“2010000000”，格式为“&&&&-&&-&&-&&”

（2）“开课学期”字段的有效值小于 8。

（3）“开始周”字段的掩码设置为只能 2 位数字。

（4）“结束周”字段的有效值为 1 至 18 周，如果输入无效的值则显示“课程不能在 18 周以后结束！”

3.7.2 习题

一、单选题

1．在 Access 数据库表中，下列字段数据类型不包括的是（　　）。

A）文本　　B）通用

C）备注　　D）日期/时间

2．在 Access 数据库中，数据表中的“行”称为（　　）。

A）记录　　B）数据

C）字段　　D）数据视图

3．在 Access 数据库的各对象中，实际存放数据的是（　　）。

A）表　　B）查询

C）报表　　D）窗体

4．下列选项中正确的字段名称是（　　）。

A）Stu[ID]　　B）Stu.ID

C）Stu!ID　　D）Stu_ID

5．不能索引的数据类型是（　　）。

A）数值型　　B）货币型

C）备注型　　D）日期型

6．如果一个表中的某个记录可以对应另一个表中的多个记录，这样的关系是（　　）。

A）一对多　　B）多对一

C）一对一　　D）多对多

7．在 Access 2010 数据库中，数据类型数字的默认值是（　　）。

A）单精度　　B）单精度数

C）长整型　　D）双精度数

8．在 Access 2010 数据库中，若没有为新建的表指定主键，当保存表时，系统会（　　）。

A）显示错误信息　　B）没有任何提示

C）自动为表创建主键　　D）提示是否创建主键

9．对于输入掩码“&”字符含义的描述正确的是（　　）。

A）可以选择输入任何的字符或一个空格

B）必须输入任何的字符或一个空格

C）必须输入字母或数字

D）可以选择输入字母或数字

10．若输入文本时要达到密码显示“*”号的效果，则应设置的属性是（　　）。

A）“默认值”属性　　B）“密码”属性

C）“输入掩码”属性　　D）“标题”属性

11．在 Access 2010 数据库中，下列单个字母的通配符是（　　）。

A）#　　B）?

C）!　　D）[ ]

12．若表中有“联系电话”字段，要确保输入的联系电话值只能为 7 位数字，应该将该字段的输入掩码设置为（　　）。

A）????????　　B）########

C）00000000　　D）99999999

13．以下关于空值的描述，错误的是（　　）。

A）空值表示字段还没有确定值　　B）Access 使用 NULL 来表示

C）空值不等于数值 0　　D）空值等同于空字符串

14．使用表设计器定义表中字段时，下列不是必须设置的内容是（　　）。

A）说明　　B）字段名称

C）数据类型　　D）字段属性

15．关于 Access 表的描述，下列说法中错误的是（　　）。

A）创建表之间的关系时，应关闭所有打开的表

B）在 Access 表中，可以对备注型字段进行“格式”属性设置

C）可在 Access 表的设计视图“说明”列中，对字段进行具体的说明

D）若删除表中含有自动编号型字段的一条记录后，Access 不会对表中自动编号型字段重新编号

16．要求主表中没有相关记录就不能将记录添加到相关表中，则应该在表关系中设置（　　）。

A）参照完整性　　B）有效性规则

C）输入掩码　　D）级联更新相关字段

17．Access 中，设置为主键的字段（　　）。

A）不能设置索引　　B）可设置为“有(有重复)”索引

C）系统自动设置索引　　D）可设置为“无”索引

18．在 Access 中，如果不想显示数据表中的某些字段，可以使用的命令是（　　）。

A）隐藏　　B）删除

C）冻结　　D）筛选

19．关于关系数据库中数据表的描述，正确的是（　　）。

A）数据表相互之间存在联系，但用独立的文件名保存

B）数据表相互之间存在联系，是用表名表示相互间的联系

C）数据表相互之间不存在联系，完全独立

D）数据表既相对独立，又相互联系

20．Access 字段名不能包含的字符是（　　）。

A）&　　B）%

C）!　　D）@

21．通配符“#”的含义是（　　）。

A）通配任意个数的字符　　B）通配任何单个字符

C）通配任意个数的数字字符　　D）通配任何单个数字字符

22．在学生管理的关系数据库中，存取一个学生信息数据的是（　　）。

A）文件　　B）数据库

C）字段　　D）记录

23. 在关系窗口中，双击两个表之间的连接线，会出现（　　）。

A）数据表分析向导　　B）数据关系图窗口

C）连接线粗细变化　　D）编辑关系对话框

24. 在数据表中筛选记录，操作的结果是（　　）。

A）将满足筛选条件的记录存入一个新表中

B）将满足筛选条件的记录追加到一个表中

C）将满足筛选条件的记录显示在屏幕上

D）用满足筛选条件的记录修改另一个表中已存在的记录

25. 不可以作为 Access 数据表主键是（　　）。

A）自动编号字段　　B）单字段字段

C）多字段字段　　D）OLE 对象字段

26. 图形对象应该设为（　　）型。

A）图片　　B）备注

C）OLE 对象　　D）视图

27. 在一个单位的人事数据库中，字段“简历”的数据类型应当为（　　）。

A）文本型　　B）数字型

C）日期/时间型　　D）备注型

28. 在 Access 的下列数据类型中，不能建立索引的数据类型是（　　）。

A）文本型　　B）备注型

C）数字型　　D）日期/时间型

29. 如果在创建表中建立字段“职工姓名”，其数据类型应当为（　　）。

A）文本类型　　B）货币类型

C）日期类型　　D）数字类型

30. 如果在创建表中建立需要存放 Word 或 Excel 文档的字段，其数据类型应当为（　　）。

A）文本类型　　B）货币类型

C）是/否类型　　D）OLE 类型

31. 表是由（　　）组成。

A）字段和查询　　B）字段和记录

C）字段和报表　　D）记录和窗体

二、多选题

1. 可以用（　　）方法来创建一个数据表。

A）利用表设计视图　　B）利用报表

C）使用 SQL 语句　　D）使用表向导

2. 在数据库窗口中，若已选定了某个数据表，则下列操作中的（　　）可调出一个数据表视图。

A）双击数据表名　　B）右击数据表名

C）单击窗口中的“打开”按钮　　D）单击窗口中“设计”按钮

3. 在 Access 2010 中，可把取值为数值的字段之类型定义为（　　）。

A）货币　　B）备注

C）日期/时间　　D）数字

4. 对没有建立任何索引的表的某个无重复值字段建立索引时，可选择的索引类别为（　　）。

A）主索引　　B）外索引
C）唯一索引　　D）有（重复）

5．在 Access 2010 中，表的字段类型有（　　）。

A）文本型　　B）数字型
C）货币型　　D）窗口型

三、判断题

1．最常用的创建表的方法是使用表设计器。（　　）

2．要退出 Access 2010 应用程序，可以单击“文件”→“关闭”菜单命令。（　　）

3．要修改表的字段属性，只能在表的设计视图中进行。（　　）

4．字段名称通常用于系统内部的引用，而字段标题通常用来显示给用户看。（　　）

5．“有效性规则”用来防止非法数据输入到表中，对数据输入起着限定作用。（　　）

6．如果在某一个字段保存照片，则该字段的数据类型应被定义为“图像”类型。（　　）

7．在表的设计视图中也可以进行增加、删除、修改记录的操作。（　　）

8．表设计视图中显示的是字段标题。（　　）

9．修改字段名时不影响该字段的数据内容，也不会影响其他基于该表创建的数据库对象。（　　）

10．一个数据表中可以有多个字段主键。（　　）

11．隐藏列的目的是为了删除该列。（　　）

四、填空题

1．Access 2010 的表由______和______两部分组成。

2．修改表结构只能在______视图中完成。

3．在同一个数据库中，若要建立多表间的关系，就必须给表中的某字段建立______。

4．数据库中的表是数据库中最基本操作______之一，它也是其他对象的______和操作基础。

5．对于表中字段的有效性规则，其实是指给字段输入数据时所设置的______。

6．修改字段包括修改字段的______、______、说明等。

7．在 Access 数据库系统中，文本类型是该系统的______类型。

8．在 Access 数据库中，对表操作时，把表的______和______分开进行操作。

五、简答题

1．表中的字段数据类型共有哪些？

2．Access 2010 数据库中，它支持的导入数据的文件类型有哪些？

3．创建表共有几种方法？请简述它们并比较它们的优缺点。

4．举例说明 Access 2010 数据库中如何实现表间关系。

第4章 查询

本章知识要点

- 查询的概念、分类与视图。
- 查询的设计。
- 使用向导创建查询。
- 在设计视图中创建查询。
- Select 查询语句。

查询（Query）是非常重要的数据处理操作。在 Access 中，查询是数据库对象之一，可使用向导或在查询设计视图中创建，创建查询之前应该建立表或表间关系。

4.1 查询的概念、分类和视图

1．查询的概念及功能

在 Access 中，查询具有计算、条件检索和数据操作等功能且可执行的数据库对象。执行查询可实现以下功能等：

（1）从一个或多个相关联表中，将满足条件的记录筛选出来，并将其保存在临时表或新表中。

（2）从一个或多个相关联表中筛选出满足条件的记录，按需求对其进行计算，并将计算结果保存在临时表或新表中。

（3）删除一个或多个相关联表中满足条件的记录。如果相关联表之间设置了“级联删除相关记录”，那么删除主表中的记录后，相关表中的相关记录自动删除。

（4）从一个或多个相关联表中筛选出满足条件的记录，按统一的规则对这些记录中的一个或多个字段值进行修改。如果关联表之间允许“级联更新相关记录”，并且修改了主表中关联字段的值，那么相关表中相关记录的关联字段值自动更新。

（5）从一个或多个有关系的表中，将满足条件的记录筛选出来，并将它们添加（append）到其他表中。

查询只保存了查询所使用到的字段、表、表间关系、计算方法和筛选条件等，并不保存查询执行后得到的结果。

2．查询的分类

在 Access 2010 中，查询可分成选择查询和操作查询两类。

- 用于从表中检索数据和进行计算的查询称为选择查询；
- 用于添加、更改或删除记录等操作的查询称为操作查询。

选择查询的执行结果以一个临时表的数据表视图显示，操作查询的执行结果在数据表中体现。

3．查询的视图

查询有设计视图、数据表视图、SQL 视图、数据透视表视图和数据透视图视图，通过视图切换工具，查询可通过不同视图中打开。

例 4-1 在例 2-1 创建的“附属幼儿园学生管理.accdb”中打开名为“学生扩展信息”的查询，切换该查询不同视图。

操作步骤如下：

（1）打开“附属幼儿园学生管理.accdb”。

（2）关闭所有已打开的数据库对象。

（3）设置【导航窗格】中数据库对象显示方式为【对象类型】。

（4）打开“学生扩展信息”查询。

在【导航窗格】中双击“查询”对象组中的“学生扩展信息”，则“学生扩展信息”查询对象在【文档窗口】中以数据表视图打开，如图 4-1 所示。

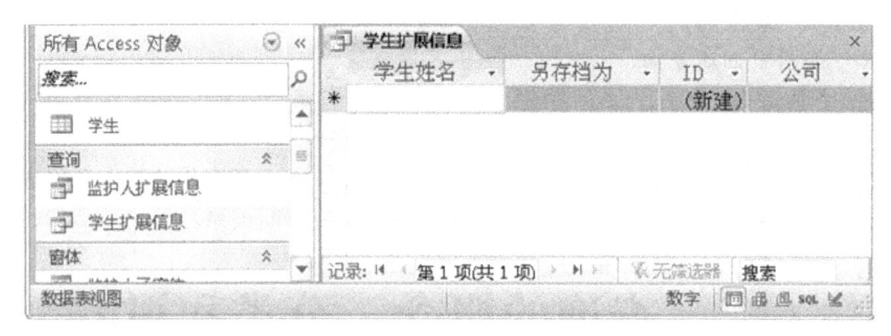

图 4-1 “学生扩展信息”查询

（5）打开【视图选择】菜单。

在【开始】选项卡的【视图】组中，单击【视图】工具，出现【视图选择】菜单，如图 4-2 所示。

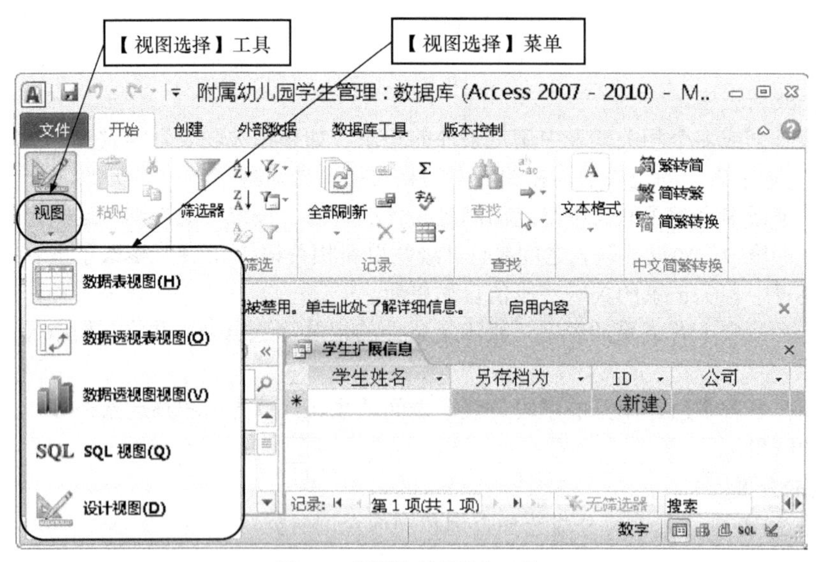

图 4-2 视图选择菜单和工具

（6）选择“学生扩展信息”查询要切换到的视图，并在所选视图中打开“学生扩展信息”查询。

在【视图选择】菜单中选择一种视图作为“学生扩展信息”查询要切换到的视图。如图 4-3 所示，为选择【设计视图】后“学生扩展信息”查询切换到的设计视图。

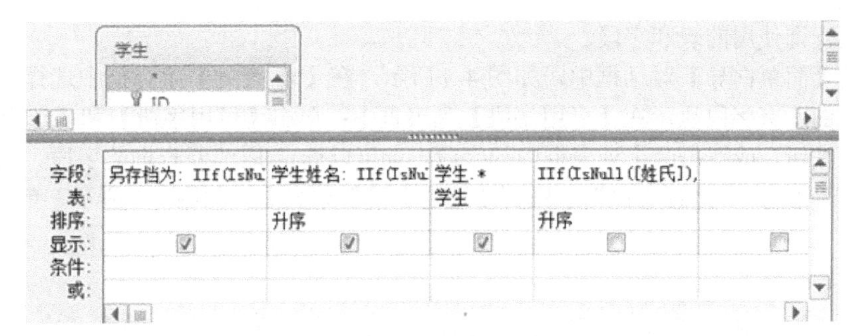

图 4-3 “学生扩展信息”查询的设计视图

4.2 使用向导创建查询

使用向导可创建选择查询、查找重复项查询、查找不匹配项查询。

4.2.1 使用简单向导创建查询

使用简单向导能创建简单的选择查询。一般用于创建从一个或事先建立好关系的多个数据表中，选择部分或全部字段进行列表，并对所选字段中的数值型字段进行汇总、计数和平均等统计计算。

1. 数据来源于一个表的选择查询

例 4-2 在例 2-2 创建的“进销存管理系统.accdb”中创建一个选择查询，查询“商品”表中的“商品编号”“商品名”“型号”“是否进口”等商品基本信息，命名查询为“例 4-2 用向导创建的选择查询”。

操作步骤如下。

（1）打开“进销存管理系统.accdb”。

（2）执行向导，选择要创建的查询类型。

在【创建】选项卡的【查询】组中，单击【查询向导】工具；在打开的【新建查询】对话框中，如图 4-4 所示，选择【简单查询向导】，单击【确定】按钮。

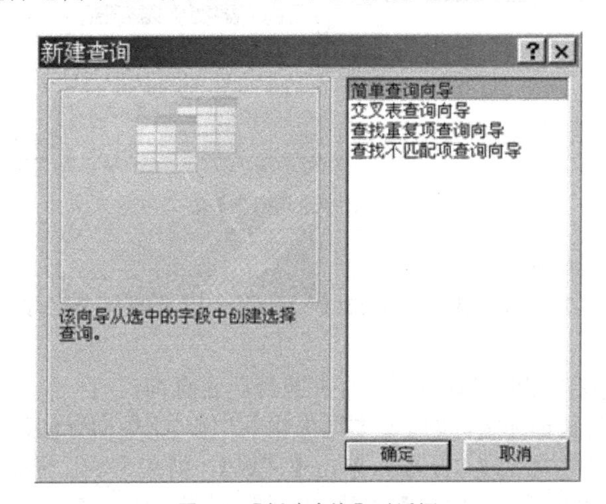

图 4-4 【新建查询】对话框

（3）确定查询使用的表和字段。

在打开的【简单向导】对话框中，如图 4-5 所示，在【表/查询】组合框中选择“商品”表，则“商品”表的所有字段显示在【可用字段】列表框中；单击【可用字段】和【选定字段】两个列表框之间的按钮，或双击两个列表框中的字段，都可以选定/取消要查询的字段。选定“商品编号”“商品名”“型号”“是否进口”字段到【选定字段】列表框，如图 4-6 所示，单击【下一步】按钮。

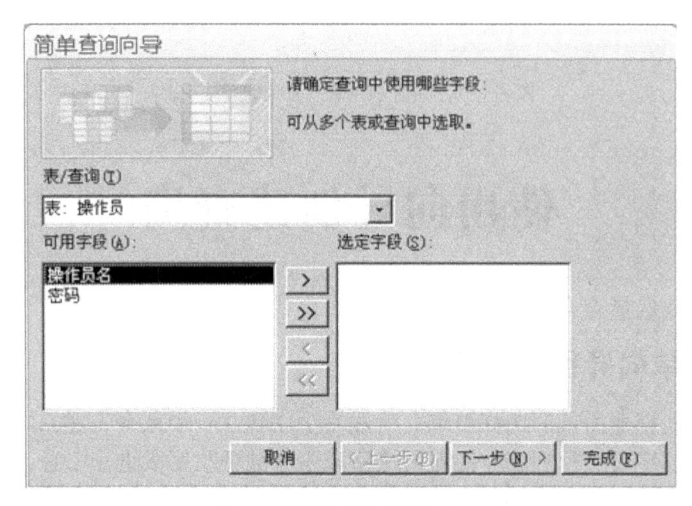

图 4-5 【简单查询向导】之一

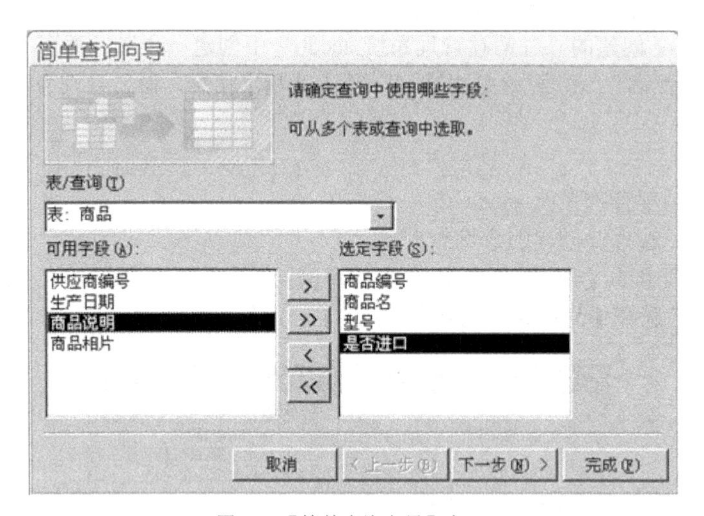

图 4-6 【简单查询向导】之二

（4）确定采用明细查询或还是统计查询。

在对话框中，如图 4-7 所示，选中【明细（显示每个记录的每个字段）】单选按钮，单击【下一步】按钮。

（5）指定查询的标题，即命名查询，保存并执行所建查询。

在对话框中的【请为查询选定标题】文本框中输入“例 4-2 用向导创建的选择查询”，选中【打开查询看信息】单选按钮，如图 4-8 所示，单击【完成】，则在【导航窗格】的“查询”组中出现所创建的查询对象，同时在【文档窗口】中显示所创建查询的数据表视图，如图 4-9 所示。

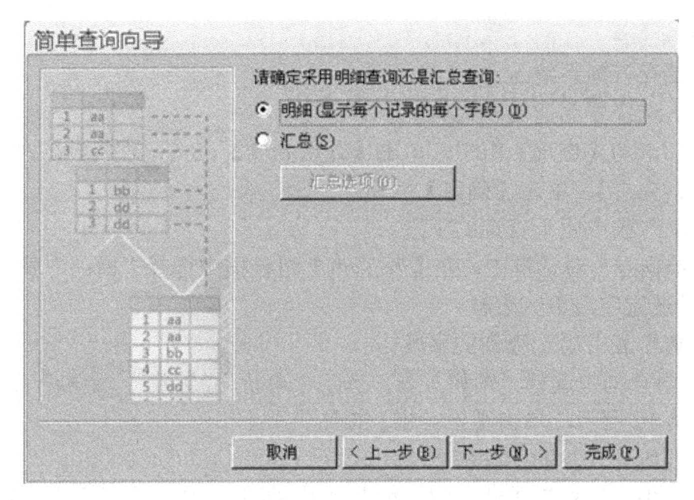

图 4-7 【简单查询向导】之三

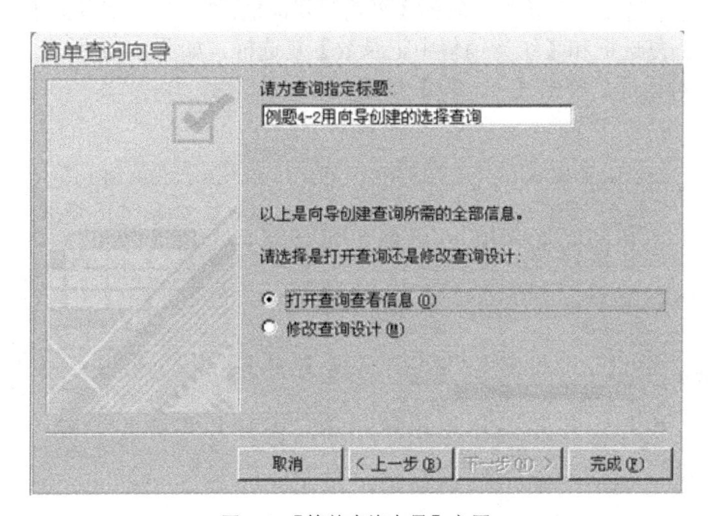

图 4-8 【简单查询向导】之四

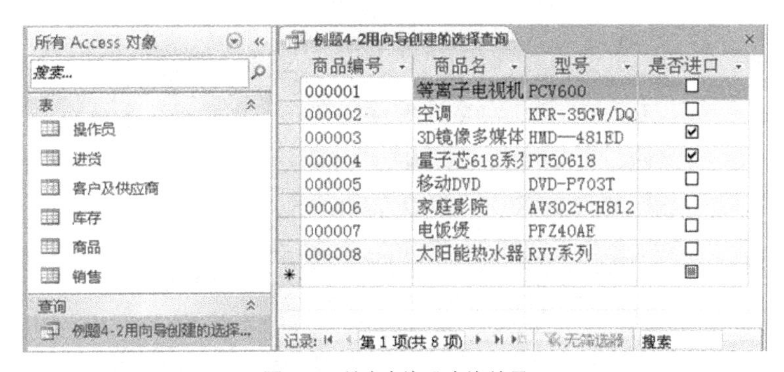

图 4-9 所建查询及查询结果

2．数据来源于多个表的选择查询

例 4-3 在完成例 4-2 操作后的数据库中创建一个选择查询，查询“商品”表中的“商品编号”“商品名”字段，“销售”表中的“单价”“数量”“金额”字段，并计算平均单价、数量和汇总金额，统计每种商品的销售次数。命名查询为“例 4-3 用向导创建的选择查询”

操作步骤如下：

（1）打开“进销存管理系统.accdb”。

（2）执行向导，选择要创建的查询类型。

在【创建】选项卡的【查询】组中，单击【查询向导】工具；在打开的“新建查询”对话框中，选择【简单查询向导】，单击【确定】按钮。

（3）确定“商品”表中用于查询的字段。

在打开的“简单向导”对话框中，在【表/查询】组合框中选择“商品”表，选定“商品编号”“商品名”字段到【选定字段】列表框。

（4）确定“销售”表中用于查询的字段。

在【表/查询】组合框中选择“销售”表，选定“单价”“数量”“金额”字段到【选定字段】列表框，结果如图 4-10 所示，单击【下一步】按钮。

（5）选择查询要统计计算的字段和方法。

在对话框中，选中“汇总”单选按钮，如图 4-11 所示；单击【汇总选项】按钮，在 “汇总选项”对话框中，分别选中“单价”字段的【平均】复选框，“数量”字段的【汇总】复选框，“金额”字段的【汇总】复选框和【统计销售中记录数】复选框，如图 4-12 所示，单击【确定】按钮关闭“汇总选项”对话框，单击【下一步】按钮。

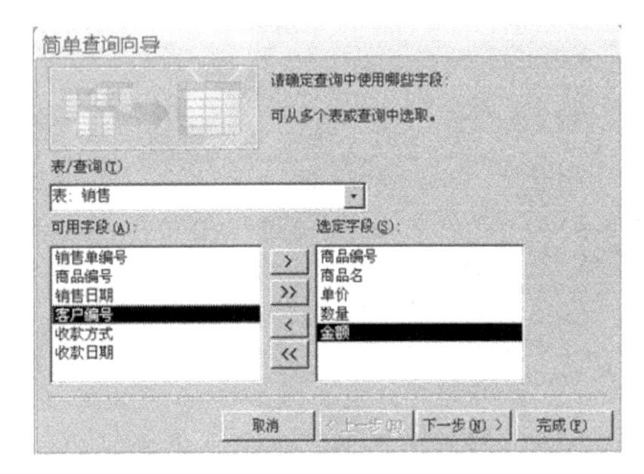

图 4-10 从多个表中选定字段

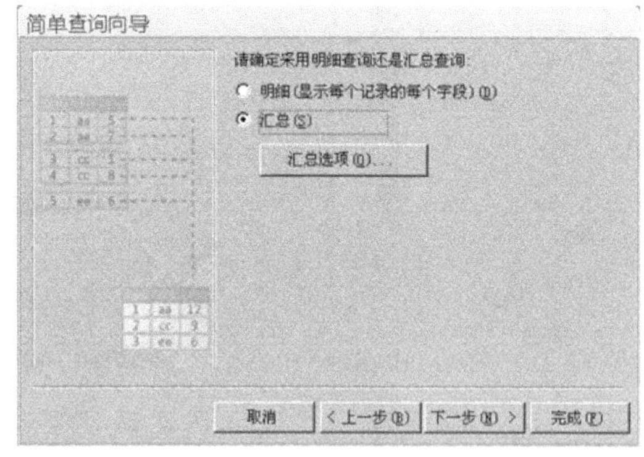

图 4-11 选择汇总查询

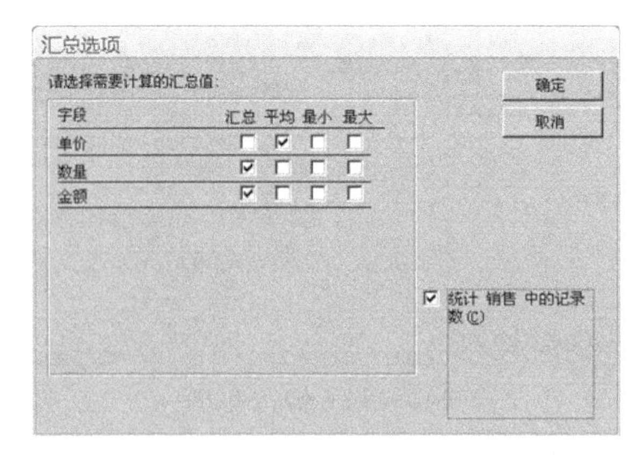

图 4-12 选择要统计计算的字段和方法

（6）指定查询的标题，即命名查询对象，保存并执行所建查询。

在对话框中的【请为查询选定标题】文本框中输入“例 4-3 用向导创建的选择查询”，选中【打开查询看信息】单选按钮，单击【完成】，则在【导航窗格】的“查询”组中出现所创建的查询对象，同时在【文档窗口】中显示所创建查询的数据表视图，如图 4-13 所示。

商品编号	商品名	单价 之 平	数量 之 合	金额 之 合计
000001	等离子电视机	￥12,300.00	82	￥1,008,600.00
000002	空调	￥3,890.00	10	￥38,900.00
000003	3D镜像多媒体	￥400.00	72	￥28,800.00
000004	量子芯618系	￥8,900.00	14	￥124,600.00
000005	移动DVD	￥3,900.00	45	￥175,500.00
000007	电饭煲	￥900.00	3	￥2,700.00
000008	太阳能热水器	￥6,500.00	3	￥19,500.00

图 4-13 查询结果

4.2.2 使用向导创建交叉表查询

交叉表查询能实现对数据进行总计、求平均值和计数等计算。但不同于例 4-3 创建的选择查询，交叉表查询以一种更加容易阅读和理解的方式显示查询结果。用向导创建交叉表查询时，只能从一个表中选择要查询的字段。

例 4-4 在完成例 4-3 操作后的数据库中创建一个交叉表查询，从“销售”表中统计每种商品的不同收款方式所收金额总计，命名查询为“例 4-4 用向导创建的交叉表查询”。

操作步骤如下。

（1）打开“进销存管理系统.accdb”。

（2）执行向导，选择要创建的查询类型。

在【创建】选项卡的【查询】组中，单击【查询向导】工具；在打开的“新建查询”对话框中，选择【交叉表查询向导】，单击【确定】按钮。

（3）确定查询中使用到的表。

在【交叉表查询向导】对话框中的所有表列表中选择“销售”表，如图 4-14 所示，单击【下一步】按钮。

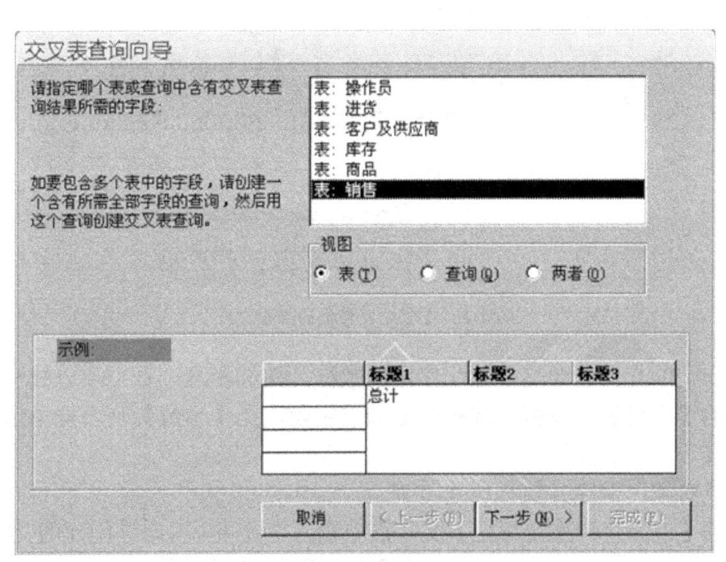

图 4-14 【交叉表查询向导】之一

（4）选定作为交叉表查询行标题的字段。

在对话框中将“商品编号”字段选定到【选定字段】列表框中，如图 4-15 所示，单击【下一步】按钮。

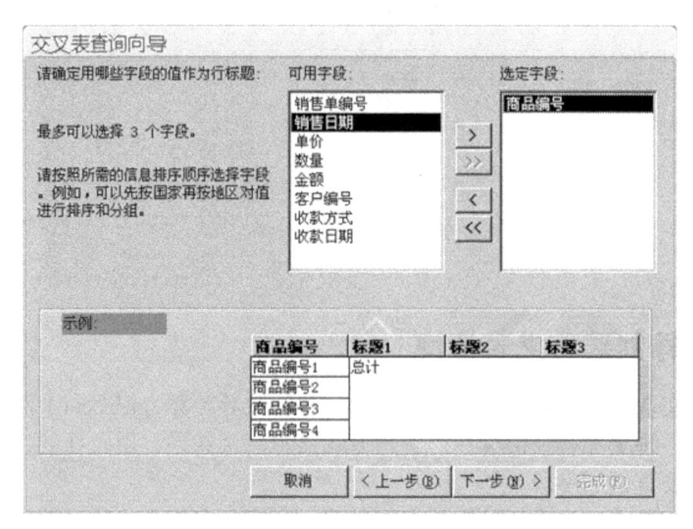

图 4-15 【交叉表查询向导】之二

（5）选择作为交叉表查询列标题的字段。

在对话框中选择“收款方式”字段，如图 4-16 所示，单击【下一步】按钮。

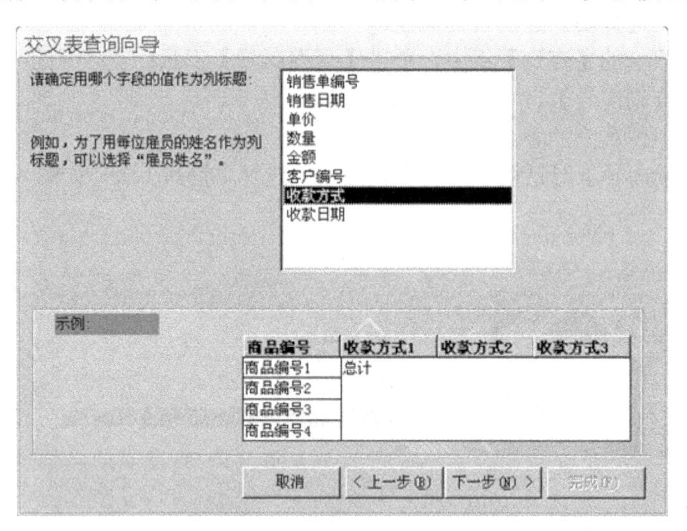

图 4-16 【交叉表查询向导】之三

（6）选择行和列的交叉处要显示那个字段的数据，并选择这个数据要以哪种计算方法得到。

在对话框中的【字段】列表框中选择“金额”字段，在【函数】列表框中选择“Sum”,如图 4-17 所示，单击【下一步】按钮。

（7）命名查询对象，保存并执行所建查询。

在对话框中的【请为查询选定标题】文本框中输入“例 4-4 用向导创建的交叉表查询”，选中【查看查询】单选按钮，如图 4-18 所示。单击【完成】，则在【导航窗格】的“查询”组中出现所创建的查询对象，同时在【文档窗口】中显示所创建查询的数据表视图，如图 4-19 所示。

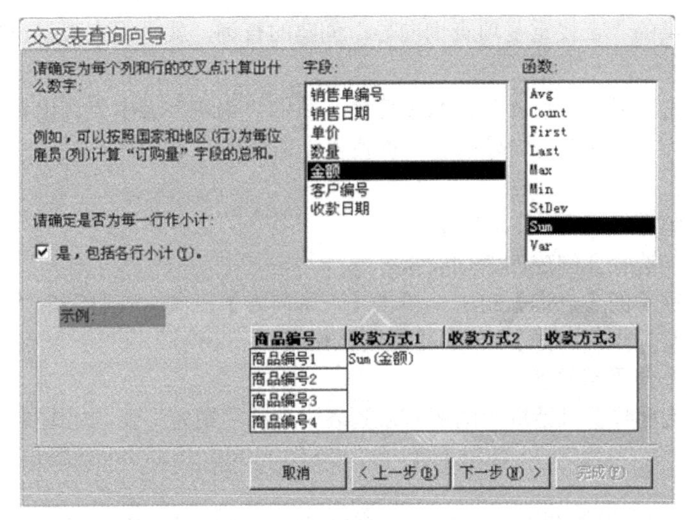

图 4-17 【交叉表查询向导】之四

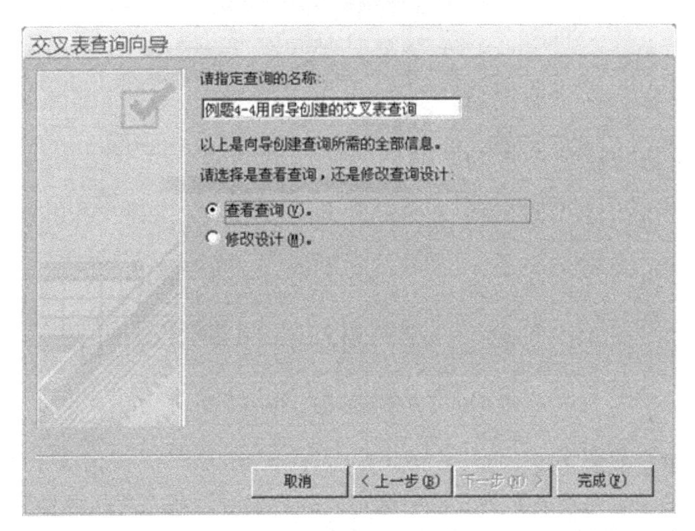

所有 Access 对象

表

查询

例题4-4用向导创建的交叉...

例题4-2用向导创建的选择...

例题4-3用向导创建的选择...

例题4-4用向导创建的交叉表查询

商品编号	总计 金额	现金	支票
000001	￥1,008,600.00	￥24,600.00	￥984,000.00
000002	￥38,900.00	￥19,450.00	￥19,450.00
000003	￥28,800.00	￥400.00	￥28,400.00
000004	￥124,600.00	￥17,800.00	￥106,800.00
000005	￥175,500.00	￥3,900.00	￥171,600.00
000007	￥2,700.00	￥2,700.00	
000008	￥19,500.00	￥19,500.00	

记录: 第 7 项(共 7 项) 无筛选器 搜索

图 4-19 交叉表查询结果

4.2.3 使用向导创建查找重复项查询

对于一个设置了主键的表，由于主键的唯一性，因此在主键的数据中不会出现重复值，但对于非主键字段的数据就可能出现重复值。当数据表里的数据很多时，很难手工找出这些重复值，用 Access 2010 提供的“查找重复项查询向导”创建的查询，就是用来查找出非主键字段是否存在重复值。

例 4-5 在完成了例 4-4 操作后的数据库中，从的“销售”表中查询出重复购买了同一商品的客户。命名查询为“例 4-5 用向导创建的查找重复项查询”。

操作步骤如下。

（1）打开“进销存管理系统.accdb”。

（2）执行向导，选择要创建的查询类型。

在【创建】选项卡的【查询】组中，单击【查询向导】工具；在打开的“新建查询”对话框中，选择【查找重复项查询向导】，单击【确定】按钮。

（3）确定查询中使用到的表。

在【交叉表查询向导】对话框中的所有表列表中选择“销售”表，如图 4-20 所示，单击【下一步】按钮。

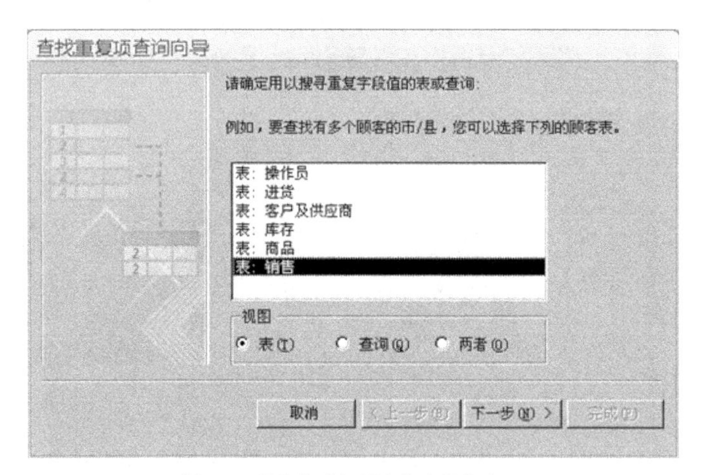

图 4-20 【查找重复项查询向导】之一

（4）确定包含重复值的字段。

在对话框中，从【可用字段】列表框中选定“客户编号”和“商品编号”字段到【重复值字段】列表框中，如图 4-21 所示，单击【下一步】按钮。

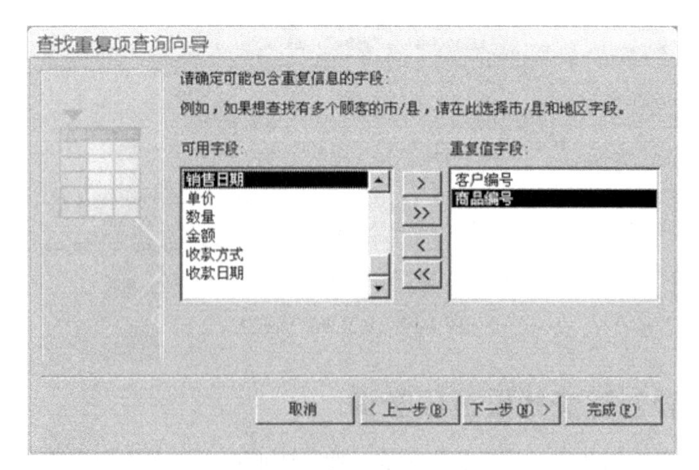

图 4-21 【查找重复项查询向导】之二

（5）选择查询结果中除有重复值的字段外要显示的其他字段。

将要显示的其他字段选定到【另外的查询字段】列表框中。本例不用选定其他字段。单击【下一步】按钮。

（6）命名查询对象，保存并执行所建查询。

在对话框中的【请指定查询名称】文本框中输入“例 4-5 用向导创建的查找重复项查询”，选中【查看结果】单选按钮，如图 4-22 所示。单击【完成】按钮，则在【导航窗格】的“查询”组中出现所创建的查询对象，同时在【文档窗口】中显示所创建查询的数据表视图，如图 4-23 所示。

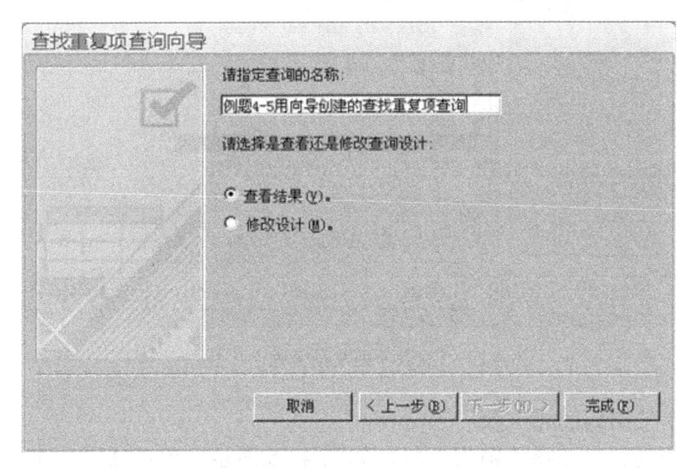

图 4-22 【查找重复项查询向导】之四

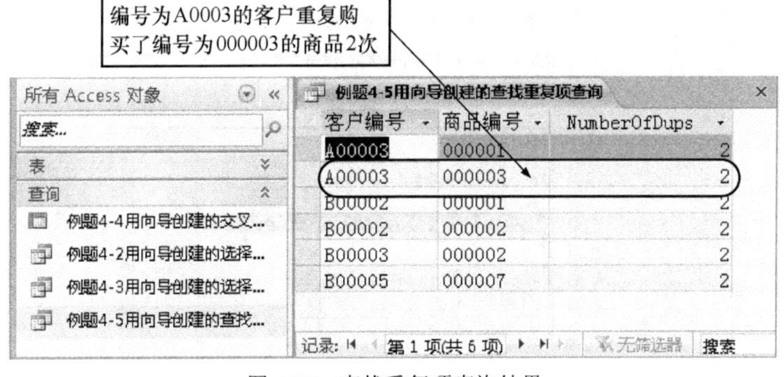

图 4-23 查找重复项查询结果

4.2.4 使用向导创建查找不匹配项查询

在关系数据库中，当建立了“一对多”关系后，对于主表中的每个记录，在相关表中通常有一个以上记录与之匹配。但也有可能出现对于主表中的有些记录，在相关表中没有记录与之匹配的情况，“查找不匹配项查询”能够找出主表中这样的记录。

例 4-6 在完成了例 4-5 操作后的数据库中，查询没有销售记录的商品，查询结果显示“商品编号”和“商品名”字段。命名查询为“例 4-6 用向导创建的查找不匹配项查询”。

操作步骤如下：

（1）打开“进销存管理系统.accdb”。

（2）执行向导，选择要创建的查询类型。

在【创建】选项卡的【查询】组中，单击【查询向导】工具；在打开的“新建查询”对话框中，选择【查找不匹配项查询向导】，单击【确定】按钮。

（3）确定查询中使用到的主表。

在【查找不匹配项查询向导】对话框中的所有表列表中选择“商品”表，如图 4-24 所示，单击【下一步】按钮。

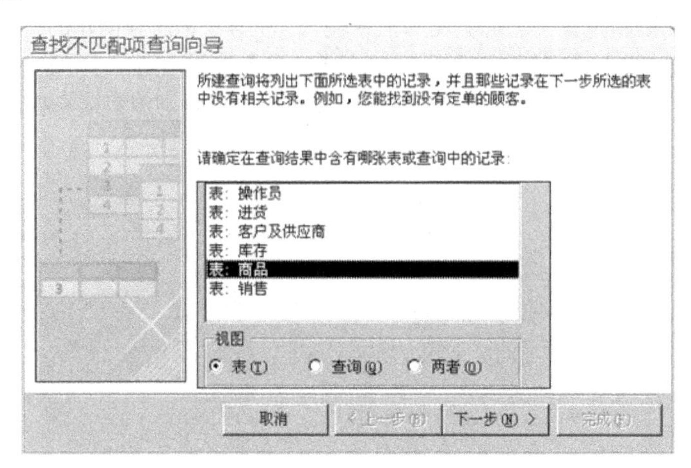

图 4-24 【查找不匹配项查询向导】之一

（4）确定查询中使用到的相关表。

在话框的所有表列表中选择“销售”表，如图 4-25 所示，单击【下一步】按钮。

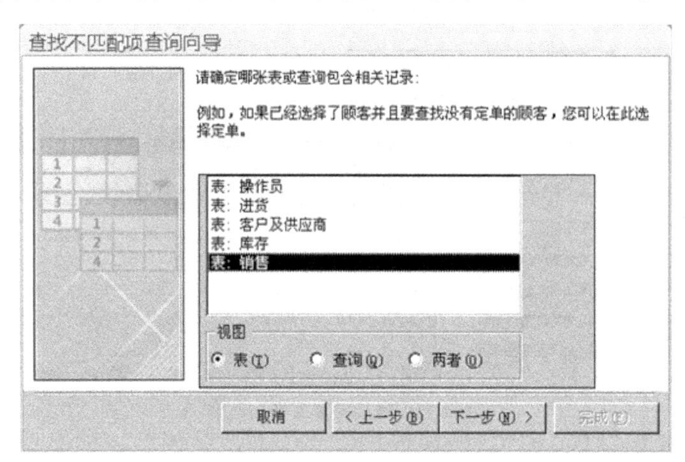

图 4-25 【查找不匹配项查询向导】之二

（5）选择主表和相关表的关联字段。

如果主表和相关表间没有建立关系，则选择主表和相关表的关联字段。因为进行本例题操作之前已经建立了“商品”表和“销售”表之间的一对多关系，所以关联字段会自动选择，如图 4-26 所示，单击【下一步】按钮。

（6）选择查询结果中要显示的字段。

在对话框中，从【可用字段】列表框中选定“商品编号”和“商品名”字段到【选定字段】列表中，如图 4-27 所示，单击【下一步】按钮。

（7）命名查询对象，保存并执行所建查询。

在对话框中的【请指定查询名称】文本框中输入“例 4-6 用向导创建的查找不匹配项查询”，

选中【查看结果】单选按钮，如图 4-28 所示。单击【完成】按钮，则在【导航窗格】的“查询”组中出现所创建的查询对象，同时在【文档窗口】中显示所创建查询的数据表视图，如图 4-29 所示。

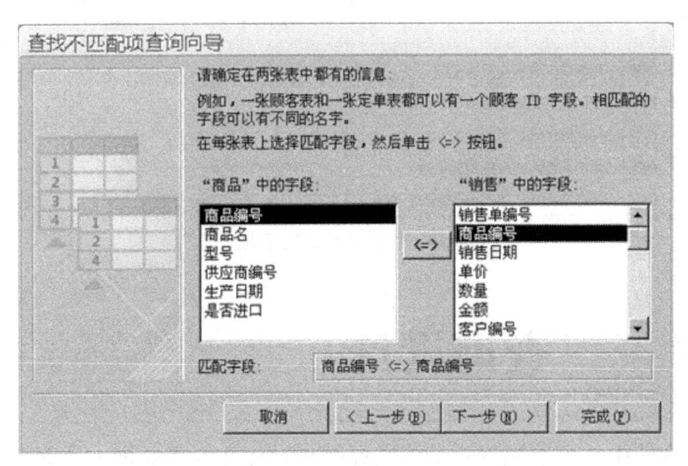

图 4-26 【查找不匹配项查询向导】之三

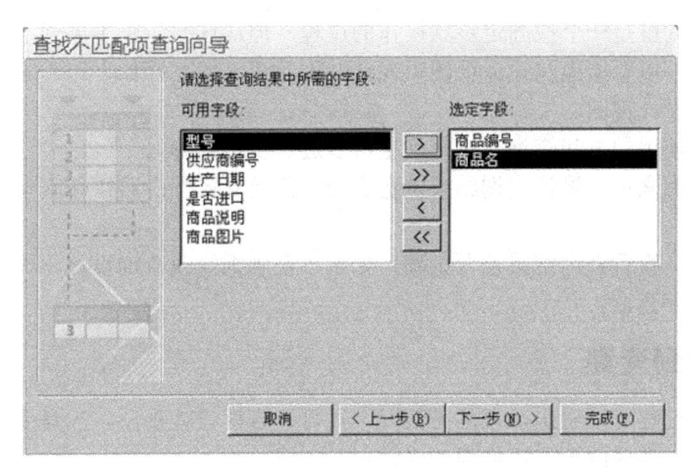

图 4-27 【查找不匹配项查询向导】之四

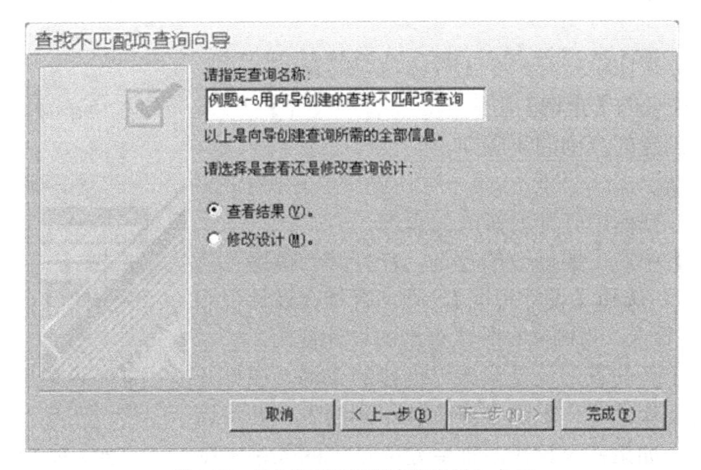

图 4-28 【查找不匹配项查询向导】之五

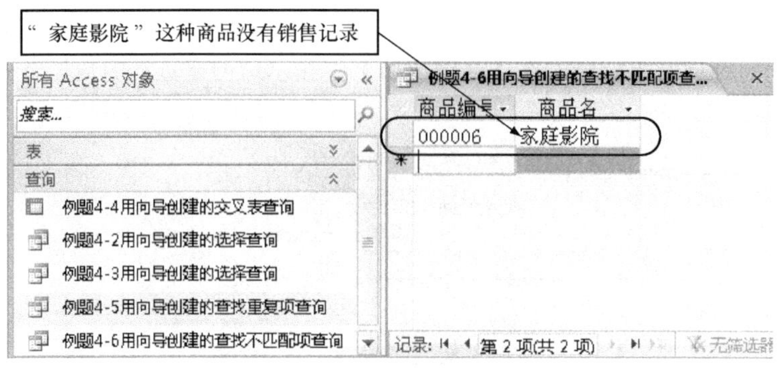

图 4-29 查找不匹配项查询结果

4.3 查询设计

在查询的设计视图中，可以根据查询的功能需求设计并创建查询。所有查询都可以切换到设计视图对其设计进行修改。

用向导创建查询虽是一个按固定步骤操作的过程，但从这些步骤中展现了创建一个查询需要完成的工作。因此可以总结出在设计视图中设计并创建查询的过程如下。

（1）打开查询设计视图。

（2）确定查询使用的表和查询（对查询也可以进一步做查询）。

（3）对选择查询来说，设计查询结果中包含的字段及其属性；对操作查询来说，设计要操作的数据及操作方式。

（4）运行查询，查看查询结果是否正确，如果不正确则修改查询设计。

（5）命名并保存查询。

4.3.1 添加表到查询

从查询的设计过程可以看出，在两种情况下需打开查询设计视图，一是要在设计视图中创建一个新的查询，一是要修改一个已创建的查询。

要在设计视图中创建一个新的查询的步骤如下。

（1）打开数据库。

（2）在查询设计视图中打开一个无设计内容的查询。

在【创建】选项卡的【查询】组中单击【查询设计】工具。

要修改一个已创建的查询的步骤如下。

（1）打开数据库。

（2）在查询设计视图中打开要修改的查询。

在【导航窗格】中右击要修改的查询，在打开的快捷菜单中，如图 4-30 所示，选择【设计视图】，则该查询在设计视图中打开，如图 4-31 所示，为例 4-6 所建查询的设计视图。

图 4-30 查询对象快捷菜单

不管是创建一个新的查询还是修改已创建的查询，在打开设计视图后，首先要做的工作是选定查询使用到的表，并将这些表添加到查询中。如果在设计表之前经建立了表间关系，则只需选择并添加它们，否则 Access 会按自己的理解自动建立它们之间的关系，可以对这些关系进行编辑。

创建一个新的查询时，首先打开的是【显示表】对话框，如图 4-32 所示。

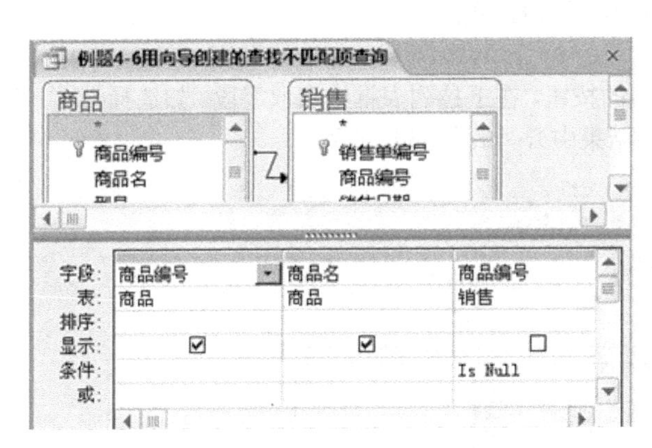

图 4-31 例 4-6 所建查询的设计视图

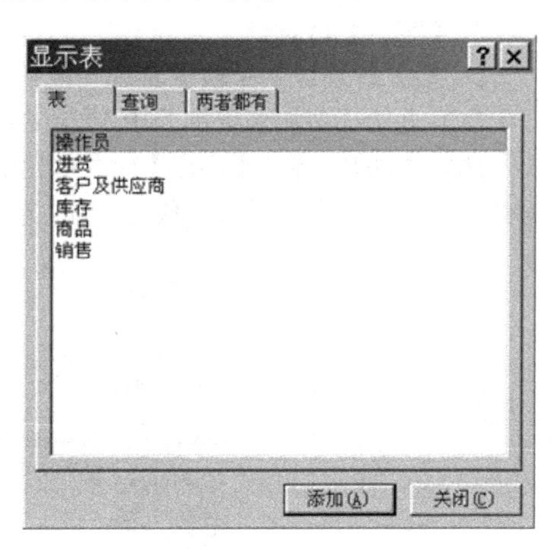

图 4-32 【显示表】对话框

选择并添加表和其他查询的步骤如下。

（1）打开【显示表】对话框。

如果【显示表】对话框已打开，则做下一步，否则在【查询工具\设计】选项卡的【查询设置】组中，单击【显示表】工具打开【显示表】对话框。

（2）在【显示表】对话框中逐一选择并添加表。

单击【表】选项卡，在表列表中逐一选择要添加的表并单击【添加】按钮；单击【查询】选项卡，在查询列表中逐一选择要添加的其他查询并单击【添加】按钮。

（3）关闭【显示表】对话框。

单击【显示表】对话框中的【关闭按钮】。

一个只添加了“商品”表和“进货”表到查询的设计视图如图 4-33 所示。

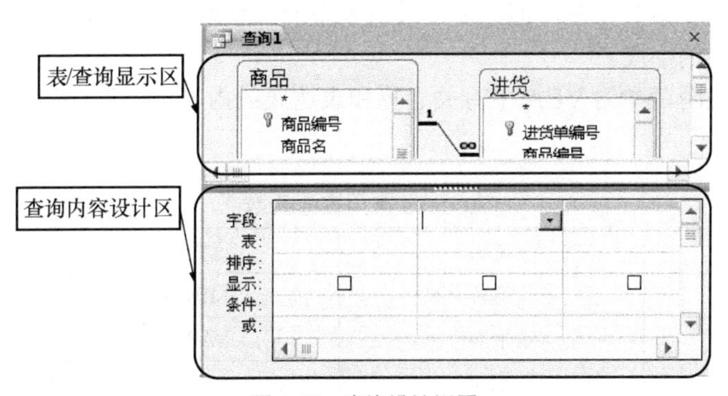

图 4-33 查询设计视图

4.3.2 查询内容设计

图 4-30 所示的查询设计视图窗口分上下为两部分，窗口的上面是【表/查询显示区】，下面是【查询内容设计区】。

在【表/查询显示区】中显示已添加到查询的表和查询，每个表和查询都列出了它们的所有字段，表间的连线也显示了它们之间的关系。

【查询内容设计区】则是用来选择查询中所用到的字段、计算方法、查询准则和对数据的操作方式等。

1.【字段】行设计

【字段】行设计就是根据查询功能的要求确定所需的字段。

（1）直接从添加到查询的表中选取字段。

选取方法是：单击【字段】行中单元格右边的按钮，在下拉列表框中选取字段（如选择带“*”号的表名，则该表中所有字段都会添加到查询结果中），如图 4-34 所示。

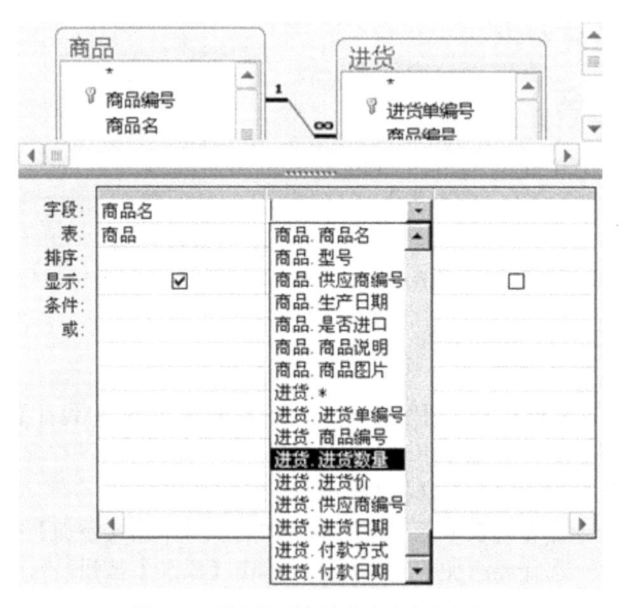

图 4-34　从添加到查询的表中选取字段

（2）由表达式计算得到。

当要查询字段在表中不存在，但可以通过对表中的一个或多个字段计算得到，则可以设置一个由表达式计算得到的字段。

关于表达式的说明请参阅 VBA 中有关运算和表达式的内容。表达式中还可以使用表 4-1 中的聚合函数。

表 4-1　　Access 常用聚合函数

函数名	说明	函数名	说明
COUNT( )	统计记录个数	MIN( )	求最小值
AVG( )	求平均值	VAR( )	求均方差
SUM( )	求和	STD( )	求标准差
MAX( )	求最大值	NPV( )	求净现值

❒ 直接输入表达式

如要查询进货记录的应付金额，可是“进货”表中没有“金额”字段，但它可以通过“进货价”字段乘以“进货数量”字段计算得到，因此可直接输入“[进货价]*[进货数量]”，如图 4-35 所示。

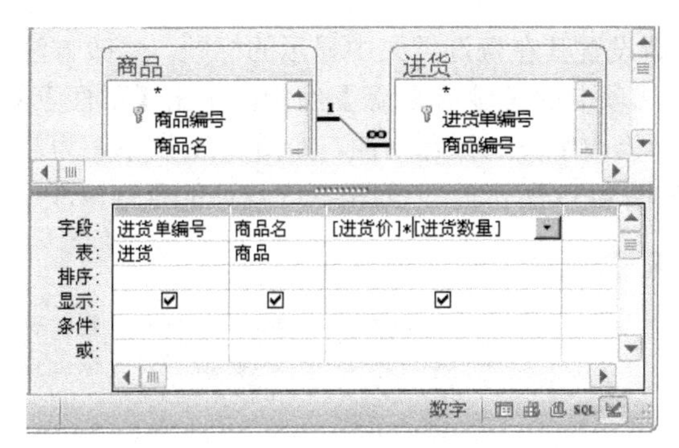

图 4-35 直接输入计算字段

❒ 由生成器生成表达式

进货单应付金额表达式可用表达式生成器生成，操作方法是：在【字段】行中单击要设置该计算字段的单元格；在【查询工具\设计】选项卡的【查询设置】组中，单击【生成器】工具，则打开表达式生成器，如图 4-36 所示；在【表达式元素】、【表达式类别】和【表达式值】中，按顺序分别选择组成表达式中的各个元素。

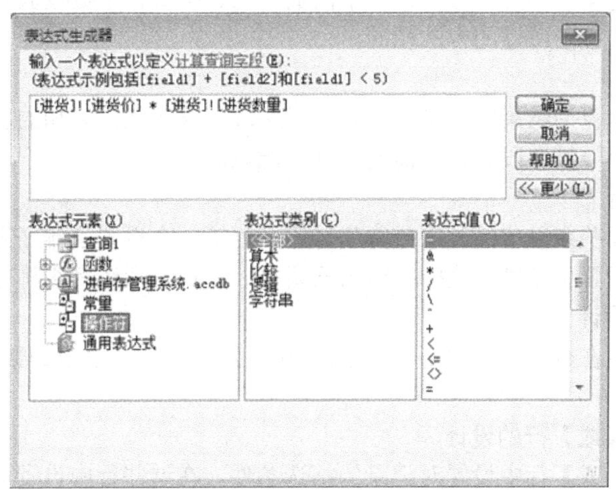

图 4-36 【表达式生成器】

（3）修改字段的属性。

在查询结果中，字段的标题为“表达式 n”或字段名，图 4-37 是按图 4-35 设计的查询结果，其中“表达式 1”字段无法表达其数据的含义，因此需设置一个能描述该字段意义的标题。

进货单编号	商品名	表达式1
000001	等离子电视机	¥582,400.00
000002	等离子电视机	¥330,000.00
000003	空调	¥61,740.00
000004	3D镜像多媒体头戴显示器	¥17,500.00
000005	3D镜像多媒体头戴显示器	¥13,125.00
000006	量子芯618系列	¥188,600.00
000007	移动DVD	¥216,000.00
000008	电饭煲	¥14,820.00
000009	太阳能热水器	¥55,000.00
*		

图 4-37 按图 4-32 设计的查询结果

对所有字段都可以重新设置其在查询结果中显示的标题。修改方法是：选择要修改属性的字段，在【查询工具\设计】选项卡的【显示/隐藏】组中，单击【属性表】工具，显示出【属性表】窗口，在【属性表】窗口中修改字段的标题属性。如图 4-38 所示，为修改进货单应付金额计算字段的标题“应付金额”。如图 4-39 所示，为按图 4-35 设计的查询修改字段标题后运行结果。

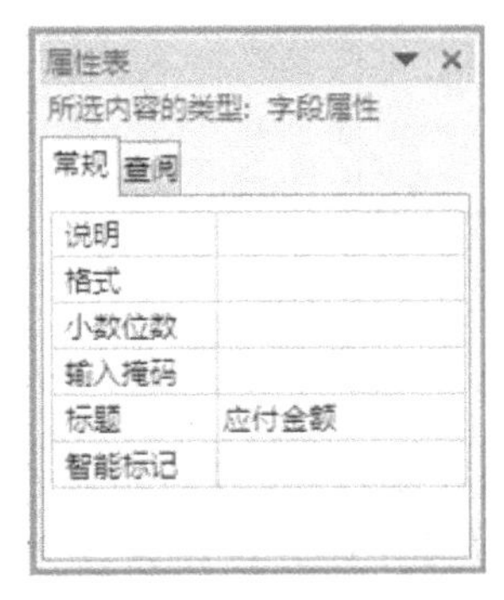

图 4-38　属性表窗口

进货单编号	商品名	应付金额
000005	3D镜像多媒体头戴显示器	¥13,125.00
000004	3D镜像多媒体头戴显示器	¥17,500.00
000002	等离子电视机	¥330,000.00
000001	等离子电视机	¥582,400.00
000008	电饭煲	¥14,820.00
000003	空调	¥61,740.00
000006	量子芯618系列	¥188,600.00
000009	太阳能热水器	¥55,000.00
000007	移动DVD	¥216,000.00
*		

图 4-39　按图 4-32 修改字段标题后运行结果

除可修字段改标题属性外，还可以设置字段的说明、格式、小数位数和输入掩码，其设置方法和建立表结构时定义字段属性的方法相同。

2.【表】行设计

该行用于选择包含查询结果中各字段的表。当字段是直接从已添加的表中选取时，该字段的来源表自动选择；当是计算字段时，不需选择其来源表。

3.【排序】行设计

设置查询结果按那些字段值的升序或降序排序。以第一个设置了排序方式的字段为主要排序依据，第二个及以后设置了排序方式的字段为次要排序依据，形成多级排序结构。

4.【显示】行的设计

该行用于设置字段在查询结果中是否显示。选中复选框表示该字段的数据在查询结果中显示，否则不显示。

5.【条件】行及【或】行的设计

在【条件】行和【或】行中设置对记录的筛选条件。在这些行中设置的条件之间遵循以下规则。

（1）必须从【条件】行开始设置条件。

（2）同一行的条件之间是“与”的关系。

（3）不同行的条件之间是“或”的关系。

（4）如有多行的条件，则各行之间不允许有空行。

如图 4-40 所示，设置的条件含义是：

[商品名]="等离子电视机"　and　[进货数量]<50　or　[进货数量]>50

如果条件中设置包含有如“[参数的提示信息]”的形式，则这种条件称为参数条件，使用了参数条件的查询称为参数查询。图 4-41 就是一个参数查询的设计视图，其中“[起始日期：]”和“[终止日期：]”是在查询运行时才输入。

6.【总计】行设计

【总计】行不出现在默认的查询设计视图中，如图 4-33 所示。它用于需对数据进行分组和汇总计算的查询中。在【查询工具\设计】选项卡的【显示/隐藏】组中单击【汇总】工具，可在【查询内容设计区】显示或隐藏【总计】行。

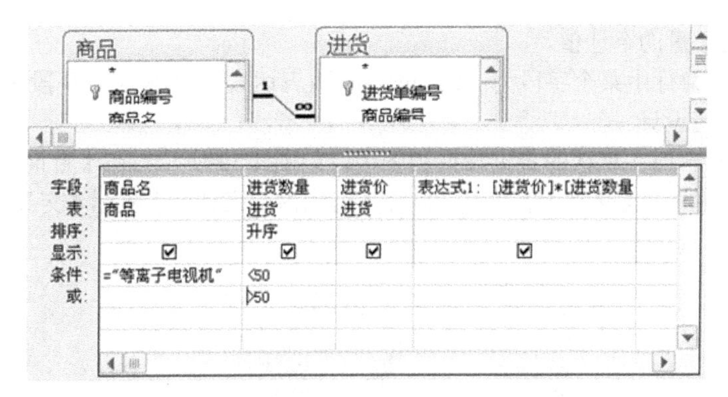

图 4-40 条件设置

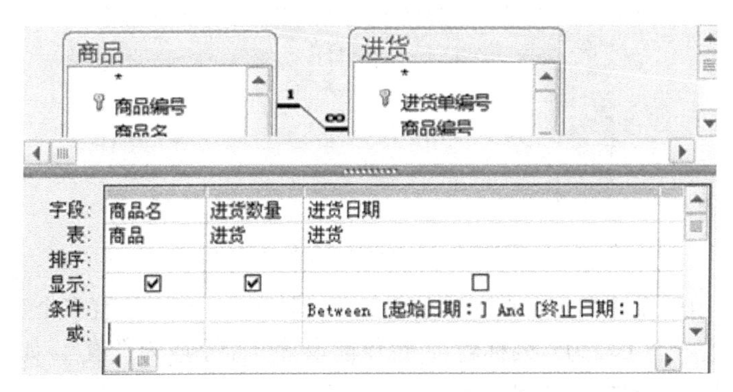

图 4-41 设置参数条件

- 如在【总计】行中设置某个字段为“Group By”（分组），则该字段值相同的记录分为一组进行统计。可以设置多个字段为分组字段，但以第一个为主分组，其余依次次之，形成多级分组结构。如图 4-42 中，“商品编号”和“商品名”为分组字段，其意义为：在查询结果中，商品的编号和商品的名称相同的记录分成一组，即显示一行。

图 4-42 “总计”行设计

- 如在【总计】行中设置某个字段为“合计”、“平均值”等统计方式，Access 将根据选择的统计方式，自动选用相应功能的聚合函数完成统计计算。如图 4-42 的查询能统计出每种商品的平均进货价和进货数量的合计值。

- 如在【总计】行中某个字段为“Expression”(表达式)，则表示该字段是计算字段。

7.【交叉表】行设计

【交叉表】行不出现在默认的查询设计视图中，如图 4-33 所示。在【查询工具\设计】选项卡的【查询类型】组中单击【交叉表】工具，则在【查询内容设计区】显示【交叉表】行，如图 4-43 所示。

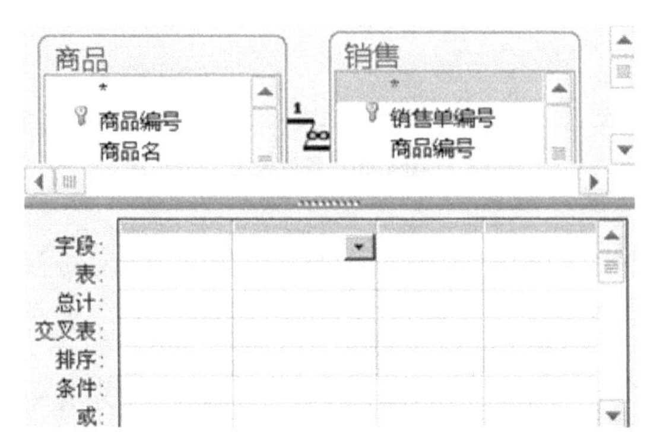

图 4-43　交叉表查询的设计视图

【交叉表】行只用于设计交叉表查询，在【交叉表】行中，可以设置多个字段为“行标题”或“不显示”，仅能设置一个字段为“列标题”，也仅能设置一个字段为“值”。如图 4-44 所示，为例题 4-4 所创建交叉表查询的设计视图。

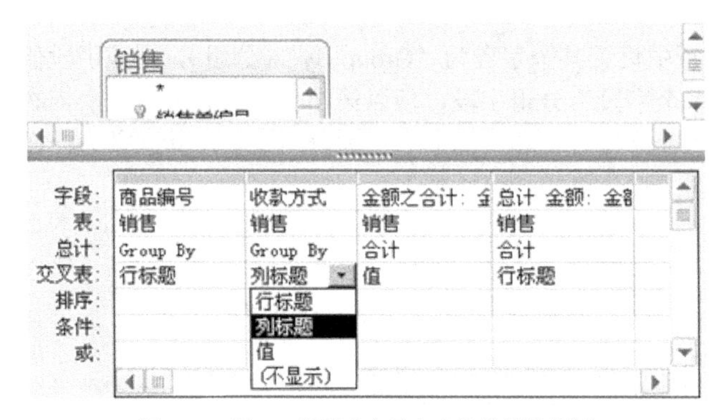

图 4-44　例 4-4 所创建交叉表查询的设计视图

8.【追加到】行设计

【追加到】行不出现在默认的查询设计视图中，其只会在追加查询设计时出现。追加查询的功能是：将一个或多个表中的数据追加到当前数据库或另一个数据库的表中。

在【查询工具\设计】选项卡的【查询类型】组中单击【追加】工具，则首先打开如图 4-45 的【追加】对话框，在该对话框中选择数据库和在【表名称】组合框中输入或选择追加的表，则在【查询内容设计区】显示【更新到】行，如图 4-46 所示，为将当前数据库“商品”表中的数据添加到“库存”表的设计视图。

9.【更新到】行设计

【更新到】行不出现在默认的查询设计视图中。在【查询工具\设计】选项卡的【查询类型】组中单击【更新】工具，则在【查询内容设计区】显示【更新到】行，如图 4-47 所示。

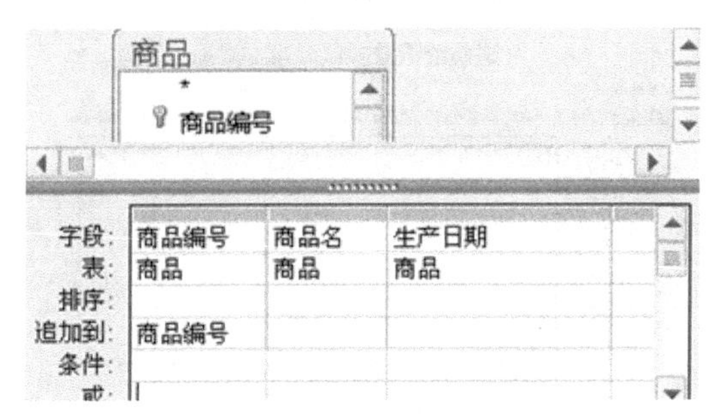

图 4-45 【追加】对话框

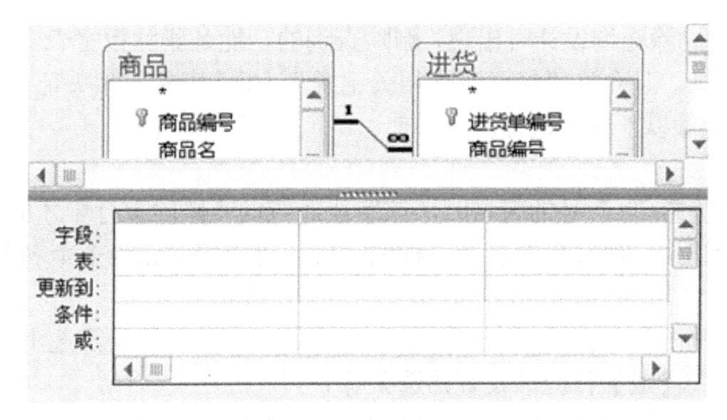

图 4-46 追加查询的设计视图

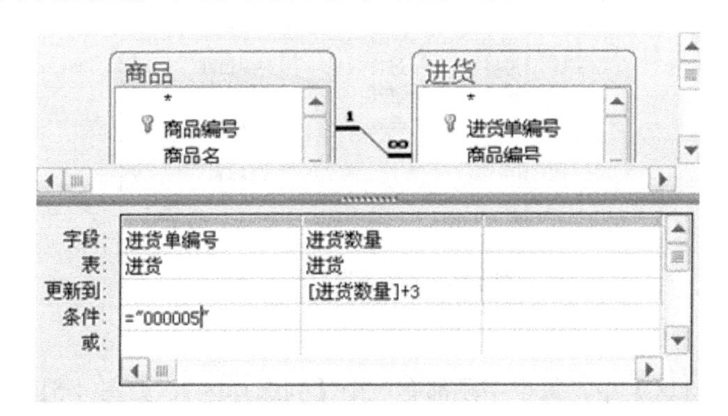

图 4-47 更新查询的设计视图

【更新到】行只会在更新查询设计时出现。更新查询的功能是：按统一的规则，修改符合条件记录中的数据。如图 4-48 所示的更新查询设计，其功能是将“进货单编号”为“000005”的进货单的“进货数量”更新为“[进货数量]+3”，即该进货单的进货数量增加 3。数据更新到的值可以是表达式，表达式可以直接输入，也可用表达式生成器生成。

图 4-48 【更新到】行设计

如更新了主表中关联字段的值，且允许“级联更新相关记录”，相关表中相关记录的关联字段的值会自动修改。

10．【删除】行设计

【删除】行不出现在默认的查询设计视图中。在【查询工具\设计】选项卡的【查询类型】组中单击【删除】工具，则在【查询内容设计区】显示【删除】行，如图 4-49 所示。

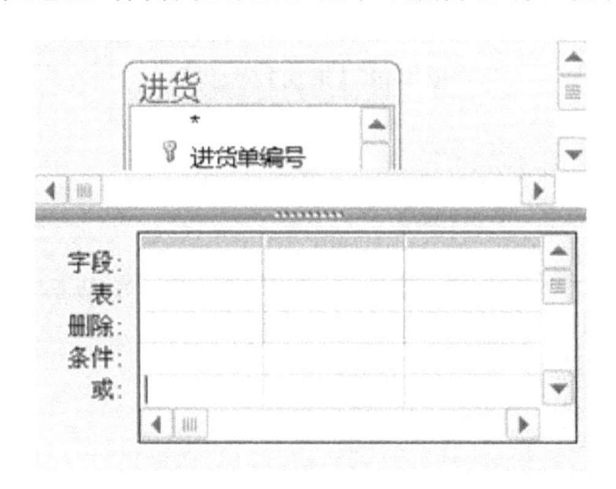

图 4-49　删除查询的设计视图

【删除】行只会在删除查询设计时出现，删除查询的功能是删除指定表中筛选出来的记录。如删除的是主表中的记录，且允许“级联删除相关记录”，相关表中的相关记录也会被自动删除。

【删除】行中只能做以下两种选择。

（1）From。

只有当字段设置为带“*”号的表名时，该字段对应的【删除】行中才能设置为 From，表示要从选择的表中删除记录。通过设置多个这样的字段，可以同时删除多个表中的记录。

（2）Where。

如某个字段的【删除】行被设置为 Where，则表示该字段是用于筛选出的要删除记录，此时在该字段的【条件】和【或】行应该设置筛选条件。

如图 4-50 设计的删除查询功能为：删除“进货”表中“进货数量”为 0 或“进货日期”大于系统当前日期的记录。

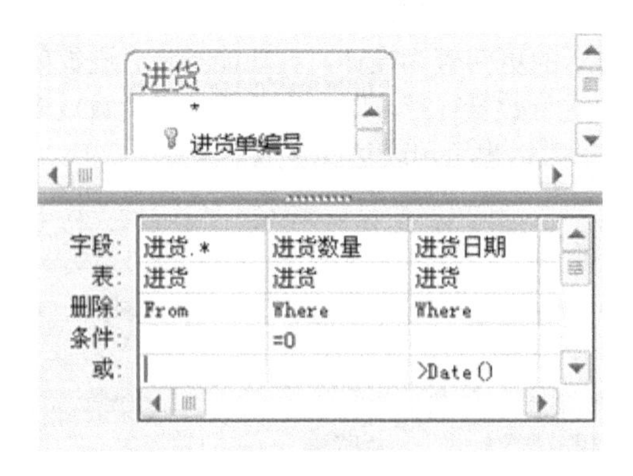

图 4-50　删除查询的设计示例

11．选定字段

在【查询内容设计区】中，每个字段都有一个【列选择区】，如图 4-51 所示。单击【列选择区】可以选定一个字段，在【列选择区】上拖放鼠标可选定多个字段。

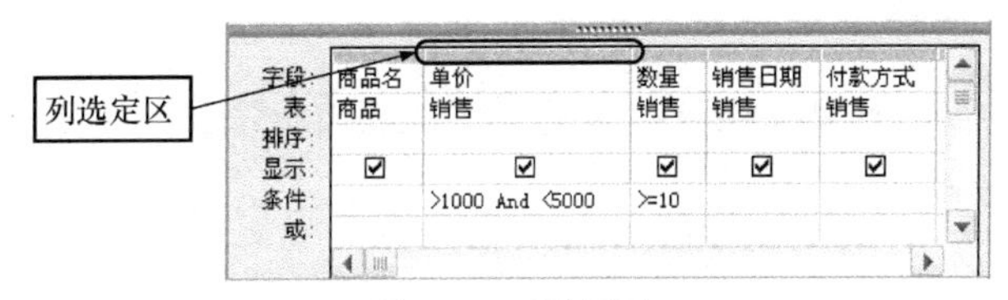

图 4-51 列选择区

12．删除字段

选定字段后按 Delete 键，或执行剪切操作。

13．移动字段

选定字段后拖放字段的【列选择区】到目标位置。

4.4 创建选择查询

4.4.1 创建普通选择查询

例 4-7 在完成了例 4-6 操作后的数据库中，查询进货价在 5000 以上或进货数量 20 以下的商品进货情况，查询结果按“进货日期”升序排序，查询结果显示“商品名称”“客户或供应商名称”“进货价”“进货数量”“进货日期”。命名查询为“例 4-7 创建的选择查询”。

操作步骤如下。

（1）打开“进销存管理系统.accdb”。

（2）以创建一个新查询的方法打开查询设计视图。

（3）添加表到查询，设计查询内容。

按图 4-52 所示添加表到查询，并设计查询内容。

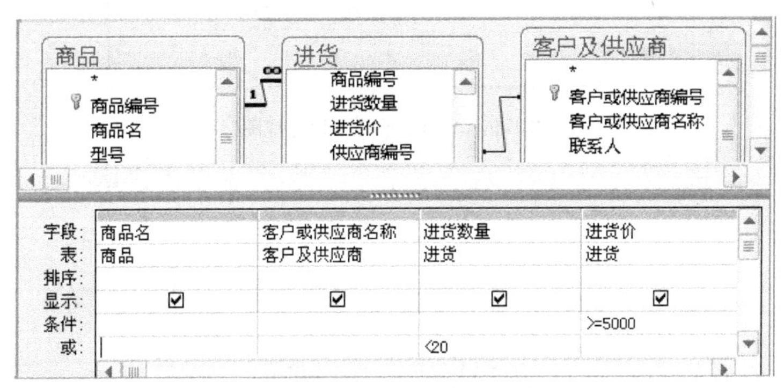

图 4-52 例 4-7 的查询设计视图

（4）运行查询。

单击【查询工具\设计】选项卡的【结果】组中的【运行】工具，出现如图 4-53 所示的查询结果。如查询结果不合需求，需切换到查询设计视图修改查询，直至运行结果满足需求。

（5）命名并保存查询。

关闭查询，在出现的对话框中，如图 4-54 所示，单击【是】按钮关闭对话框。在出现的“另存为”对话框中，如图 4-55 所示，输入“例 4-7 创建的选择查询”，单击【确定】按钮，保存查询。

商品名	客户或供应商名称	进货数量	进货价	进货日期
太阳能热水器	广东美的家电股份有限么	10	￥5,500.00	2009-10-15
空调	北京市景云家电有限公司	18	￥3,430.00	2009-11-23
等离子电视机	北京市景云家电有限公司	30	￥11,000.00	2009-12-21
电饭煲	广东美的家电股份有限么	19	￥780.00	2010-1-7
量子芯618系	Microtab Inc.	23	￥8,200.00	2010-1-10
等离子电视机	北京市景云家电有限公司	52	￥11,200.00	2010-11-16

图 4-53 例 4-7 的查询结果

图 4-54 确定是否保存查询对话框

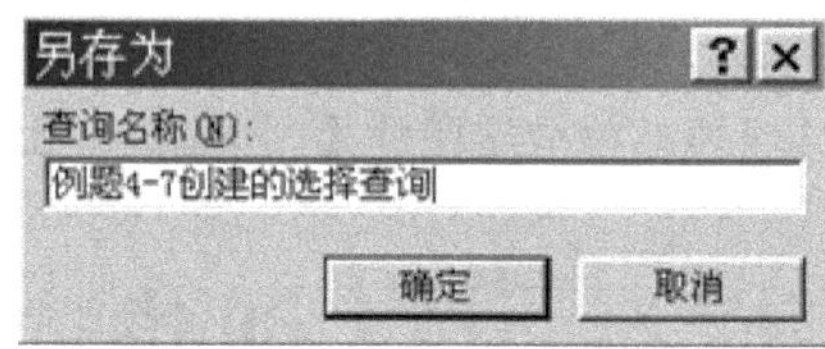

图 4-55 “另存为”对话框

例 4-8 在完成了例 4-7 操作后的数据库中，查询售价在 5000 到 10000 之间且销售数量在 10 以上得商品销售情况，查询结果显示“商品名称”“单价”“数量”“销售日期”“收款方式”。命名查询为“例 4-8 创建的选择查询”

操作过程和例 4-7 相同，查询设计如图 4-56 所示，查询结果如图 4-57 所示。

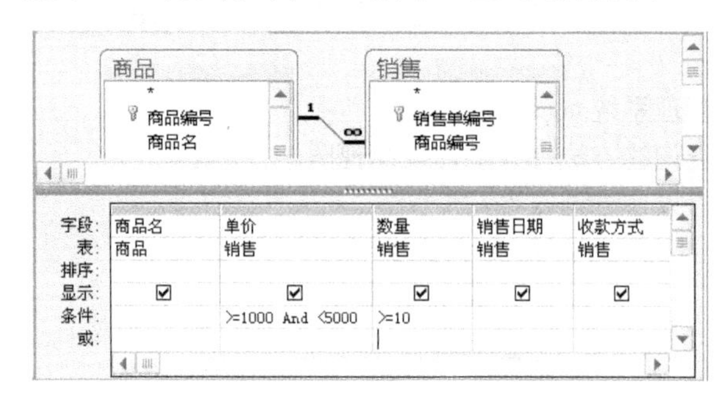

图 4-56 例 4-8 的查询设计视图

商品名	单价	数量	销售日期	收款方式
移动DVD	￥3,900.00	10	2010-3-23	支票
移动DVD	￥3,900.00	10	2010-4-7	支票
移动DVD	￥3,900.00	24	2010-4-8	支票

图 4-57 例 4-8 的查询结果

例 4-9 在完成了例 4-8 操作后的数据库中，查询售价在 5000 以上和 1000 以下且销售数量在 10 以下的商品销售数据，或“2010-4-10”日以前的商品销售数据，查询显示字段包括“商品名称”“单价”“数量”“销售日期”“收款方式”。命名查询为“例 4-9 创建的选择查询”。

操作过程和例 4-7 相同，查询设计如图 4-58 所示，查询结果如图 4-59 所示。

例 4-10 在完成了例 4-9 操作后的数据库中，查询销售数量不为 1 且非现金收款的商品销售情况，查询显示字段包括“商品名称”“单价”“数量”“销售日期”“收款方式”。命名查询为“例 4-10 创建的选择查询”。

操作过程和例 4-7 相同，查询设计如图 4-60 所示，查询结果如图 4-61 所示。

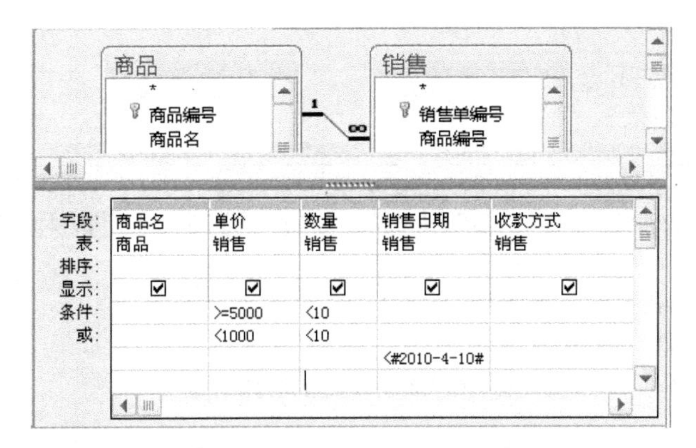

图 4-58 例 4-9 的查询设计视图

商品名	单价	数量	销售日期	收款方式
等离子电视机	¥12,300.00	5	2010-1-17	支票
等离子电视机	¥12,300.00	8	2010-1-18	支票
等离子电视机	¥12,300.00	32	2010-1-24	支票
空调	¥3,890.00	5	2010-2-2	支票
3D镜像多媒体	¥400.00	5	2010-2-21	支票
3D镜像多媒体	¥400.00	6	2010-3-3	支票
移动DVD	¥3,900.00	1	2010-3-5	现金
电饭煲	¥900.00	1	2010-3-8	现金

图 4-59 例 4-9 的查询结果

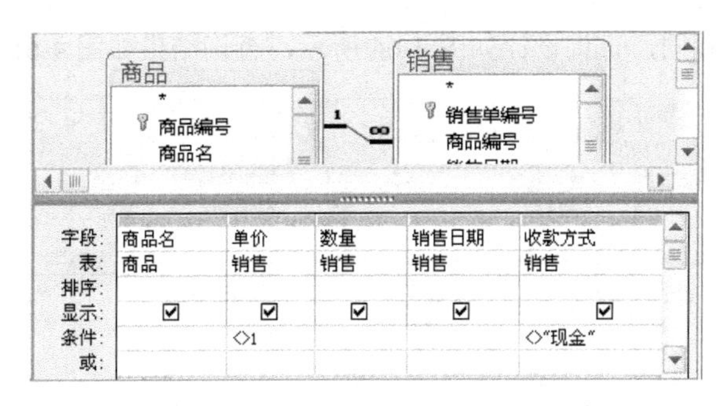

图 4-60 例 4-10 的查询设计视图

商品名	单价	数量	销售日期	收款方式
等离子电视机	¥12,300.00	5	2010-1-17	支票
等离子电视机	¥12,300.00	8	2010-1-18	支票
等离子电视机	¥12,300.00	32	2010-1-24	支票
空调	¥3,890.00	5	2010-2-2	支票
3D镜像多媒体	¥400.00	5	2010-2-21	支票
3D镜像多媒体	¥400.00	6	2010-3-3	支票
3D镜像多媒体	¥400.00	60	2010-3-18	支票
量子芯618系	¥8,900.00	7	2010-3-21	支票

图 4-61 例 4-10 的查询结果

例 4-11 在完成了例 4-10 操作后的数据库中，查询“客户或供应商编号”以“B”开头或以数字开头的客户。查询结果显示“客户或供应商编号”“客户或供应商名称”“联系地址”“联系电话”等客户基本情况。命名查询为“例 4-11 创建的选择查询”。

操作过程和例 4-7 相同，查询设计如图 4-62 所示，查询结果如图 4-63 所示。

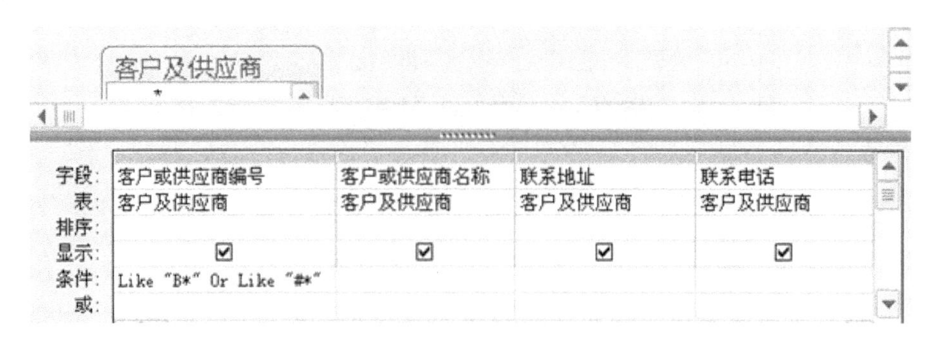

图 4-62 例 4-11 的查询设计视图

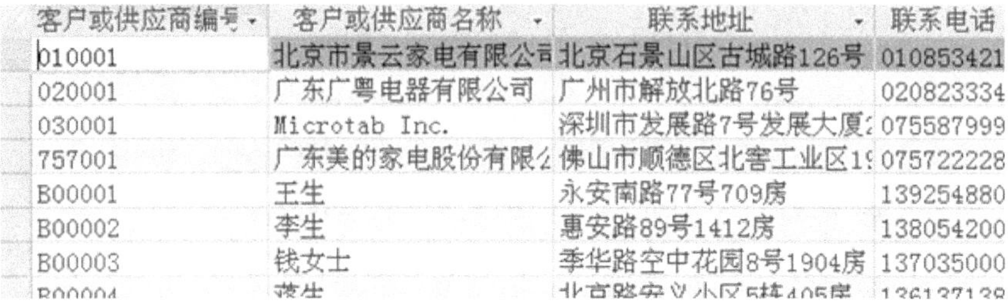

客户或供应商编号	客户或供应商名称	联系地址	联系电话
010001	北京市景云家电有限公司	北京石景山区古城路126号	010853421
020001	广东广粤电器有限公司	广州市解放北路76号	020823334
030001	Microtab Inc.	深圳市发展路7号发展大厦	075587999
757001	广东美的家电股份有限公	佛山市顺德区北窖工业区1	075722228
B00001	王生	永安南路77号709房	139254880
B00002	李生	惠安路89号1412房	138054200
B00003	钱女士	季华路空中花园8号1904房	137035000

图 4-63 例 4-11 的查询结果

例 4-12 在完成了例 4-11 后操作的数据库中，查询两年前空调的销售记录。命名查询名为“例 4-12 创建的选择查询”。

操作过程和例 4-7 相同，查询设计如图 4-64 所示，查询结果如图 4-65 所示。

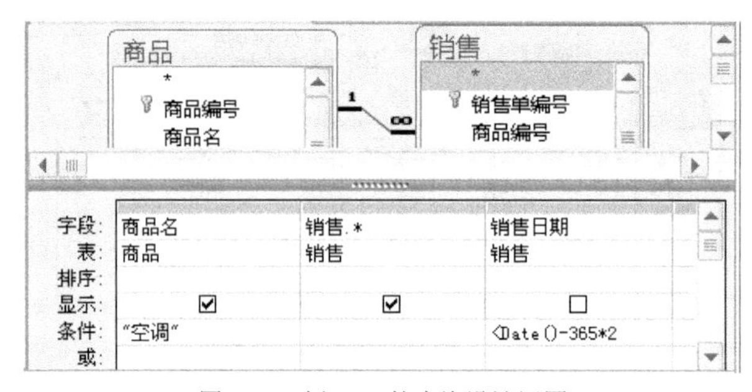

图 4-64 例 4-12 的查询设计视图

商品名	销售单编号	商品编号	销售日期	单价	数量	金
空调	000004	000002	2010-2-2	¥3,890.00	5	¥
空调	000013	000002	2010-3-14	¥3,890.00	1	
空调	000014	000002	2010-3-16	¥3,890.00	1	
空调	000025	000002	2010-4-10	¥3,890.00	1	
空调	000026	000002	2010-4-11	¥3,890.00	1	
空调	000027	000002	2010-4-12	¥3,890.00	1	

图 4-65 例 4-12 的查询结果

例 4-13 在完成了例 4-12 操作后的数据库中，用查询统计出“销售”表中的销售记录数和销售金额总和。命名查询为“例 4-13 创建的选择查询”。

操作过程和例 4-7 相同，查询设计如图 4-66 所示，查询结果如图 4-67 所示。

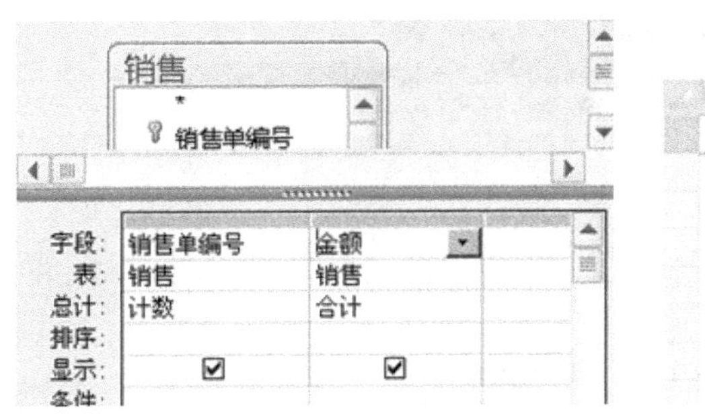

图 4-66 例 4-13 的查询设计视图

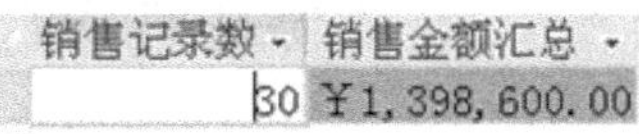

图 4-67 例 4-13 的查询结果

例 4-14 在完成了例 4-13 操作后的数据库中，查询销售数量合计在 10~60 之间商品，查询结果显示各商品的“商品编号”“商品名”平均销售单价销售数量合计和销售金额合计。命名查询为“例 4-14 创建的选择查询”。

操作过程和例 4-7 相同，查询设计如图 4-68 所示，查询结果如图 4-69 所示。

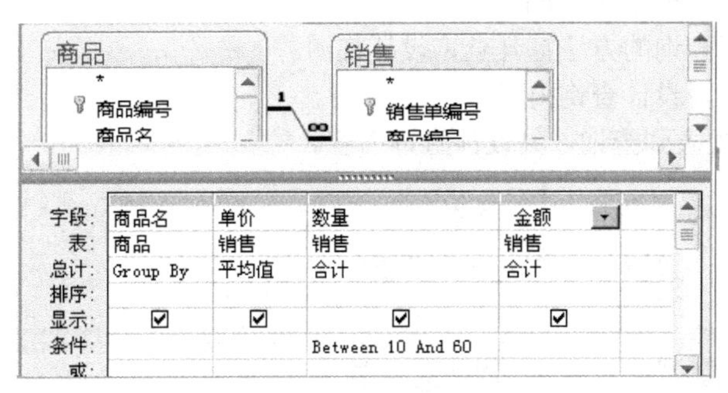

图 4-68 例 4-14 的查询设计视图

商品编号	商品名	平均销售单价	销售数量合计	销售金额合计
000002	空调	￥3,890.00	10	￥38,900.00
000004	量子芯618系	￥8,900.00	14	￥124,600.00
000005	移动DVD	￥3,900.00	45	￥175,500.00

图 4-69 例 4-14 的查询结果

例 4-15 在完成了例 4-14 操作后的数据库中，查询每种商品的预计销售利润和实际销售利润。查询命名为“例 4-15 创建的选择查询”。

预计销售利润=[进货价]*0.2*[数量]

实际销售利润=([单价]-[进货价])*[数量]

操作过程和例 4-7 相同，查询设计如图 4-70 所示，查询结果如图 4-71 所示。

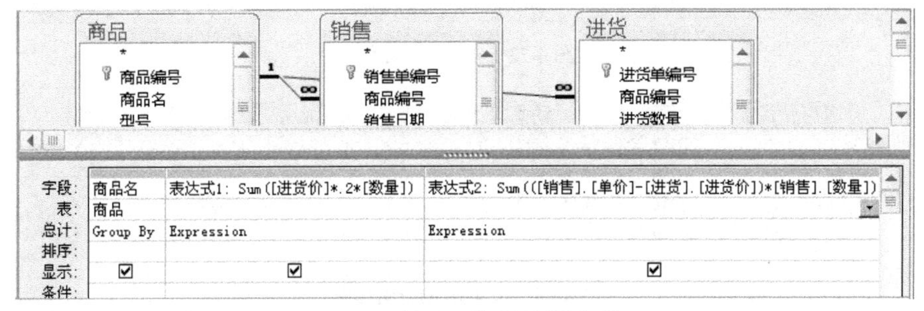

图 4-70 例 4-15 的查询设计视图

商品名	预计销售利润	实际销售利润
3D镜像多媒体	¥10,440.00	¥5,400.00
等离子电视机	¥364,080.00	¥196,800.00
电饭煲	¥468.00	¥360.00
空调	¥6,860.00	¥4,600.00
量子芯618系	¥22,960.00	¥9,800.00
太阳能热水器	¥3,300.00	¥3,000.00
移动DVD	¥27,000.00	¥40,500.00

图 4-71 例 4-15 的查询结果

4.4.2 创建参数查询

例 4-16 在完成了例 4-15 操作后的数据库中，通过输入商品编号和起止日期查询某种商品在输入的起止日期内的销售记录。命名查询为“例 4-16 创建的参数查询”。

操作步骤如下。

（1）打开“进销存管理系统.accdb”。

（2）以创建一个新查询的方法打开查询设计视图。

（3）添加表到查询，设计查询内容。

按图 4-72 所示添加表到查询，并设计查询内容。

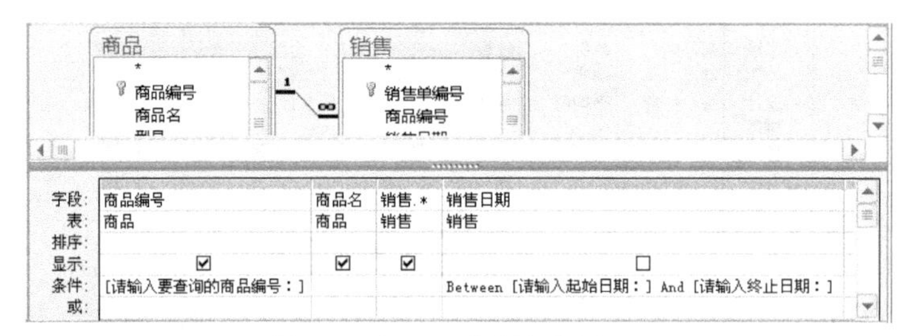

图 4-72 例 4-16 的查询设计视图

（4）运行查询。

查询运行时，依次出现如图 4-73 所示中的【输入参数值】对话框，这里以查询“商品编号”为“000003”，起止日期为 2010/1/1 日至 2010/4/30 日为例。查询结果如图 4-74 所示。如查询结果不合需求，需切换到查询设计视图修改查询，直至运行结果满足需求。

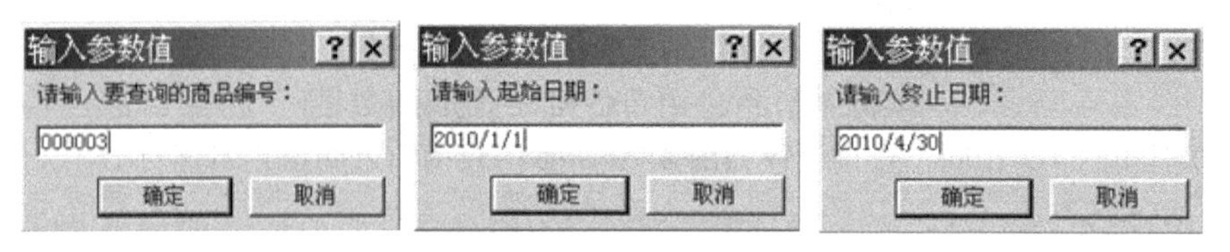

图 4-73 参数输入过程

商品.商品编	商品名	销售单编号	销售.商品编	销售日期	单
000003	3D镜像多媒体	000005	000003	2010-2-21	¥
000003	3D镜像多媒体	000006	000003	2010-3-3	¥
000003	3D镜像多媒体	000015	000003	2010-3-17	¥
000003	3D镜像多媒体	000016	000003	2010-3-18	¥

图 4-74 例 4-16 的查询结果

（5）命名并保存查询。

4.4.3 创建交叉表查询

例 4-17 在完成了例 4-16 操作后的数据库中，创建交叉表查询,统计每种商品各个月份的销售数量，命名查询为“例 4-17 创建的交叉查询”。

操作步骤如下。

（1）打开“进销存管理系统.accdb”。

（2）以创建一个新查询的方法打开查询设计视图。

（3）添加表到查询，设计查询内容。

按图 4-75 所示添加表到查询，并设计查询内容。

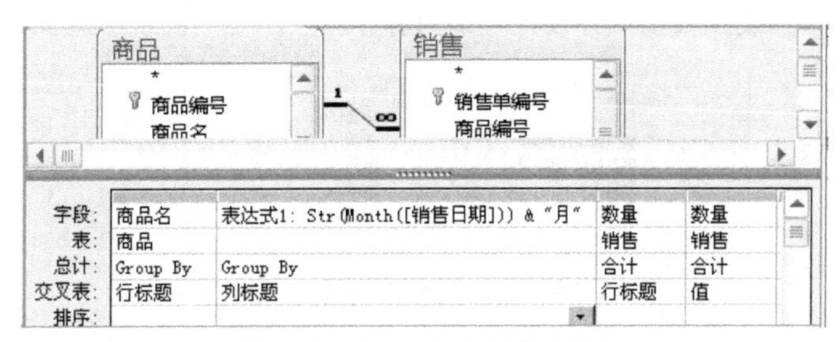

图 4-75 例 4-17 的查询设计视图

（4）运行查询。

运行查询，查询结果如图 4-76 所示。如查询结果不合需求，需切换到查询设计视图修改查询，直至运行结果满足需求。

（5）命名并保存查询。

商品名	销售数量合计	1月	2月	3月	4月
3D镜像多媒体	72		5	67	
等离子电视机	82	45		2	35
电饭煲	3			1	2
空调	10		5	2	3
量子芯618系	14			14	
太阳能热水器	3			2	1
移动DVD	45			11	34

图 4-76 例 4-17 的查询结果

4.5 创建操作查询

在打开一个非信任的.accdb 文件时，Access 2010 默认禁止对数据库的部分操作，因此在运行操作查询前必须启用被 Access 2010 安全机制禁止的内容。

如果在打开的.accdb 文件中没有出现图 4-77 所示的【消息栏】工具，则表示该数据库无被禁止内容，否则需进行启用操作，启用的方法是：单击【消息栏】工具上的【启用内容】按钮。

图 4-77 “消息栏”工具

1．生成查询

运行生成查询，将把查询结果保存到一个新的数据表中。

例 4-18 在完成了例 4-17 操作后的数据库中创建一个生成查询，在当前数据库中查询生成一个名为“支票支付的客户”的表，该表包括所有以支票付款的客户，客户数据有“客户或供应商编号”“客户或供应商名”“联系电话”和“收款方式”等信息。命名查询为“例 4-18 创建的生成查询”。

操作步骤如下。

（1）打开“进销存管理系统.accdb”。

（2）以创建一个新查询的方法打开查询设计视图。

（3）添加表到查询，设计查询内容。

按图 4-78 所示添加表到查询，并设计查询内容。

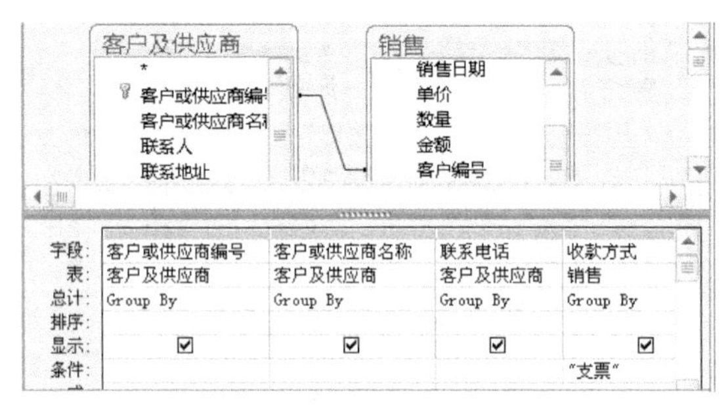

图 4-78 例 4-18 的查询设计视图

（4）设置查询生成的表名。

在【查询工具\设计】选项卡的【查询类型】组中，单击【生成表】工具，出现【生成表】对话框，如图 4-79 所示，在该对话框的【表名称】组合框中输入“支票支付的客户”，选中【当前数据库】单选按钮，单击【确定】按钮。

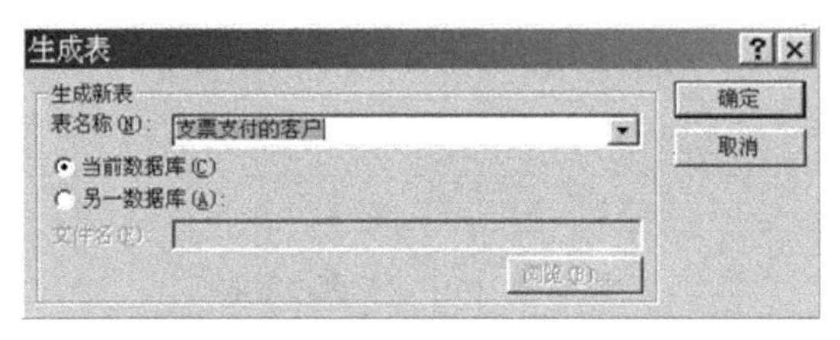

图 4-79 【生成表】对话框

（5）运行查询。

查询运行时弹出一个消息框，如图 4-80 所示，询问是否生成一个新表，单击【是】按钮，将生成一个名为“支票支付的客户”的表。如生成的表不合需求，需切换到查询设计视图修改查询，直至运行结果满足需求。

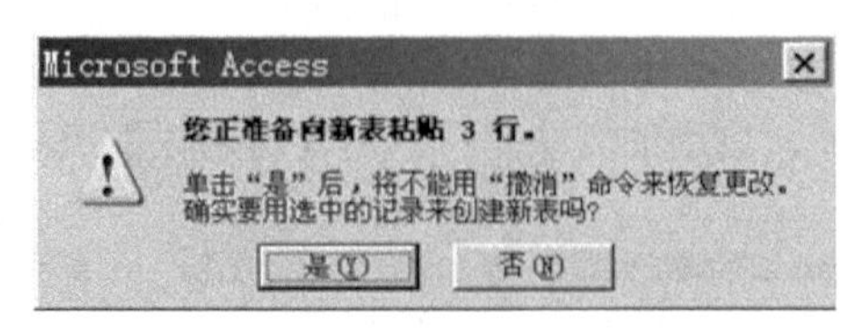

图 4-80 【生成表】提示框

（6）命名并保存查询。

2．追加查询

由于不同表中字段定义可能不同，追加查询只能添加相互匹配的字段内容，那些不匹配的字段将被忽略。

例 4-19 在完成了例 4-18 操作后的数据库中创建一个追加查询，其功能是将在“商品”表中的记录添加到“库存”表中。命名查询为“例 4-19 创建的追加查询”。

操作步骤如下：

（1）打开“进销存管理系统.accdb”。

（2）以创建一个新查询的方法打开查询设计视图。

（3）添加表到查询，设计查询内容。

按图 4-81 所示添加表到查询，并设计查询内容。

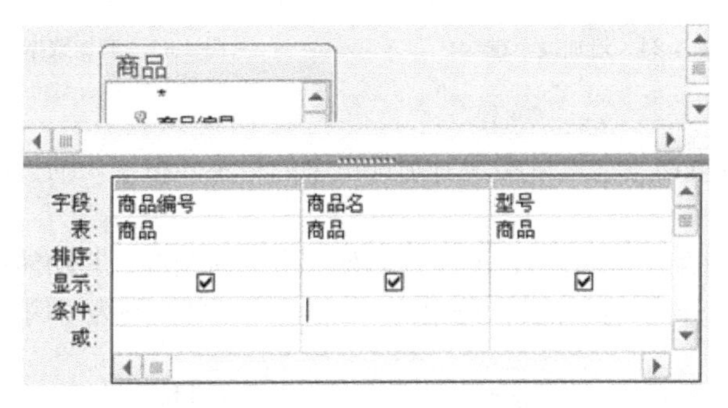

图 4-81 例 4-19 的查询设计视图

（4）设置查询结果要追加到的表。

在【查询工具\设计】选项卡的【查询类型】组中，单击【追加】工具，出现【追加】对话框，如图 4-82 所示，在该对话框中选中【当前数据库】单选按钮并在【表名称】组合框中选择【库存】表，单击【确定】按钮。此时【查询内容设计区】增加了“追加到”行，如图 4-83 所示。从该图中可以看出在“追加到”行中只有“商品编号”字段，说明只有该字段的数据会添加到“库存”表。

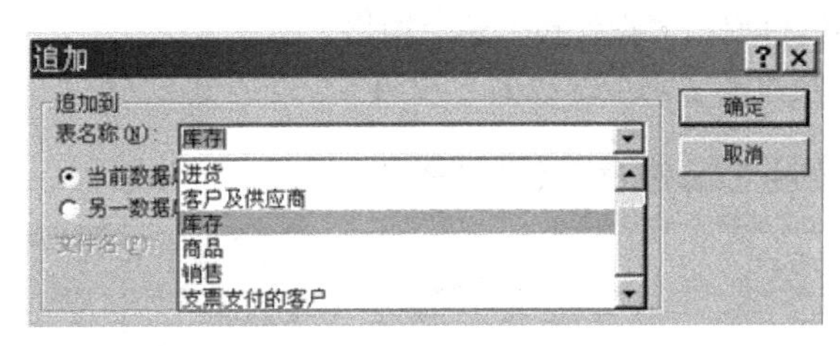

图 4-82 【追加】对话框

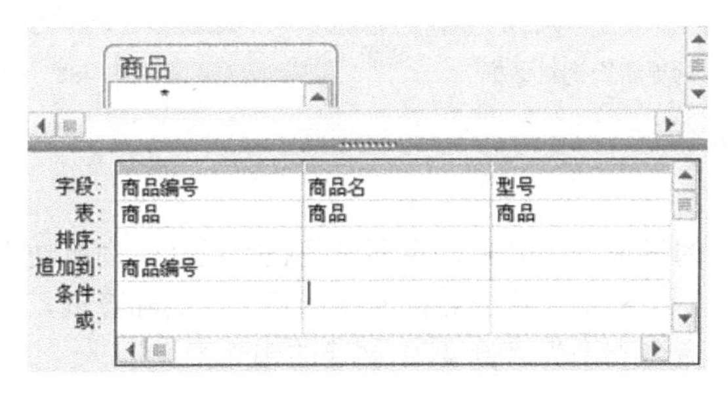

图 4-83 带“追加行”

（5）命名并运行查询。

查询运行时弹出一个消息框，如图 4-84 所示，询问是否将查询结果追加到“库存”表，单击【是】按钮执行追加数据操作，图 4-85 为数据追加完后“库存”表的数据表视图。

（6）命名并保存查询。

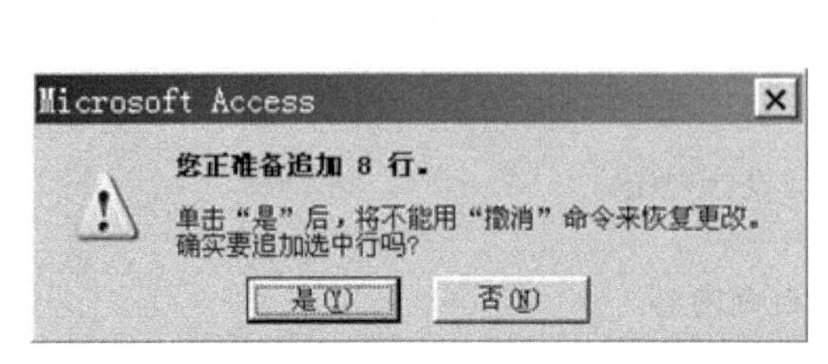

图 4-84　追加提示框

图 4-85　追加数据后的“库存”表

3．更新查询

更新查询也称修改查询，它可以实现对筛选出来的记录，按统一的规则进行数据修改，数据被修改后不能还原。

例 4-20　在“进销存管理系统.accdb”中创建一个更新查询，其功能是将“操作员”表中所有操作员名以“Guest”开头的操作员密码改为“1234”。命名查询为“例 4-20 创建的更新查询”。

操作步骤如下：

（1）打开“进销存管理系统.accdb”。

（2）以创建一个新查询的方法打开查询设计视图。

（3）添加表到查询，设计查询内容。

按图 4-86 所示添加表到查询，并设计查询内容。

（4）运行查询。

查询运行时依次弹出两个对话框，如图 4-87、图 4-88 所示，询问是否将符合条件的数据进行更新，单击【是】按钮执行更新数据操作，“操作员”表中操作员名以“Guest”开头的操作员密码全部改为“1234”。

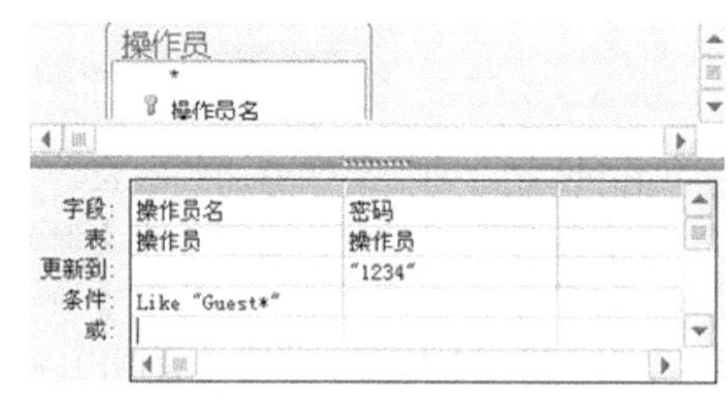

图 4-86　例 4-20 的查询设计视图

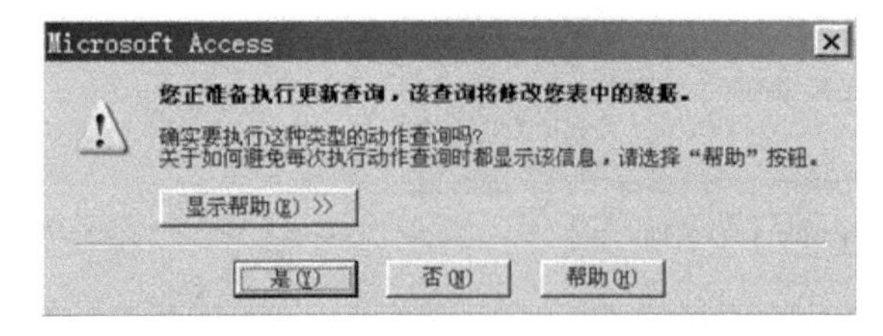

图 4-87　确认执行更新查询对话框

图 4-88　确认更新对话框

（5）命名并保存查询。

4．删除查询

删除查询将符合条件的记录永久删除，而不只是删除设计查询所使用到的字段。

例 4-21　在完成了例 4-18 操作后的数据库中创建一个删除查询，其功能是删除“商品”表中指定商品编号的记录。命名查询为“例 4-21 创建的删除查询”。

操作步骤如下。

（1）打开“进销存管理系统.accdb”。

（2）以创建一个新查询的方法打开查询设计视图。

（3）添加表到查询，设计查询内容。

按图 4-89 所示添加表到查询，并设计查询内容。

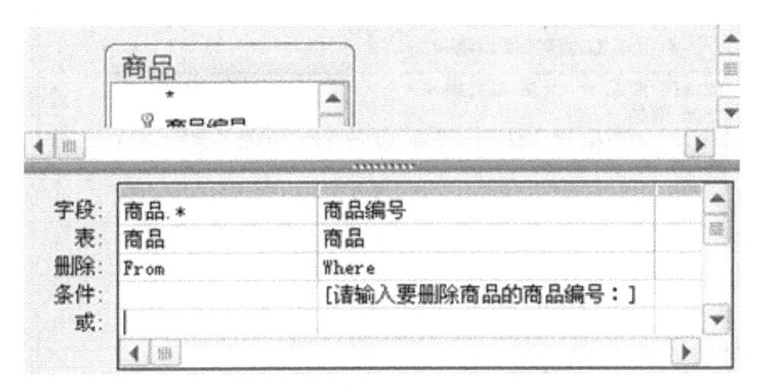

图 4-89　例题 4-21 的查询设计视图

（4）运行查询。

查询运行时输入并确认要删除的商品编号后，出现如图 4-90 的对话框，询问是否删除符合条件的记录，单击【是】按钮则执行删除记录操作。

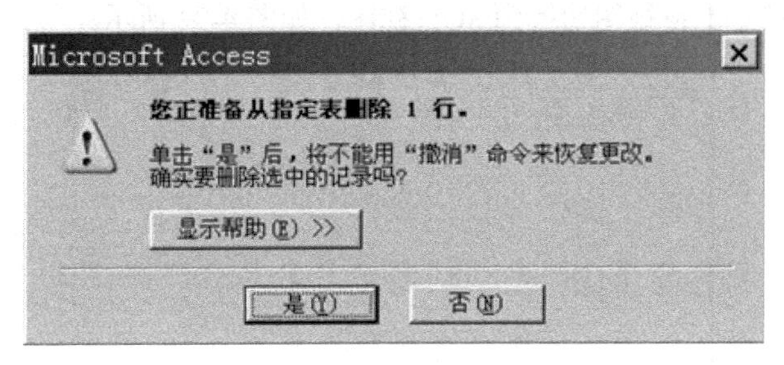

图 4-90　确认删除对话框

（5）命名并保存查询。

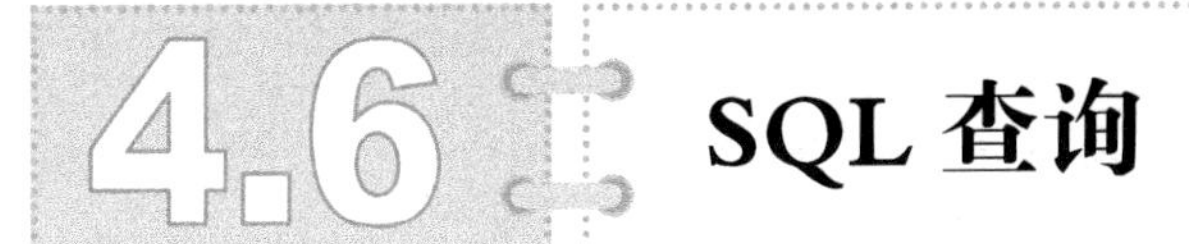

4.6 SQL 查询

结构化查询语言 SQL（Structured Query Language）是一种重要的关系数据库操作语言，SQL 语言已经发展成为标准的计算机数据库语言。SQL 语言包括数据定义语言（DDL）、数据操纵语言（DML）、数据控制语言（DCL）3 大功能。

标准 SQL 语言包括以下 4 部分的内容。

（1）数据定义，用于定义、修改和撤消数据库、数据表对象等，主要包括 CREAT、DROP、ALTER 等语句。

（2）数据操纵，用于数据库中表记录的修改和检索等，主要包括 INSERT、DELETE、UPDATE 等语句。

（3）数据控制，用于数据访问权限的控制等，主要包括 GRANT、REVOTE 等语句。

（4）数据查询，用于从数据库中检索和浏览数据，其主要语句是 SELECT。

这里只介绍 SQL 语言中用于查询的 SELECT 语句。

4.6.1 查询的 SQL 视图

SELECT 命令和在设计视图中创建的查询具有等效性，将查询的视图切换到 SQL 视图，可看到查询所对应的 SQL 语句。如图 4-91 所示为例 4-21 所创建查询的 SQL 视图。

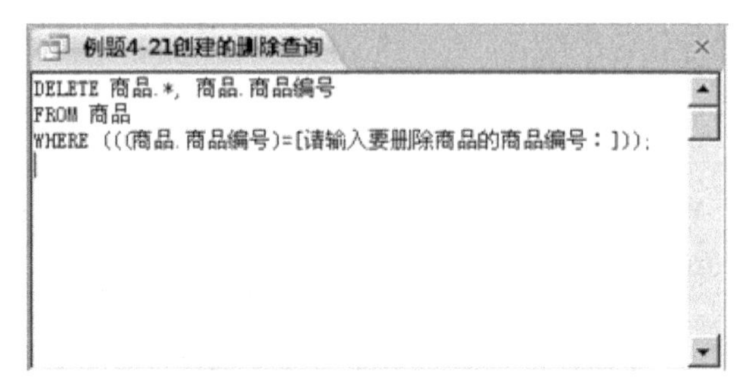

图 4-91　例 4-21 所创建的查询 SQL 视图

在 Access 2010 中编写 SELECT 命令的操作步骤如下。

（1）打开查询设计视图，不添加表到查询。

（2）将视图切换到 SQL 视图。

通过【视图选择菜单】将视图切换到 SQL 视图，如图 4-92 所示。

图 4-92　SQL 视图

（3）在“SQL 视图”中输入 SELECT 命令。

（4）运行查询查看查询结果和修改 SQL 命令，直至满足查询需求。

（5）命名并保存查询。

4.6.2 SELECT 语句

SELECT 查询能从一个或多个数据表中筛选出符合条件的记录集合，再从这个集合中选定字段或包含字段的表达式形成一个查询结果表。

SELECT 命令格式如下：

```
SELECT [ALL | DISTINCT]
*| [<表名 1>.]<选择项 1> [AS <列名 1>][, [<表名 2>.]<选择项 2> [AS <列名 2>]…]
FROM <表名 1> ,[ [,<表名 2> ] …]
[WHERE <联接条件 1> [AND <联接条件 2> …][AND | OR <筛选条件 1>
 [AND | OR <筛选条件 2> …]]]
[GROUP BY <分组项 1>[, <分组项 2> …]]
```

```
[HAVING <筛选条件>]
[ORDER BY <排序项 1> [ASC | DESC] [, <排序项 2> [ASC | DESC] …]];
```

SELECT 命令格式说明：

- SELECT 由多个子句组成，如“FROM <表名 1> ,[[,<表名 2>] …]”是一个子句。在写 SELECT 命令时，子句的顺序不分先后，SELECT 命令可分多行编写，一般一个子句占一行。
- SELECT 命令必须以一个“;”结束。
- “[]”中的内容表示：在写 SELECT 命令时该部分可根据需要选用。
- “<>”中的内容表示：在写 SELECT 命令时该部分是必须的。
- “|”表示其左右两项任选其一。

以下各例题只介绍其 SELECT 命令。

例 4-22 在“商品”表中查询“商品编号”“商品名”“是否进口”。

```
Select 商品编号,商品名,是否进口 from 商品;
```

例 4-23 查询销售单的所有信息。

```
Select * from 销售;
```

这里的“*”表示选择数据表中的所有字段。

例 4-24 查询有销售记录的客户编号，要求查询结果中客户编号不重复出现。

```
Select distinct 客户编号 from 销售;
```

在 SELECT 命令中选用 all 表示查询出所有记录，选用 distinct 表示查询结果中不出现重复记录，All 是默认选项。

例 4-25 查询 2010 年 1 月份商品编号为“000001”销售数量为 10 以上的商品销售记录。

```
Select all *
From 销售
Where 商品编号="000001" and 数量>=10 and month(销售日期)=1;
```

SELECT 命令中用 where 字句来指定查询的筛选条件。

例 4-26 查询客户编号不以“A”开头，在 2010 年 1 月 1 日至 2010 年 3 月 31 日间的商品销售记录。

```
Select *
From 销售
Where 客户编号 not like "A*" and 销售日期 between #2010/1/1# and #2010/3/31#;
```

例 4-27 查询出数量大于 5 的商品销售记录，列出商品编号、商品名、销售单编号、销售日期、金额、数量、客户编号字段。

```
Select 商品.商品编号,商品名,销售单编号, 销售日期, 金额, 销售.客户编号
From 商品,销售
Where 商品.商品编号=销售.商品编号 AND 数量>5;
```

在多表查询中，如果要使用的字段在多个表存在，必须指明引用的字段来源于哪个表。引用的格式是：

表名.字段名

如上例中“商品编号”在“商品”表和“销售”表都存在，select 命令中用“商品.商品编号”表示该字段来源于“商品”表。

在 where 条件子句中，“商品.商品编号=销售.商品编号”是两个表的联接条件，“数量>5”是记录筛选条件。

例 4-28 查询商品编号为“000001”销售金额的最高值、最低值、平均值和总和。

```
Select max(金额) as 最高,min(金额) as 最低,sum(金额) as 总和
From 销售
Where 商品编号="000001";
```

SELECT 命令中可使用表达式进行计算。对通过表达式计算的字段，可以重新定义它在查询结果中的字段名，相当于在“查询设计视图”中定义字段的标题属性。格式是：

表达式 as 标题名

例 4-29 查询商品编号为“000002”在 2009/11/23 所进货的预期利润。

```
Select 商品名,进货价*0.3 as 预期利润,进货日期
From 商品,进货
Where 商品.商品编号=进货.商品编号 and 进货.商品编号="000002" and 进货日期=#2009/11/23#;
```

例 4-30 查询销售数量合计在 10~60 之间的商品销售单价的平均值、销售数量合计值及销售记录数。

```
Select 商品名,avg(单价) as 平均单价,sum(数量) as 销售合计,count(*) as 销售单数
From 商品,销售
Where 商品.商品编号=销售.商品编号 and 数量 between 10 and 60
Group by 商品.商品编号;
```

Group by 字句用于定义查询结果按什么分组。

例 4-31 如按例 4-30 要求查询，但查询结果只显示销售数量合计值在 50 以上的商品。

```
Select 商品名,avg(单价) as 平均单价,sum(数量) as 销售合计,count(*) as 销售单数
From 商品,销售
Where 商品.商品编号=销售.商品编号 and 数量 between 10 and 60
Group by 商品名, 商品.商品编号
Having sum(数量) >=50;
```

Having 子句用于设置对查询结果的筛选条件。

例 4-32 对例题 4-31 的查询结果按销售记录数降序排序。

```
Select 商品名,avg(单价) as 平均单价,sum(数量) as 销售合计,count(*) as 销售单数
From 商品,销售
Where 商品.商品编号=销售.商品编号 and 数量 between 10 and 60
Group by 商品名, 商品.商品编号
Having sum(数量) >=50
Order by count (*) desc;
```

Order by 设置查询结果排序的依据字段，asc 为升序，desc 为降序。

4.7 实验四

【实验目的】

1. 熟悉查询的概念、功能与分类。
2. 熟悉用向导创建查询的方法。
3. 掌握在设计视图设计中创建查询的方法。
4. 了解 SQL 语句及其应用。

【实验内容】

1．查询视图切换。

2．用向导创建查询。

3．在查询设计视图中创建查询。

4．在 SQL 视图中创建查询。

【实验准备】

按 3.1 节设计并建立的“进销存管理系统.accdb”。

【实验方法及步骤】

1．实验任务 4-1

完成例 4-1～例 4-6 的操作。

2．实验任务 4-2

完成例 4-7～例 4-11 的操作。

3．实验任务 4-3

完成例 4-12～例 4-15 的操作。

4．实验任务 4-4

完成例 4-16 的操作。

5．实验任务 4-5

完成例 4-17 的操作。

6．实验任务 4-6

完成例 4-18～例 4-21 的操作。

7．实验任务 4-7

完成 4.6 节中所有例题的操作。

4.8 习题和实训

4.8.1 实训四

在完成实训三后的数据库“学生成绩管理系统.accdb”中完成以下操作：

1．设计并创建以“课程名称”为参数的查询，其功能是：查询课程的相关信息。命名查询为“课程信息查询”。

2．设计并创建以“教师名称”为参数的查询，其功能是：查询教师授课的相关信息。命名查询为“教师授课信息查询”。

3．设计并创建以“学号”为参数的查询，其功能是：查询学生个人成绩的相关信息。命名查询为“个人成绩查询”。

4．设计并创建以“班级编号”和“课程编号”为参数的查询，其功能是：查询班级成绩的相关信息。命名查询为“班级成绩查询”。

5．设计并创建以“课程名称”和“班级编号”为“行标题”，以期末成绩分数段为“列标题”，以各期末成绩分数段的人数占全班人数的百分比为“值”的交叉表查询。命名查询为“成绩分析”。

6．设计并创建以“课程编号”为参数的查询，其功能是：查询某课程的补（缓）考学生名单。命名查询为“补（缓）考学生名单查询”。

4.8.2 习题

一、单选题

1. 关于查询的说法正确的是（　　）。
   A）只能根据数据库中的表创建查询
   B）只能根据已建查询创建查询
   C）不能根据已建查询创建查询
   D）可以根据表或已建查询创建查询
2. 需要用户在对话框中输入查询准则来限制查询结果的查询是（　　）。
   A）选择查询　　B）参数查询
   C）操作查询　　D）交叉表查询
3. Access 查询的数据源可以来自（　　）。
   A）表　　B）查询
   C）表和查询　　D）窗体
4. 在 Access 数据库中查询有很多种，其中最常用的查询是（　　）。
   A）参数查询　　B）选择查询
   C）SQL 查询　　D）交叉表查询
5. 在查询设计视图中，下列说法正确的是（　　）。
   A）只能添加表　　B）只能添加查询
   C）可以添加表，也可以添加查询　　D）以上说法都不对
6. 假如某表中有一个“姓名”字段，要查询姓李的记录的条件是（　　）。
   A）"李"　　B）Not"李"
   C）Like"李"　　D）Left([姓名],1)="李"
7. 在数据定义语句中，对于已有表中添加新字段或约束的是（　　）。
   A）DROP　　B）ALTER TABLE
   C）CREATE TABLE　　D）CREATE INDEX
8. 下列不属于操作查询的是（　　）。
   A）交叉表查询　　B）删除查询
   C）更新查询　　D）生成表查询
9. 创建“追加表查询”的数据来源是（　　）。
   A）一个表　　B）两个表
   C）多个表　　D）没有限制
10. 下列不属于 SQL 查询的是（　　）。
    A）联合查询　　B）操作查询
    C）传递查询　　D）数据定义查询
11. 关于创建交叉表的数据源描述，下列说法正确的是（　　）。
    A）可以来自于多个表
    B）可以来自于多个表或多个查询
    C）可以来自于一个表和一个查询
    D）可以来自于一个表或一个查询
12. 从数据库中删除表的 SQL 语句是（　　）。
    A）DEL TABLE　　B）DELETE TABLE

C）DROP TABLE　　　　D）DROP

13．如果有两个表 A、B，现在把表 A 的记录复制到表 B 中，但不能删除表 B 中的记录，可以使用下列查询的是（　　）。

A）删除查询　　　　B）追加查询

C）生成表查询　　　　D）交叉表查询

14．在 Access 数据库中，SQL 语句不能创建的是（　　）。

A）操作查询　　　　B）数据定义查询

C）选择查询　　　　D）定义报表

15．要查询 2011 年度参加工作的职工，限定查询时间范围的条件为（　　）。

A）<#2011-12-31#

B）>#2011-01-01#

C）Between #2011-01-01# And #2011-12-31#

D）Between 2011-01-01 And 2011-12-31

16．在 Access 中已建表“工资”，表中有 4 个字段分别为“职工号”“所有单位”“基本工资”和“应发工资”，若按单位统计应发工资总数，则在查询设计视图的“所在单位”的“总计”行和“应发工资”的“总计”行中分别选择的是（　　）。

A）sum，group by　　　　B）count，group by

C）group by，sum　　　　D）group by，count

17．若在查询的条件中使用了通配符方括号“[ ]”，它的含义是（　　）。

A）通配任意长度的字符　　　　B）通配不在括号内的任意字符

C）通配方括号内列出的任一单个字符　　　　D）错误的使用方法

18．在 SELECT 语句中使用 ORDER BY 是为了指定（　　）。

A）查询的表　　　　B）查询结果的顺序

C）查询的条件　　　　D）查询的字段

19．在显示查询结果时，若要将数据表中的“籍贯”字段名，显示为“出生地”，可在查询设计视图中改动（　　）。

A）排序　　　　B）条件

C）字段　　　　D）显示

20．假设“公司”表中有编号、名称、法人等字段，查找公司名称中有“网络”二字的公司信息，正确的命令是（　　）。

A）SELECT * FROM 公司 FOR 名称 = " *网络* "

B）SELECT * FROM 公司 FOR 名称 LIKE "*网络*"

C）SELECT * FROM 公司 WHERE 名称="*网络*"

D）SELECT * FROM 公司 WHERE 名称 LIKE"*网络*"

21．利用对话框提示用户输入查询条件，这样的查询属于（　　）。

A）选择查询　　　　B）参数查询

C）操作查询　　　　D）SQL 查询

22．在 SQL 查询中“GROUP BY”的含义是（　　）。

A）选择行条件　　　　B）对查询进行排序

C）选择列字段　　　　D）对查询进行分组

23．SQL 语言又称为（　　）。

A）结构化定义语言　　　　B）结构化控制语言

C）结构化查询语言　　　　　　　　D）结构化操纵语言

24．已知“借阅”表中有 “借阅编号”“学号”和“借阅图书编号”等字段，每个学生每借阅一本书生成一条记录，要求按学生学号统计出每个学生的借阅次数，下列 SQL 语句中，正确的是（　　）。

A）Select 学号, count(学号) from 借阅

B）Select 学号, count(学号) from 借阅 group by 学号

C）Select 学号, sum(学号) from 借阅

D）select 学号, sum(学号) from 借阅 order by 学号

25．在 SQL 的语句中，ALTER 的作用是（　　）。

A）删除基本表　　　　　　　　B）修改基本表中的数据

C）修改基本表的结构　　　　　　D）修改视图

26．使用 CREATE TABLE 语句建立的是（　　）。

A）数据库　　　　　　　　B）表

C）视图　　　　　　　　D）索引

27．关系数据库的标准语言是（　　）。

A）关系代数　　　　　　　　B）关系演算

C）SQL　　　　　　　　D）ORACLE

28．从一个表或者多个表中选择一部分数据的是（　　）。

A）表　　　　　　　　B）查询

C）窗体　　　　　　　　D）报表

29．在 Access 数据库中，如果已有同名的表，下列哪一项查询将覆盖原有的表？（　　）。

A）更新　　　　　　　　B）追加

C）删除　　　　　　　　D）生成表

30．在交叉表查询中，必要的组件是（　　）。

A）行标题　　　　　　　　B）列标题

C）值　　　　　　　　D）以上都是

31．在查询操作时，下列哪个查询会在执行时弹出对话框，提示用户输入必要的信息，然后按照这些信息进行查询（　　）。

A）操作查询　　　　　　　　B）选择查询

C）参数查询　　　　　　　　D）交叉表查询

二、多选题

1．在 Access 2010 中，查询的数据源可以是（　　）。

A）查询　　　　　　　　B）窗体

C）报表　　　　　　　　D）数据表

2．要查询 1991 年出生的学生情况，则在查询设计视图的“出生日期”列的条件单元格中输入的条件可为（　　）。

A）>=#1991-1-1# and <=#1991-12-31#

B）>=#1991-1-1# and <#1992-1-1#

C）between #1991-1-1# and <=#1991-12-31#

D）=1991

3．视图设计一般有 3 种设计次序，下列属于视图设计的是(　　　　)。

A）自顶向下　　　　　　　　B）由外向内

C）由内向外　　D）自底向上

4．创建 Access 的查询时，下列方法正确是（　　）。

A）利用查询向导　　B）使用设计视图

C）使用 SQL 查询　　D）使用 ORACLE

三、判断题

1．一个查询的数据只能来自于一个表。（　　）

2．所有的查询都可以在 SQL 视图中创建、修改。（　　）

3．表间关系包括一对一和一对多这两种类型。（　　）

4．查询中的字段显示名称可通过字段属性修改。（　　）

5．不论表间关系是否实施了参照完整性，父表的记录都可以删除。（　　）

6．Select 语句必须指定查询的字段列表。（　　）

7．Select 语句的 HAVING 子句指定的是筛选条件。（　　）

8．Update 语句可以同时更新多个表的数据。（　　）

四、填空题

1．创建交叉表查询时，必须对______和______进行分组（Group By）操作。

2．在 SQL 的 SELECT 命令中用______短语对查询的结果进行排序。

3．操作查询包括______、更新查询、______、删除查询。

4．______是关系型数据库的标准语言。

5．根据要求写出函数名称：对字段内的值求和函数______；对字段内的值求最小值函数______；

6．查询结果的记录集事先并不存在，每次使用查询时，都是从创建查询时所提供的______中创建记录集。

7．在 Access 中，要查找条件中与任意一个数字字符匹配，可以使用的通配符是______。

五、简答题

1．查询可以分为哪几种？

2．查询的作用是什么？交叉表查询的含义是什么？

3．查询与数据表的关系是什么？

4．简述选择查询与操作查询的区别。

第5章 窗体

本章知识要点

- 窗体的功能、分类与视图。
- 使用向导创建窗体。
- 在设计视图中创建绑定窗体。
- 创建对话框窗体。
- 常用窗体控件及其应用。

在 Access 中，窗体也称为表单（Form），是数据库对象之一，用于为数据库应用系统创建用户界面。窗体可以用向导或在窗体设计视图中创建。

5.1 窗体的功能、分类和视图

1．窗体的功能和分类

按照窗体是否绑定数据库中的数据来划分，窗体分为绑定窗体和未绑定窗体。绑定窗体直接连接到数据源（表或查询），可用于编辑或显示来自该数据源的数据；未绑定窗体不直接连接到数据源，但仍然包含控制应用程序执行的命令按钮、标签或其他控件。

如果窗体所绑定数据源为已指定“一对多”关系的多个表或查询，则显示“一方”数据的窗体称为“主窗体”，显示“多方”数据的窗体称为“子窗体”。

按照窗体的功能来划分，窗体可以分为数据操作窗体、控制窗体、信息显示窗体和交互信息窗体。这些窗体的功能描述如下：

（1）数据操作窗体。

窗体可以显示来自多个表中的数据，用窗体来显示和浏览数据，比用表和查询的数据表视图显示数据更加直观和灵活。利用窗体可以对数据库中的相关数据进行编辑，即窗体还可作为用户数据输入界面，这可以节省数据录入的时间并提高数据录入的准确度，此功能是窗体与报表的主要区别。

（2）控制窗体。

通过窗体上的控件，执行以函数、宏、子程序等设计的用户请求进而控制程序流程和完成数据处理过程。

（3）信息显示窗体。

在窗体中以数值或图表的方式显示信息。

（4）交互信息窗体。

交互信息窗体也叫自定义对话框，通过这种窗体实现人机信息交互，显示系统运行和用户操作过程中的警告或解释信息。

2．窗体的视图

窗体有设计视图、窗体视图、布局视图、数据表视图、数据透视表视图和数据透视图六种视图，不同视图满足不同显示和设计需求，各视图间可以相互切换。

（1）窗体视图。

窗体视图是窗体设计完成后呈现出的效果。

（2）设计视图。

与数据表和查询同样，窗体也有设计视图，在这一视图中，不但可以创建窗体，也可以对窗体进行修改，修改完成后切换到窗体视图或布局视图才能看到修改的效果。

（3）布局视图。

布局视图是 Access 2010 新增的一种视图，窗体在这种视图中以“所见即所得”方式修改窗体的布局，因此修改完成后不需要切换到窗体视图就能看到修改的效果。

（4）数据表视图。

窗体的数据表视图与表和查询的数据表视图很相似，都能显示和编辑数据，主要区别是窗体的数据表视图只能显示和编辑布局到窗体上的字段。

（5）数据透视表视图。

在窗体的数据透视表视图中，可以动态设置行字段、列字段、筛选字段和统计字段，以数据透视表的方式展示不同数据分析结果。

（6）数据透视表视图。

窗体的数据透视表视图以图形的方式把窗体使用到的数据信息和统计信息显示出来。

例 5-1 在例 2-1 创建的“附属幼儿园学生管理.accdb”中，打开“监护人子窗体”，切换该窗体不同视图。

操作步骤如下：

（1）打开“附属幼儿园学生管理.accdb”。

（2）关闭所有已打开的数据库对象。

（3）设置【导航窗格】中数据库对象显示方式为【对象类型】。

（4）打开“监护人子窗体”。

在【导航窗格】中双击“窗体”对象组中的“监护人子窗体”，则该窗体以窗体视图打开，如图 5-1 所示。

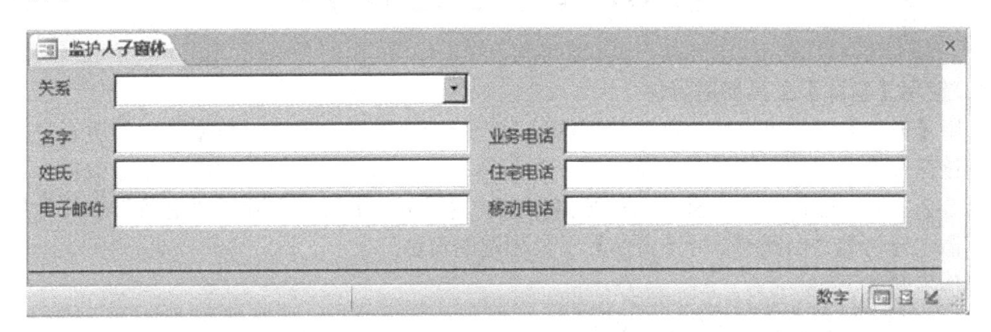

图 5-1 监护人子窗体

（5）打开【视图选择】菜单。

在【开始】选项卡的【视图】组中，单击【视图】工具，出现【视图选择】菜单，如图 5-2 所示。

（6）选择“监护人子窗体”要切换到的视图。

在【视图选择】菜单中选择一种视图作为“监护人子窗体”要切换的视图。如图 5-3 所示，为选择【设计视图】后“监护人子窗体”切换的设计视图。

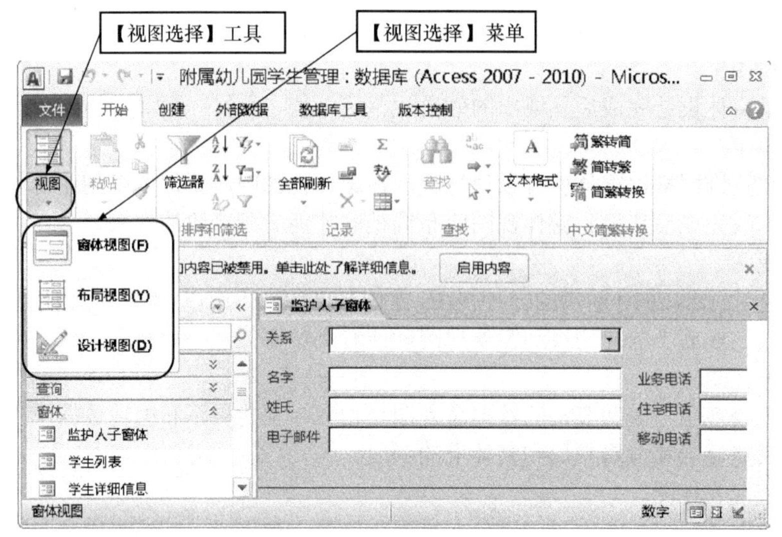

图 5-2　查询的视图选择菜单和工具

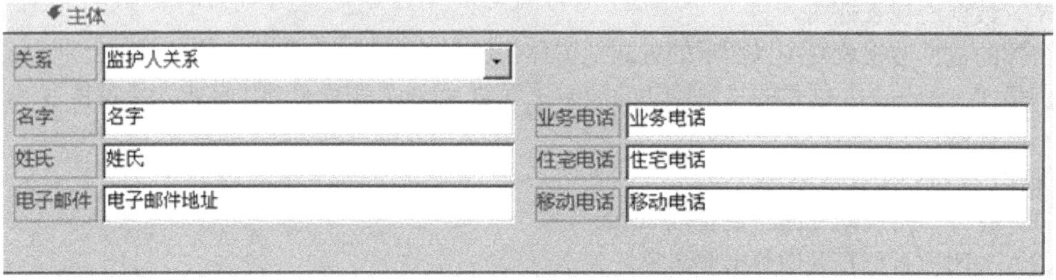

主体
关系　监护人关系
名字　名字　业务电话　业务电话
姓氏　姓氏　住宅电话　住宅电话
电子邮件　电子邮件地址　移动电话　移动电话

图 5-3　“监护人子窗体”的设计视图

5.2 使用向导创建窗体

1．使用【窗体】工具创建窗体

使用【窗体】工具可以快速创建数据源仅为一个表或查询的窗体。数据源中的所有字段都会添加到该窗体中，窗体每次显示一条记录，在窗体中可以添加、查找、编辑或删除数据。

例 5-2　在完成了例 4-21 操作后的数据库中，用【窗体】工具创建以“进货”表为数据源的窗体，命名窗体为“例题 5-2 用【窗体】工具创建的窗体”。

操作步骤如下：

（1）打开“进销存管理系统.accdb”。

（2）选择数据源。

在【导航窗格】中单击“进货”表。

（3）使用【窗体】工具创建窗体。

在【创建】选项卡的【窗体】组中单击【窗体】工具，则所创建窗体以布局视图显示在【文档窗口】中，如图 5-4 所示。

（4）命名并保存窗体。

单击【快捷访问工具栏】中的【保存】工具，命名并保存窗体。

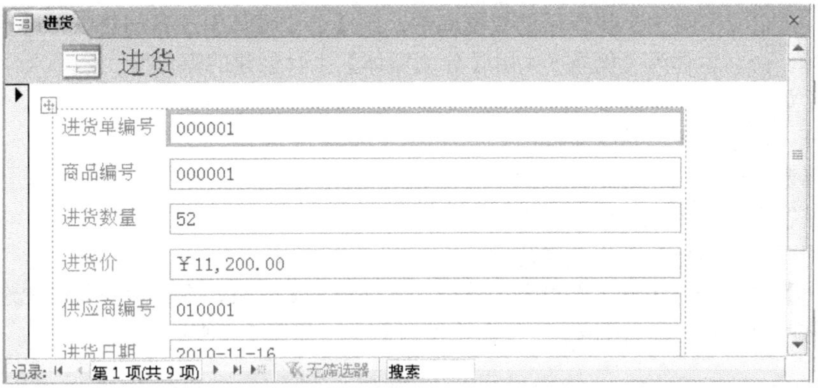

图 5-4 用【窗体】工具创建的窗体

2．使用【多个项目】工具创建窗体

使用【多个项目】工具可以快速创建数据源仅为一个表或查询的窗体。这种窗体以类似于表的数据表视图显示多条记录，在窗体中可以添加、查找、编辑或删除数据。

例 5-3 在完成了例 5-2 操作后的数据库中，用【多个项目】工具创建以“进货”表为数据源的多个项目窗体，命名窗体为“例题 5-3 用【多个项目】工具创建的窗体”。

操作步骤如下：

（1）打开“进销存管理系统.accdb”。

（2）选择数据源。

在【导航窗格】中单击“进货”表。

（3）使用【多个项目】工具创建窗体。

在【创建】选项卡的【窗体】组中，单击【其他窗体】工具，在出现的菜单中选择【多个项目】，则所创建窗体以布局视图显示在【文档窗口】中，如图 5-5 所示。

（4）命名并保存窗体。

单击【快捷访问工具栏】中的【保存】工具，命名并保存窗体。

图 5-5 用【多个项目】工具创建的窗体

3．使用【分割窗体】工具创建窗体

分割窗体的数据源为一个表或查询。分割窗体分上下两部分，分别以窗体视图和数据表视图两种视图显示记录，上半部分以窗体视图显示一条记录，下半部分以数据表视图显示多条记录。这种窗体可以在一个窗体中同时利用两种视图的优势，如可以使用窗体的下半部分快速定位记录，然后在上半部分中查看或编辑该记录。在窗体中可以添加、查找、编辑或删除数据。

例 5-4 在完成了例 5-3 操作后的数据库中，用【分割窗体】工具创建以“进货”表为数据源的分割窗体，命名窗体为“例题 5-4 用【分割窗体】工具创建的窗体”。

操作步骤如下：

（1）打开“进销存管理系统.accdb”。

（2）选择数据源。

在【导航窗格】中单击“进货”表。

（3）使用【分割窗体】工具创建窗体。

在【创建】选项卡的【窗体】组中，单击【其他窗体】工具，在出现的菜单中选择【分割窗体】，则所创建窗体以布局视图显示在【文档窗口】中，如图 5-6 所示。

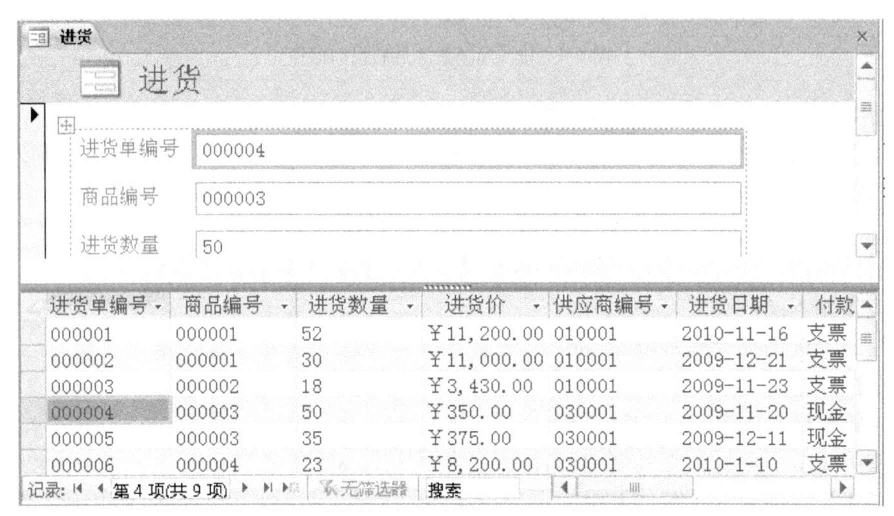

图 5-6 用【分割窗体】工具创建的窗体

（4）命名并保存窗体。

单击【快捷访问工具栏】中的【保存】工具，命名并保存窗体。

5.3 在设计视图中创建窗体

使用各种向导建立窗体是按固定的步骤和模式完成窗体的创建，创建的窗体也不够美观，由于应用的复杂性和多样性，使得这样创建的窗体有时无法满足应用需求，因此要对窗体细节进行个性化设计。在设计视图和布局视图中进行个性化设计的窗体，可以满足应用对窗体的个性化需求。

在窗体设计视图中创建窗体的步骤如下：

（1）在设计视图创建空白窗体。

（2）给绑定窗体添加数据源。

（3）根据窗体的功能需求，添加字段、控件到窗体。

（4）设置窗体、字段、控件属性

（5）设计事件代码。

（6）运行和调试窗体。

（7）命名并保存窗体。

5.3.1 在设计视图中打开已创建的窗体

例 5-5 在设计视图中打开例 5-4 创建的窗体。

操作步骤如下：

（1）打开“进销存管理系统.accdb”。

（2）在设计视图中打开例 5-4 创建的窗体。

在【导航窗格】中，右击例 5-4 创建的窗体名，在出现的【窗体对象快捷菜单】中，如图 5-7 所示，选择【设计视图】，则在【文档窗口】中以设计视图打开该窗体，如图 5-8 所示。

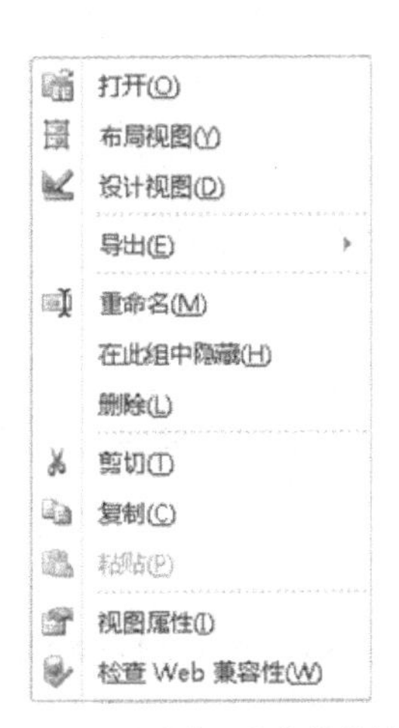

图 5-7 【窗体对象快捷菜单】

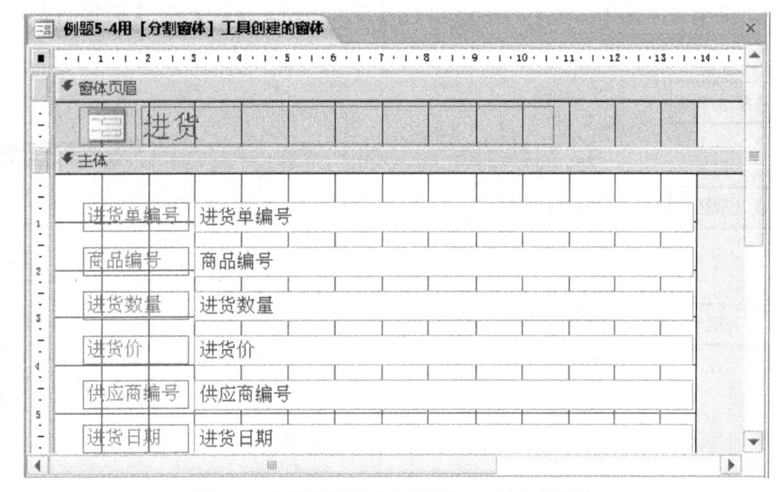

图 5-8 在设计视图中打开例 5-4 创建的窗体

5.3.2 创建空白窗体

在窗体设计视图中创建空白窗体的操作步骤如下：

（1）打开要在其中创建窗体的数据库。

（2）在窗体设计视图中创建空白窗体。

在【创建】选项卡的【窗体】组中，单击【空白窗体】工具，这时在【文档窗口】中出现的是空白窗体的布局视图，用【视图】工具将窗体切换到设计视图。

（3）打开【字段列表】窗口，在【窗体设计工具\设计】选项卡的【工具】组中，单击【添加现有字段】工具可以打开/关闭“字段列表”窗口，如图 5-9 所示。

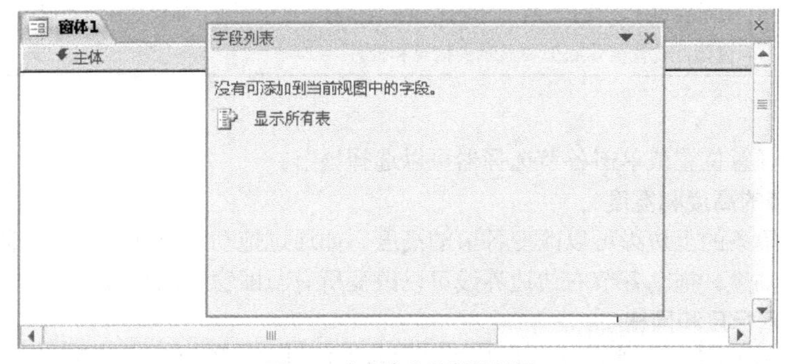

图 5-9 空白窗体的设计视图

5.3.3 窗体的结构

从图 5-7 可以看出，窗体是由“窗体页眉”“主体”等细节组成。窗体的设计就是在设计视图中，根据窗体功能的需要对这些细节进行设计。

把组成窗体的“窗体页眉”“主体”等细节称为“带区”或“节”。一个窗体可以由“窗体页眉”“主体”“窗体页脚”“页面页眉”“页面页脚”五个节组成，如图 5-10 所示。

1．添加、删除节

在窗体设计视图中新建的空白窗体默认只有主体节，可以通过右击窗体的空白处，在出现的快捷菜单中，如图 5-11 所示，选择【页面页眉/页脚】和【窗体页眉/页脚】来添加或删除节。

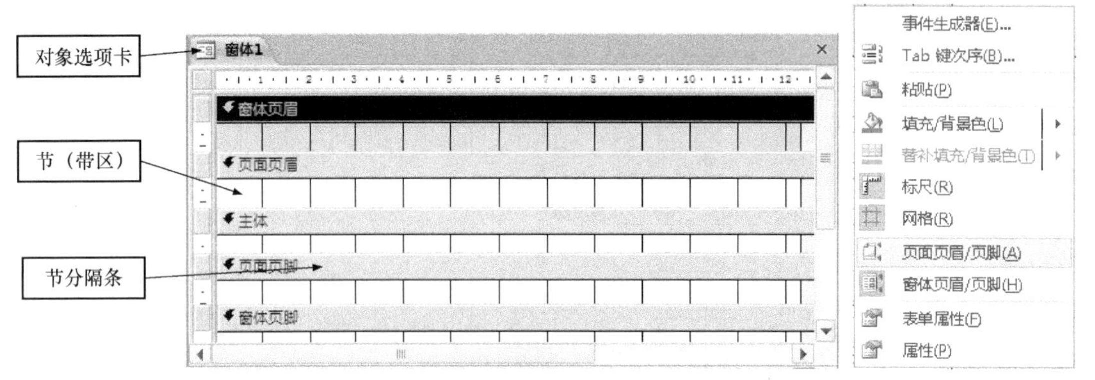

图 5-10 窗体的结构　　图 5-11 窗体设计快捷菜单

2．各节的功能

窗体的各节都有其特定的用途，如表 5-1 所描述。

表 5-1 窗体各节的用途

节	用途
窗体页眉	对绑定窗体，设置对每一个记录都要显示的信息和控件，如标题等；对非绑定窗体，设置窗体顶部要显示的信息和控件
页面页眉	用于要打印输出的窗体，设置打印时每个打印页面的页眉都要打印一次的信息
主体	对绑定窗体，设置要显示或打印的记录，可以是多条记录；对非绑定窗体，用于设置要所需的控件和显示信息
页面页脚	用于要打印输出的窗体，设置打印时每个打印页面的页脚都要打印一次的信息
窗体页脚	对绑定窗体，设置对每一个记录都要显示的信息和控件。如命令按钮、窗体说明等；对非绑定窗体，设置窗体底部要显示的信息和控件

3．选择节

单击各节中任意位置或单击各节选择器可以选择该节。

4．改变各节的高度和宽度

拖动各节分隔条的上边缘可以改变各节的高度。如通过拖动“页面页脚”分隔条的上边缘，改变“主体”的高度。拖动各节右边边界线可以改变所有节即窗体的宽度。

5．显示/隐藏标尺和网格

在图 5-10 所示的菜单中选择【标尺】和【网格】可以显示/隐藏标尺和网格。

5.3.4　创建窗体

例 5-6　在完成了例 5-4 操作后的数据库中，创建“商品”表的数据操作窗体，命名窗体为“例 5-6 商品数据维护”

操作步骤如下：

（1）打开“进销存管理系统.accdb”。

打开数据库后，设置数据库对象在【文档窗口】中的显示方式为【重叠窗口】，关闭 Access 并重新打开数据库。

（2）创建空白窗体。

（3）在设计视图中显示标尺和隐藏网格线。

（4）给窗体添加数据源。

在【窗体设计工具\设计】选项卡的【工具】组中单击【属性表】工具，打开【属性表】窗口，如图 5-12 所示，在【属性表】窗口的【数据】选项卡中单击【记录源】列表框带向下箭头的按钮，在弹出的列表中选择“商品”表，如图 5-13 所示，关闭【属性表】窗口。

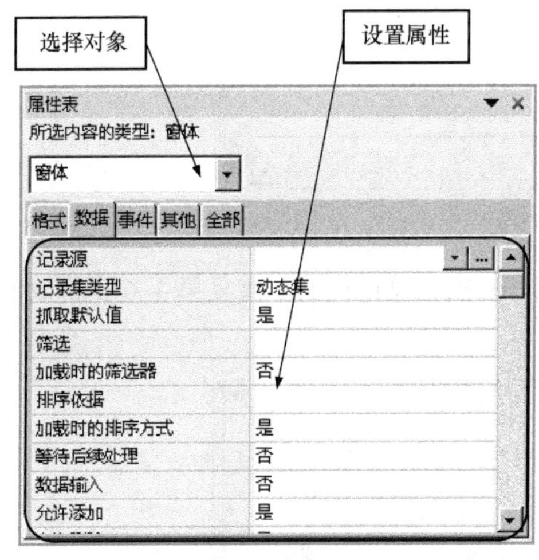

图 5-12　窗体【属性表】窗口

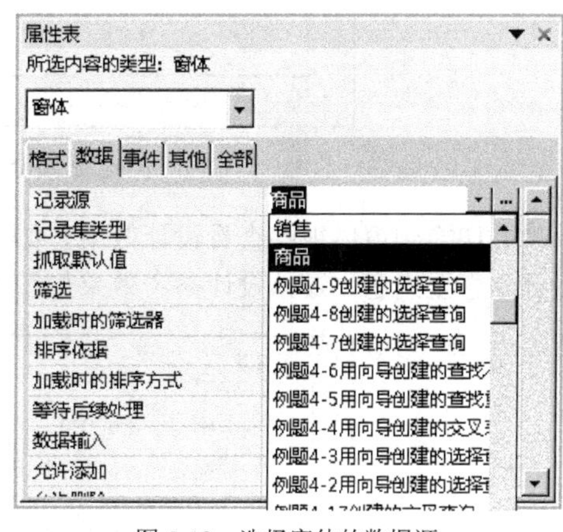

图 5-13　选择窗体的数据源

（5）打开【字段列表】窗体。

在【窗体设计工具\设计】选项卡的【工具】组中，单击【添加现有字段】工具，打开【字段列表】窗口，如图 5-14 所示，此时【字段列表】窗口中显示“商品”表中所有字段。

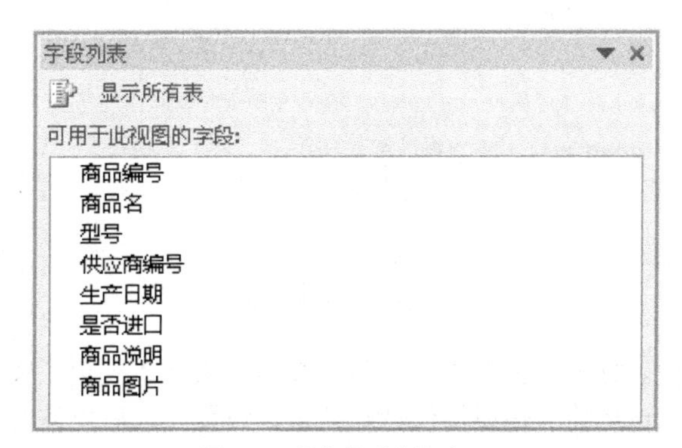

图 5-14　【字段列表】窗口

（6）添加并布局字段。

添加并布局字段的操作方法见 5.3.5 节，操作后窗体的设计视图如图 5-15 所示。

图 5-15 窗体布局

（7）切换到窗体视图查看设计效果。如果不满意，切换到设计视图，重复第 4~6 步修改窗体的设计，直至满意。窗体设计参考效果如图 5-16 所示。

图 5-16 窗体视图

（8）设置窗体的属性。打开窗体的“属性表”窗口，表 5-2 列出了窗体的一些常用属性及本例中这些属性的设置值，窗体的其他属性保持默认值，设置完成后窗体的窗体视图效果如图 5-17 所示。

表 5-2 窗体的属性

属性名	用途	设置值
标题	设置窗体的标题	商品数据维护
默认视图	设置窗体显示方式	单个窗体
滚动条	设置是否显示滚动条	两者均无
记录选择器	设置窗体是否有记录选择器	否
导航按钮	设置窗体的下方是否有导航按钮	是
分隔线	设置窗体是否显示各节分隔线	否
弹出方式	设置窗体在窗体视图中是否以弹出方式显示	是
最大最小化按钮	设置窗体在窗体是否有最大最小化按钮	无

（9）命名并保存窗体。

图 5-17 完成后的窗体视图

5.3.5 窗体上字段布局相关操作

1. 添加字段

将要在窗体上显示的字段，从【字段列表】窗口拖放到要添加字段的节，或单击【字段列表】窗口中的【显示所有表】，则可以将数据库其他表中的字段拖放到窗体，同时该表也被添加为窗体的数据源。

字段被拖放到窗体后，显示为由一个标签和一个文本框（或其他类型控件）组成的组合对象，如图 5-18 所示。单击组合对象则选定一个字段，按住【Ctrl】键单击字段可选定或取消选定多个字段。

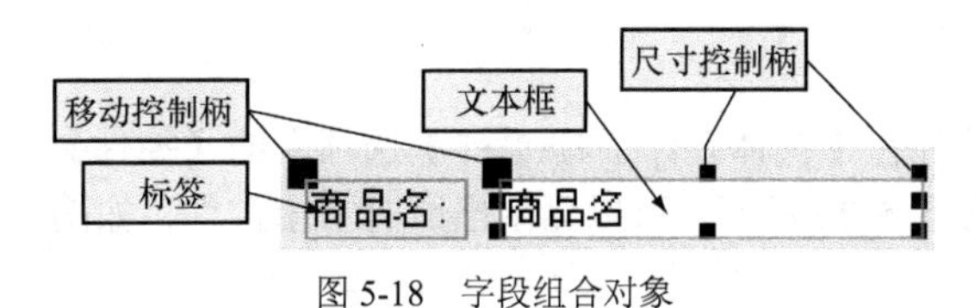

图 5-18 字段组合对象

2．选定字段

单击字段组合对象中的文本框可以选定一个字段；按住【Ctrl】后分别单击字段可以选定字段。

3．删除字段

选定字段后按【Delete】键或执行【剪切】操作。单击字段组合对象中的标签后按【Delete】键或执行【剪切】操作，则删除字段组合对象中的标签。

4．调整字段的位置和尺寸

拖放选定的字段可调整字段的位置；拖放“移动控制柄”可调整字段组合对象各组成部分的位置；拖放“尺寸控制柄”可调整字段组合对象各组成部分的大小。

5．对齐字段

字段被拖放到窗体后，会出现字段上下、左右不齐的现象。右击选定的字段，在出现的快捷菜单中，选择【对齐】中的对齐方式（如图 5-19 所示），可对齐选定的字段对象。

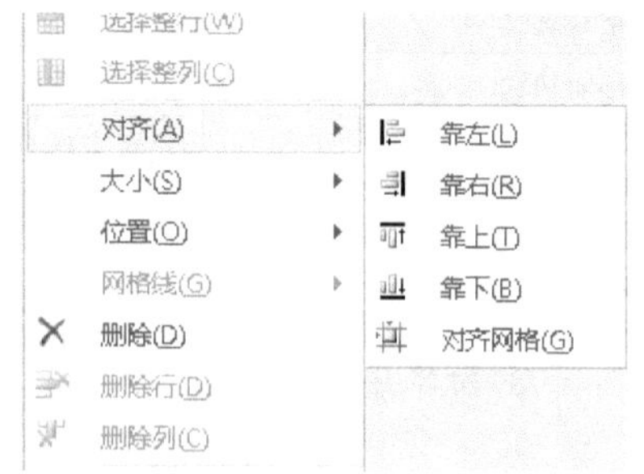

图 5-19　快捷菜单

5.4 控件

控件是窗体、报表上用于显示数据、执行操作或修饰窗口的对象。其实窗体也是一个控件，不过它是一个容器控件。所谓容器控件，是可以在其中设置其他控件的对象。

在窗体的设计视图中创建窗体时，可以使用的常用控件有标签控件、文本框控件、组合框控件、列表控件、选项按钮、选项卡等，设计窗体时可根据需要添加这些控件。

5.4.1　控件的类型

按控件的数据属性不同，在窗体上可以添加 3 种不同类型的控件：绑定控件、未绑定控件和计算型控件。

1．绑定控件

该类控件能够将数据表或查询中的字段与其进行绑定。绑定后就可以通过这些控件显示、修改和输入数据表或查询中的数据。例 5-6 所建窗体中的所有文本框控件，都属于此类控件。

2．未绑定控件

该类控件不和数据表或查询中的字段进行绑定。其显示的内容和表或查询中的数据无关。例 5-6 所建窗体中的所有标签控件，都属于此类控件。线、矩形、按钮和标签等一般作为未绑定控件。

3．计算型控件

数据源是表达式（而非字段）的控件称为计算控件。这类控件显示的是根据窗体数据源中的一个或多个字段，使用表达式计算得到的值。表达式必须以“=”开始。

5.4.2　常用控件

Access 2010 常用控件在【窗体设计工具\设计】选项卡的【控件】组中列出，单击【控件】组中的【其他】按钮，如图 5-20 所示，可以显示出所有常用控件，如图 5-21 所示。表 5-3 列出了常用控件及其用途。

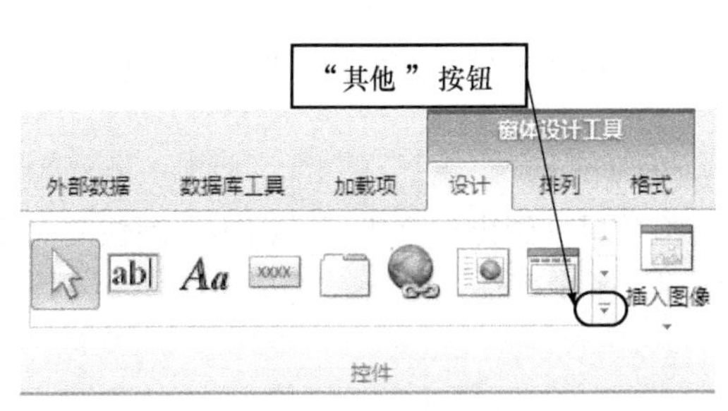

图 5-20 【控件】组

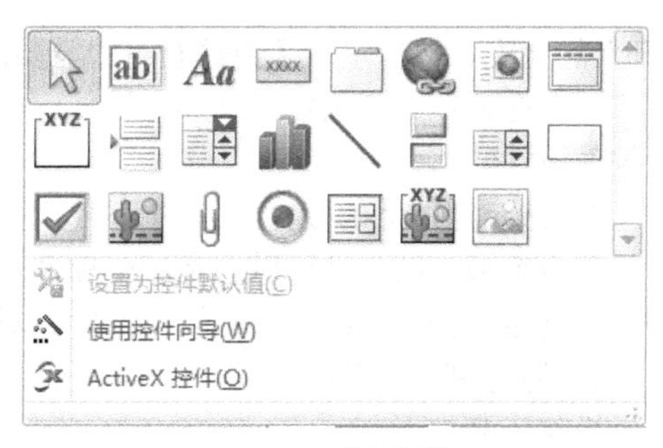

图 5-21 常用控件

表 5-3 常用窗体控件及其用途

工具	用途
选择	用于选定窗体和窗体上的控件等
标签	用于在窗体上显示一些说明性文字
文本框	文本框控件可以是绑定、未绑定或计算型控件。使用未绑定型文本框控件可以接收和显示用户输入的信息
选项组	对窗体上的切换按钮、选项按钮和复选框进行分组
切换按钮	具有弹起和按下两种状态，一般用于与"是/否"型字段绑定
选项按钮	具有选中和未选中两种状态，一般用于在被选项组分组的一组选项按钮中选中一项
复选框	具有选中和未选中两种状态，一般用于在被选项组分组的一组选项按钮中选中若干项
列表框	用于显示可滚动的数据列表。作为绑定控件时，列表框总是从一个指定的数据列表中选择数据，这样就保证了输入数据的正确性，也提高数据输入的速度
组合框	组合框是文本框和列表框的组合，具有它们的所有特性。在组合框中数据列表是以下拉框的方式显示
图表	用于在窗体中插入图表对象
命令按钮	用于在窗体或报表上设置能实现某种功能操作的按钮，如"确定""退出"按钮等
图像	用于在窗体或报表上放置图片
未绑定对象框	用于在窗体或报表上放置未绑定型的对象，如 Word 文档、Excel 图表等
绑定对象	用于在窗体或报表上放置绑定型的对象，一般绑定数据表或查询中的 OLE 对象字段
插入分页符	窗体或报表从该控件开始在新页面显示
选项卡控件	用于创建一个有多个选项卡的窗体
子窗体/子报表	用于在窗体或报表上创建子窗体或子报表
直线	用于在窗体或报表上画直线
矩形	用于在窗体或报表上画矩形
其他控件	单击该工具可以显示出其他可用控件
控件向导	当该工具处于"开"的状态时，可用向导生成命令按钮、组合框控件、列表控件、选项组、对象框和子窗体或子报表等控件

5.4.3 控件的相关操作

1. 在窗体上添加控件

操作步骤如下：

（1）在【窗体设计工具\设计】选项卡的【控件】组中，单击【使用控件向导】工具使之处于

“开”的状态，然后单击【控件】组中需要的控件。

（2）在窗体上拖放鼠标画一个控件。如添加的控件有控件向导，则按控件向导的步骤设置相关控件属性。

2．选定窗体上的控件

单击窗体上的控件可以选定一个控件，在窗体上拖放鼠标画出一个矩形，则矩形围住的对象被全部选定，按住【Ctrl】并单击控件可以选定/取消选定多个控件。

3．删除窗体上的控件

操作步骤如下：

（1）选定窗体上的控件。

（2）执行剪切操作或按【Delete】键

4．移动窗体上的控件

操作步骤如下：

（1）选定窗体上的控件。

（2）用鼠标拖放控件的“移动控制柄”或按键盘上的方向键。无论用鼠标或键盘键移动控件，如同时按下【Ctrl】键能更精确移动控件。

5．改变窗体上的控件的大小

操作步骤如下：

（1）选定窗体上的控件。

（2）用鼠标拖放控件的“尺寸控制柄”，或按住【Shift】键再按方向键。

6．对齐窗体上的控件

操作步骤如下：

（1）选定窗体上的控件。

（2）右击选定的控件，在出现如图 5-18 所示的快捷菜单中，选择【对齐】中的对齐方式。

5.4.4 控件的属性

所谓控件属性指的是控件所具有的特征。控件的属性包括控件的外观、数据来源和行为特征等。每个控件都有自己的属性。

1．控件的常见属性

（1）名称：是对象间相互区别的标识。即不同的对象名称不同。

（2）格式：设置控件的大小、位置、颜色和对齐方式等

（3）标题：所有的窗体和控件都有一个标题属性。当作为一个窗体的属性时，标题属性定义了窗口标题栏中的内容。如果标题属性为空，窗口标题栏则显示窗体中字段所在表或查询名称。当作为一个控件的属性时，标题属性定义了在标识控件时的文字内容。

（4）控件提示文本：该属性可以使得窗体的用户在将鼠标放在一个对象上后就会有一段提示文本显示。

（5）控件来源：对于独立的控件绑定控件和计算型控件，控件来源确定控件所绑定的字段、表达式和数据的输入及显示方式。

（6）输入掩码：用于设定一个绑定型或未绑定控件的输入格式。

（7）有效性规则：用于设定控件中输入数据的合法性检查表达式，可以使用表达式生成器向导来建立合法性检查表达式。

（8）有效性文本：在窗体运行期间，当控件中输入的数据违背了有效性规则时，即显示有效性文本中填写的文字信息。

（9）筛选查询：用于指定控件以何种方式接收窗体筛选的数据。

（10）是否锁定：这个属性决定一个控件中的数据是否能够被改变。

（11）默认值：该属性可以指定在添加新记录时自动输入的值。

（12）可用：设置控件是否可以使用，即是否可以获得焦点。

（13）可见性：设置控件在窗体运行时是显示还是隐藏。

2．设置控件属性的方法

在窗体的设计视图中，选定窗体上的一个控件，在【窗体设计工具\设计】选项卡的【工具】组中单击【属性表】工具，可以打开/关闭该控件的【属性表】窗口。在【属性表】窗口找到并设置属性的值。

部分控件可以通过控件向导设置其常用属性，控件向导只有在【使用控件向导】工具处于“开”的状态时才会打开。

5.5 常用控件应用

一个数据库应用系统应具有数据维护、数据查询等功能的数据操作窗体，也应有系统功能控制窗体和用于人机交互的对话框窗体。这些窗体都可以在窗体的设计视图中通过使用控件来设计创建，而不需要编写程序代码。

5.5.1 数据操作窗体

1．记录添加、编辑及删除窗体

下例建立的是一个同时具有添加、编辑和删除记录综合功能的窗体，可在此例题的基础上，通过改变窗体的数据相关属性和删减命令按钮，使窗体具有单一功能。

例 5-7 在完成了例 5-6 操作后的数据库中，创建一个能添加、编辑和删除“销售”表中数据的窗体，命名窗体为“例 5-7 销售数据维护”。

操作步骤如下：

（1）打开“进销存管理系统.accdb”。

（2）创建空白窗体。

（3）设置窗体的属性。

隐藏设计视图中的标尺和网格线。按表 5-4 所示设置窗体属性，窗体的其他属性的值为默认值。

表 5-4 窗体属性

属性名	用途	设置值
标题	设置窗体的标题	销售数据维护
滚动条	设置是否显示滚动条	两者均无
记录选择器	设置窗体是否有记录选择器	否
导航按钮	设置窗体的下方是否有导航按钮	否
分隔线	设置窗体是否显示各节间的分隔线	否
最大最小化按钮	设置窗体是否有最大、最小化按钮	无
边框样式	设置窗体框边框的样式	对话框边框
弹出方式	设置窗体是否以弹出方式显示	是
记录源	设置窗体操作的记录源，可以是表或查询	“销售”表

（4）添加字段到窗体。

从【字段列表】窗口中，将“销售”表中的所有字段添加到窗体的主体节中并恰当布局。

（5）添加控件到窗体并设置控件属性。

添加表 5-5 中的控件到窗体。按表 5-6 所示设置标签属性，标签的其他属性保持默认值；按表 5-7 所示设置所有矩形控件的属性，矩形控件的其他属性保持默认值；添加命令按钮控件时会出现控件向导，如图 5-22 所示，所有命令按钮的操作功能如表 5-8 所列。以“查找记录”命令按钮为例，在命令按钮控件向导各步骤中如表 5-9 所示设置。

表 5–5 所需控件

控件	用途	数量	是否有向导
标签	显示窗体中的标题	1	无
矩形	装饰窗体	3	无
命令按钮	实现记录的导航、添加、编辑和删除功能	9	有

表 5–6 标签控件属性

属性名	用途	设置值
标题	设置窗体的标题	销售单
字号	设置字体大小	22

表 5–7 矩形控件属性

属性名	用途	设置值
边框颜色	设置边框线的颜色	蓝色
特殊效果	设置矩形的显示效果	凸起

表 5–8 命令按钮功能设置

命令按钮	操作类别	操作	按钮上显示类型
	记录导航	转至第一项记录	图片
	记录导航	转至下一项记录	图片
	记录导航	转至前一项记录	图片
	记录导航	转至最后一项记录	图片
查找记录	记录导航	查找记录	文本
添加记录	记录操作	添加新纪录	文本
保存记录	记录操作	保存记录	文本
撤销记录	记录操作	撤销记录	文本
删除记录	记录操作	删除记录	文本

表 5–9 “查找记录”命令按钮控件向导设置

向导步骤	功能	设置
1	选择命令按钮按下时产生的动作	类别：“记录导航”，操作：“查找记录”
2	确定在按钮上显示文本还是图片	“文本”，显示文本“查找记录”
3	指定按钮名称	默认值

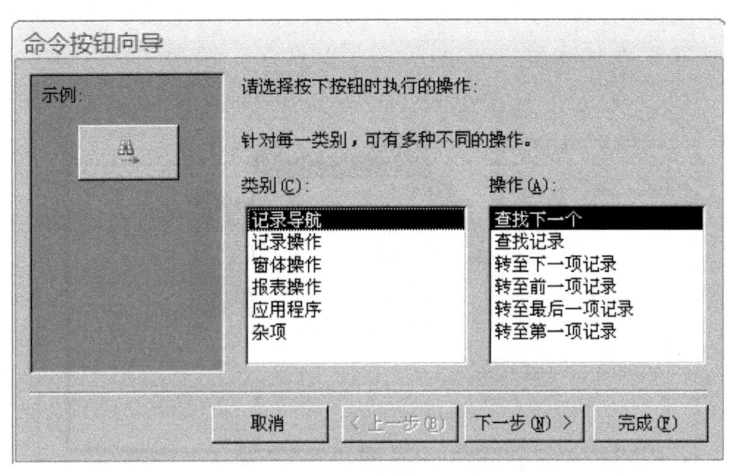

图 5-22 命令按钮控件向导

（6）布局窗体。

调整窗体、控件和字段的位置和大小，通过视图切换可以查看设计效果，如图 5-23 所示，为窗体在窗体视图中的参考效果。

（7）保存并命名窗体。

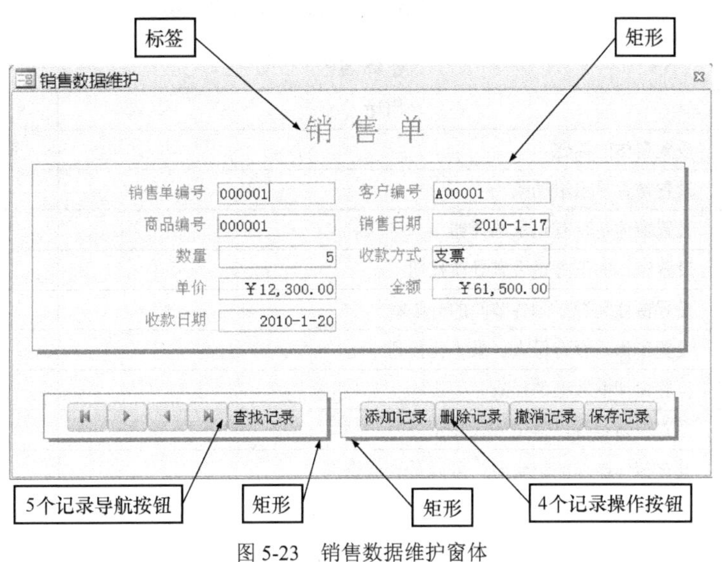

图 5-23 销售数据维护窗体

2. 数据查询窗体

例 5-8 在完成了例 5-7 操作后的数据库中，创建一按商品编号查询该商品销售数据的窗体。命名窗体为“例 5-8 商品销售数据查询”，所建窗体的窗体视图如图 5-24 所示。

操作步骤如下：

（1）打开“进销存管理系统.accdb”。

（2）创建空白窗体。

（3）设置窗体的属性。

隐藏设计视图中的标尺和网格线，添加“窗体页眉”“窗体页脚”节，按表 5-10 所示设置窗体属性，窗体的其他属性的值为默认值。

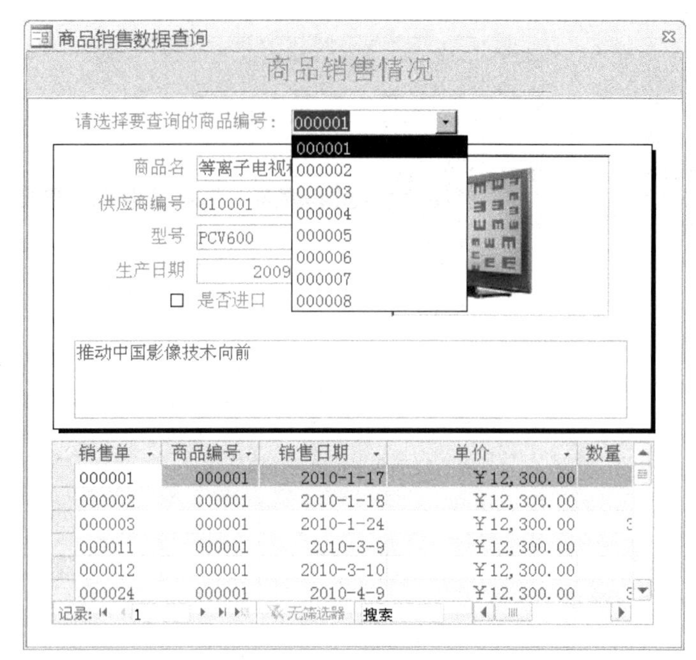

图 5-24　商品销售数据查询窗体的窗体视图

表 5-10　　窗体属性

属性名	用途	设置值
标题	设置窗体的标题	商品销售数据查询
滚动条	设置是否显示滚动条	两者均无
记录选择器	设置窗体是否有记录选择器	否
导航按钮	设置窗体的下方是否有导航按钮	否
分隔线	设置窗体是否显示各节间的分隔线	否
最大最小化按钮	设置窗体是否有最大、最小化按钮	无
边框样式	设置窗体框边框的样式	对话框边框
弹出方式	设置窗体是否以弹出方式显示	是
记录源	设置窗体操作的记录源，可以是表或查询	“商品”表
允许编辑	指定用户是否可在使用窗体时编辑已保存的记录，是：用户可以编辑已保存记录，否：用户不能编辑已保存记录	是
允许删除	指定用户是否可在使用窗体时删除已保存的记录，是：用户可以删除已保存记录，否：用户不能编辑已保存记录	否
允许添加	指定用户是否可在使用窗体时添加记录，是：用户可以添加记录，否：用户不能添加记录	否
允许输入	指定是否允许打开窗体上的绑定控件进行数据输入。该属性不决定是否可以添加记录，只决定是否显示已有的记录	否

（4）添加字段到窗体的主体节中。

从【字段列表】窗口中，将“商品”表中除“商品编号”外的所有字段添加到窗体的主体节中，删除“商品说明”和“商品图片”字段组合对象的标签，恰当布局字段。

（5）设置主体节中字段属性。

将主体节中所有字段组合对象的文本框和“是否进口”字段的复选框的“是否锁定”属性设置为“是”，目的是窗体打开时不允许从键盘输入数据。

（6）添加控件到窗体的窗体页眉节中并设置控件属性。

在“窗体页眉”中，添加1个标签控件，按表5-11所示设置标签属性，标签其他属性值为默认值；添加1个直线控件，按表5-12所示设置直线控件的属性，其他属性值为默认值。

表5-11 标签控件属性

属性名	用途	设置值
标题	设置窗体的标题	商品销售情况
字号	设置字体大小	18

表5-12 直线控件属性

属性名	用途	设置值
特殊效果	设置矩形的显示效果	凹陷

（7）添加控件到窗体的主体节中并设置控件属性。

在窗体的主体中，添加1个矩形控件，按表5-13所示设置矩形控件的属性，其他属性值为默认值；添加1个组合框控件，添加组合框控件时出现控件向导，如图5-25所示，组合框向导各步骤的设置按表5-14所示；添加1个子窗体控件，添加子窗体控件时出现控件向导，如图5-26所示，子窗体控件向导各步骤的设置按表5-15所示，按表5-16设置子窗体控件的属性，其他属性值为默认值。

表5-13 矩形控件属性

属性名	用途	设置值
边框颜色	设置边框线的颜色	自动
特殊效果	设置矩形的显示效果	凸起

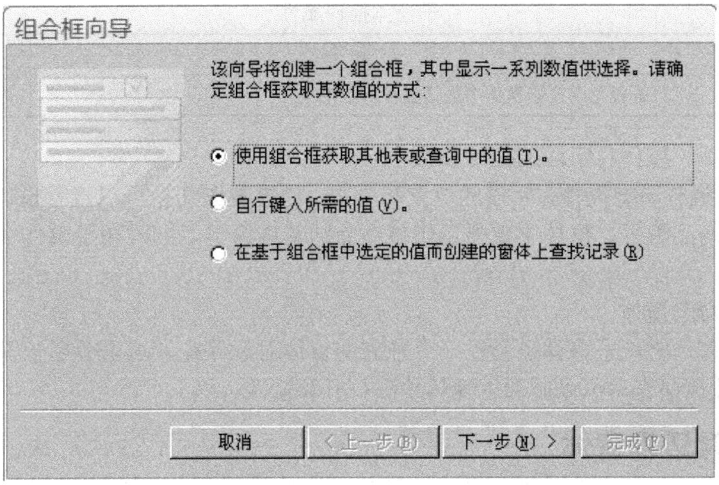

图5-25 组合框控件向导

表 5-14　　组合框控件向导设置

向导步骤	功能	设置
1	确定组合框获取其数值的方式	基于组合框选定的值而创建的窗体上查找记录
2	从“可用字段”中选定字段	商品编号
3	指定组合框中的各列宽度	调整列的宽度
4	为组合框设定标签	请选择要查询的商品编号:

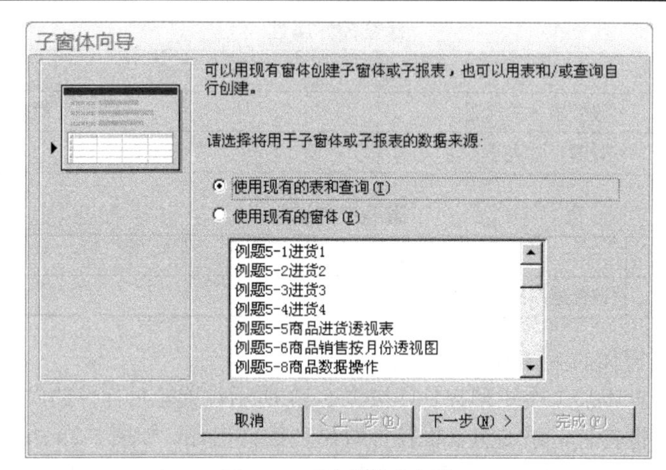

图 5-26　子窗体控件向导

表 5-15　　子窗体控件向导设置

向导步骤	功能	设置
1	选择子窗体或子报表的数据来源	使用现有表或查询
2	确定子窗体或子报表包含哪些字段	“销售”表的所有字段
3	确定主窗体和子窗体链接字段	对商品中的每个记录用商品编号显示销售
4	指定子窗体子或报表的名称	销售查询子窗体

表 5-16　　子窗体控件属性

属性名	用途	设置值
是否锁定	是否允许在子窗体中从键盘输入数据	是

（8）调整窗体、控件、字段的位置和大小

参照图 5-23 调整所有控件、字段的位置和大小，通过视图切换可以查看设计效果，从组合框中选择要查询的商品编号，窗体中就显示出该商品的基本情况，同时在子窗体中显示所选商品的销售明细。

（9）保存并命名窗体。

保存并命名窗体时，子窗体也会以一个独立的窗体对象保存，这里命名子窗体为“销售查询子窗体”，子窗体被保存后可以脱离主窗体单独打开和修改。

5.5.2　创建对话框窗体

在 Access 2010 中，窗体有弹出式和非弹出式两种，打开一个弹出式窗体，它会显示在其他已打开对象的前面。

弹出式窗体分为“无模式”和“模式”两种，“模式”弹出式窗体又称为自定义对话框。当打开一个“模式”弹出式窗体后，除非关闭这个窗体，否则不能对其他对象进行操作，而对“无模式”弹出式窗体，则不需要关闭也可以对其他对象进行操作。

创建弹出式窗体，除表 5-17 中两个属性的设置外，与前面介绍创建窗体的方法相同。

表 5-17　　弹出式窗体属性

属性名	“模式”弹出式窗体	“无模式”弹出式窗体
弹出方式	是	是
模式	是	否

例 5-9　在完成了例 5-8 操作后的数据库中，创建如图 5-27 所示的弹出式模式窗体。命名窗体为“例 5-9 进销存管理系统登入”。

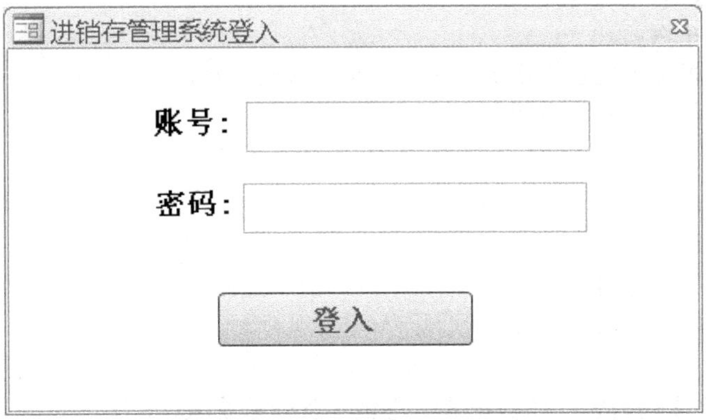

图 5-27　进销存管理系统登入窗体

操作步骤如下：

（1）打开“进销存管理系统.accdb”。

（2）创建空白窗体。

（3）设置窗体的属性。

隐藏设计视图中的标尺和网格线。按表 5-18 所示设置窗体属性，窗体的其他属性的值为默认值。

表 5-18　　窗体属性

属性名	用途	设置值
标题	设置窗体的标题	进销存管理系统登入
滚动条	设置是否显示滚动条	两者均无
记录选择器	设置窗体是否有记录选择器	否
导航按钮	设置窗体的下方是否有导航按钮	否
分隔线	设置窗体是否显示各节间的分隔线	否
最大最小化按钮	设置窗体是否有最大、最小化按钮	无
边框样式	设置窗体框边框的样式	对话框边框
弹出方式	设置窗体是否以弹出方式显示	是
模式	设置窗体是否是模式窗体	是

（4）添加控件和设置控件属性。

参照图 5-26 添加控件和适当设置控件属性。

（5）调整窗体、控件、字段的位置和大小

参照图 5-26 调整所有控件、字段的位置和大小。

（6）保存并命名窗体。

5.6 实验五

【实验目的】

1．熟悉窗体的功能、分类与视图。

2．熟悉用向导创建窗体的方法。

3．熟悉窗体的结构。

4．掌握在设计视图中创建绑定窗体和对话框窗体的方法。

5．熟悉常用窗体控件及其应用。

【实验内容】

1．窗体视图切换。

2．用向导创建窗体。

3．在设计视图中创建窗体。

4．常用控件的应用。

【实验准备】

完成第 4 章所有实验内容后的数据库“进销存管理系统.accdb”。

【实验方法及步骤】

1．实验任务 5-1

完成例 5-1 的操作。

2．实验任务 5-2

完成例 5-2 的操作。

3．实验任务 5-3

完成例 5-3 的操作。

4．实验任务 5-4

完成例 5-4 的操作。

5．实验任务 5-5

完成例 5-5 的操作。

6．实验任务 5-6

完成例 5-6 的操作。

7．实验任务 5-7

完成例 5-7 的操作。

8．实验任务 5-8

完成例 5-8 的操作。

9．实验任务 5-9

完成例 5-9 的操作。

5.7 习题和实训

5.7.1 实训五

在完成实训四后的数据库“学生成绩管理系统.accdb”中完成以下操作：

1．设计并创建一个能添加、编辑和删除“学生”表中数据的窗体，命名窗体为“学生数据维护”。

2．设计并创建一个能添加、编辑和删除“课程”表中数据的窗体，命名窗体为“课程数据维护”。

3．设计并创建一个能添加、编辑和删除“授课教师”表中数据的窗体，命名窗体为“教师授课数据维护”。

4．设计并创建一个能添加、编辑和删除“学生成绩”表中数据的窗体，命名窗体为“成绩数据维护”。

5．设计并创建一个能添加、编辑和删除“操作员”表中数据的窗体，命名窗体为“操作员管理”。

6．设计并创建查询，其功能是：查询出所有课程中期末成绩不及格（<60分）的学生，查询显示“学号”“姓名”“课程名称”“教师姓名”“期末成绩”。命名查询为“补考人员”。

7．参照例5-8设计并创建一个以“班级”表为主窗体数据源，以上题中创建的查询为子窗体数据源，按“班级编号”查询该班补考名单，命名窗体为“补考名单”。

8．参照5-8设计并创建标题为“学生成绩管理系统登入”的窗体，窗体能输入操作员的账号和密码。命名窗体为“学生成绩管理系统登入”。

5.7.2 习题

一、单选题

1．要改变窗体或控件的外观，可以通过修改（　　）完成。

A）窗体　　B）控件

C）属性　　D）设计

2．当创建窗体时，使用（　　）创建的窗体灵活性最小。

A）设计视图　　B）窗体向导

C）窗体视图　　D）自动创建窗体

3．在创建窗体时，新建窗体的记录来源是（　　）。

A）数据表　　B）查询

C）数据表和查询　　D）数据表和窗体

4．在窗体设计中，用于输入或编辑字段数据的交互控件是（　　）。

A）文体框　　B）列表框

C）标签　　D）复选框控件

5．在窗体设计视图中，必须包含的部分是（　　）。

A）主体　　B）窗体页眉和页脚

C）页面页眉和页脚　　D）以上都包括

6．如果字段数据类型为“是/否”，则在窗体中使用的控件是（　　）。

A）文体框　　B）选项框
C）组合框　　D）标签

7. 关于绑定控件与未绑定控件的区别，下列说法中错误的是（　　）。
A）未绑定控件没有行来源。
B）未绑定控件没有控件来源。
C）未绑定控件的数据变化不能改变数据源。
D）绑定控件的数据变化必然改变数据源。

8. 在窗体设计中，能够接收“数据”的控件是（　　）。
A）图形　　B）标签
C）命令按钮　　D）文体框

9. 要改变某控件的名称，应该选取其属性选项卡的（　　）页
A）数据　　B）事件
C）格式　　D）其他

10. 既可以从列表中选择输入项，又可以直接输入文字的控件是（　　）。
A）文本框　　B）组合框
C）选项框　　D）列表框

11. 不属于 Access 2010 窗体视图的是（　　）。
A）版面视图　　B）设计视图
C）窗体视图　　D）数据表视图

12. 窗体由多个部分组成，每个部分成为（　　）。
A）一个记录　　B）一个段
C）一个节　　D）一个表

13. 在创建窗体时，自动窗体向导不包括（　　）。
A）纵栏式　　B）递阶式
C）表格式　　D）数据表

14. 关于控件的描述，下列说法中错误的是（　　）。
A）在窗体上添加的每一个对象都是控件
B）控件的类型分为：结合型、非结合型、计算型和非计算型
C）控件是窗体上用于显示数据、执行操作、装饰窗体的对象
D）非结合型的控件没有数据来源，可以用来显示信息、线条、矩形等

15. 关于窗体的描述，下列说法中错误的是（　　）。
A）可以将数据库中需要的数据提取出来进行汇总，并将数据以格式化的方式发送到打印机
B）可以链接数据库中的表，作为输入记录的理想界面
C）可以从表中查询提取所需的数据，并将其显示出来
D）可以存储数据，并以行和列的形式显示数据

16. 下列操作不属于窗口事件的是（　　）。
A）加载　　B）打开
C）取消　　D）关闭

17. 要改变窗体文本框控件的输出内容，应设置的属性是（　　）。
A）标题　　B）控件来源
C）查询条件　　D）记录源

18. 在“窗体视图”中显示窗体时，窗体中没有记录选定器，应将窗体的“记录选定器”属性值设置为（　　）。

A）是　　B）否

C）有　　D）无

19. 创建基于多个表的主/子窗体最为简单的方法是使用（　　）。

A）空白窗体　　B）窗体向导

C）分割窗体工具　　D）多项目窗体工具

20. 窗体 Caption 属性的作用是（　　）。

A）确定窗体的标题　　B）确定窗体的名称

C）确定窗体的边界类型　　D）确定窗体的字体

21. 关于对象事件“更新前”的描述，下列说法中正确的是（　　）。

A）在控件或记录的数据变化后发生的事件

B）在控件或记录的数据变化前发生的事件

C）当窗体或控件接收到焦点时发生的事件

D）当窗体或控件失去了焦点时发生的事件

22. 若要创建一个选择性别的控件，则可以使用（　　）控件进行创建。

A）选项按钮控件　　B）组合框控件

C）选项卡控件　　D）文本框控件

23. 关于列选框和组合框的说法中正确的是（　　）。

A）列表框和组合框都不能包含一列数据或多列数据

B）在列表框和组合框中均可以输入新值

C）可以在列表框中输入新值，而组合框不能

D）可以在组合框中输入新值，而列表框不能

24. 在 Access 2010 中，可用于设计输入界面的对象是（　　）。

A）窗体　　B）报表

C）查询　　D）表

25. 用户和数据库交互的界面是（　　）。

A）表　　B）查询

C）窗体　　D）报表

26. 在窗体创建过程中，下列窗体不能自动创建的是（　　）。

A）表格式窗体　　B）图表窗体

C）纵栏式窗体　　D）主/子窗体

27. 在窗体设计中，用于创建窗体或修改窗体的视图是（　　）。

A）窗体视图　　B）数据表视图

C）透视表视图　　D）设计视图

28. 在窗体中添加计算控件时，该控件来源属性的表达式开头一般设置为（　　）。

A）括号　　B）等号

C）双引号　　D）单引号

二、多选题

1. 打开一个窗体时，（　　）区域的内容是不可见的。

A）窗体页眉　　B）页面页眉

C）页面页脚　　D）窗体页脚

2. 可以用（　　）的方法来创建一个窗体。

A）使用自动创建窗体功能　　B）使用窗体向导

C）使用设计视图　　D）使用 SQL 语句

3. 在窗体控件中，列表框与组合框的区别是（　　）。

A）列表框有下拉列表　　B）组合框有下拉列表

C）列表框可以添加记录　　D）组合框可以添加记录

4. 窗体是 Access 2010 中的一个对象，用户可以通过窗体操作完成的功能是（　　）。

A）输入数据　　B）编辑数据

C）显示和查询表中数据　　D）导出数据

三、判断题

1. 数据窗体一般是数据库的主控窗体，用来接受和执行用户的操作请求、打开其他的窗体或报表以及操作和控制程序的运行。（　　）

2. 使用“窗体向导”创建窗体时，向导参数中的“可用字段”与“选定的字段”是一个意思。（　　）

3. 窗体背景设置图片缩放模式可用的选项有“拉伸”“缩放”。（　　）

4.“图表向导”中的“系列”也就是图表中显示的图例。（　　）

5. 窗体上的“标签”控件可以用来输入数据。（　　）

6. 在创建主/子窗体之前，必须正确设置表间的“一对多”关系。“一”方是主表，“多”方是子表。（　　）

7. 在窗体中创建子窗体的一种快捷方法是直接将查询或表拖到主窗体。（　　）

8. 窗体的各节部分的背景色是相互独立的。（　　）

四、填空题

1. 在设计窗体时使用标签控件创建的是单独标签，它在窗体的______视图中不能显示。

2. 在创建主/子窗体之前，必须设置______之间的关系。

3. 窗体属性决定了窗体的______、______以及窗体的______。

4. 窗体中所有可被选取者，皆为______，但不一定就是字段。

5. 窗体中的控件与数据的关系可以分为______、______和______三种类型。

五、简答题

1. 创建窗体有哪几种方法？其优缺点是什么？

2. 如何在窗体中创建和使用控件？

3. 如何使用数据透视表对数据进行分析？

4. 创建主/子窗体有哪几种方法？

5. 在窗体中可以插入哪些控件？

第6章 报表

本章知识要点

- 报表的功能、分类与视图。
- 使用向导创建报表。
- 在设计视图中创建报表。

一般情况下，数据处理的最终结果需要通过打印机输出的方式，将信息以清晰、易理解的格式在纸张上呈现。在 Access 中，通过创建报表对象可以为用户定制打印所需的数据信息。报表其实是为了打印数据而设计的特殊窗体，报表和窗体的结构基本相同，创建报表和创建窗体的方法类似。

6.1 报表的概述

1. 报表的功能

前面介绍的窗体可以用于信息的显示输出，但它们还是不能代替报表，这是由报表的以下功能决定：

（1）报表不仅可以打印和浏览原始数据，还可以对原始数据进行比较、分组、汇总和小计。

（2）报表不但以清单、标签和图表等多种常规形式输出信息，而且还可按照用户的实际需要定制报表格式输出信息，从而使输出的信息更能广泛满足商务需求和更易阅读理解。

（3）报表可用图形和图表形式来说明信息的含义，增强了信息的可读性。

建立窗体的主要目的是为了输入数据，而创建报表的目的是为了打印数据。在窗体中用户可以进行数据编辑，而报表没有数据编辑功能，例如可通过窗体修改数据，而报表则不能。

2. 报表的视图

Access 2010 中，报表有设计视图、布局视图、报表视图、打印预览视图 4 种视图，各视图间可以相互切换。

报表不同视图间切换的方法和窗体相同。

（1）设计视图。

在报表的设计视图中，可以创建和修改报表。

（2）布局视图。

与窗体的布局视图类似，报表在这种视图中以“所见即所得”方式调整报表的布局。

（3）打印预览视图。

在打印预览视图中，可以进行报表的页面设置，可以设置以不同缩放比例、单页和多页显示报表，还可以将报表输出为 TXT、XLS、PDF 等格式的文件或输出到打印机。

（4）报表视图。

报表视图是报表设计完成后显示打印效果的视图，在这一视图中可以对报表中的记录进行筛选、查找。

3．报表的分类

在 Access 中有 4 中格式的报表：纵栏式报表、表格式报表、标签报表和图表报表。

6.2 使用向导创建报表

报表向导有自动报表、报表向导和标签向导。使用报表向导生成的报表适用性比较差，这里只介绍自动报表和标签向导。

1．自动创建报表

例 6-1　在完成了例 5-9 操作后的数据库中，使用自动报表创建以“进货”表为数据源的报表，命名报表为“例题 6-1 创建的自动报表”。

操作步骤如下：

（1）打开“进销存管理系统.accdb”。

（2）选择用于创建报表的数据源。

在【导航窗格】单击“进货”表。

（3）使用自动报表创建报表。

在【创建】选项卡的【报表】组中，单击【报表】工具，生成报表并打开报表的布局视图，如图 6-1 所示。

进货

进货

进货单编号	商品编号	进货数量	进货价	供应商编号	进货日其
000001	000001	52	￥11,200.00	010001	2010-11-1
000002	000001	30	￥11,000.00	010001	2009-12-2
000003	000002	18	￥3,430.00	010001	2009-11-2
000004	000003	50	￥350.00	030001	2009-11-2
000005	000003	35	￥375.00	030001	2009-12-1
000006	000004	23	￥8,200.00	030001	2010-1-1
000007	000005	72	￥3,000.00	020001	2010-2-2
000008	000007	19	￥780.00	757001	2010-1-
000009	000008	10	￥5,500.00	757001	2009-10-1
			￥43,835.00		

共 1 页，第 1 页

图 6-1　报表的布局视图

（4）切换报表到报表视图。

切换到报表视图的报表如图 6-2 所示。

（5）保存并命名报表。

2．使用标签向导创建标签报表

例 6-2　在完成了例 6-1 操作后的数据库中，以“客户及供应商”表为数据源，创建客户标签，命名标签报表为“例 6-2 创建的标签报表”。

操作步骤如下：

进货

进货单编号	商品编号	进货数量	进货价	供应商编号	进货日期
000001	000001	52	¥11, 200. 00	010001	2010-11-16
000002	000001	30	¥11, 000. 00	010001	2009-12-21
000003	000002	18	¥3, 430. 00	010001	2009-11-23
000004	000003	50	¥350. 00	030001	2009-11-20
000005	000003	35	¥375. 00	030001	2009-12-11
000006	000004	23	¥8, 200. 00	030001	2010-1-10
000007	000005	72	¥3, 000. 00	020001	2010-2-23
000008	000007	19	¥780. 00	757001	2010-1-7
000009	000008	10	¥5, 500. 00	757001	2009-10-15
			¥43, 835. 00		

共 1 页，第 1 页

图 6-2 报表的报表视图

（1）打开“进销存管理系统.accdb”。

（2）选择数据源。

在“导航窗格”单击“客户及供应商”表。

（3）执行标签向导。

在【创建】选项卡的【报表】组中，单击【标签】工具。

（4）选择标签尺寸、度量单位和标签类型。

在对话框中指定一种标签的尺寸、度量单位和标签类型，如图 6-3 所示，单击【下一步】按钮。

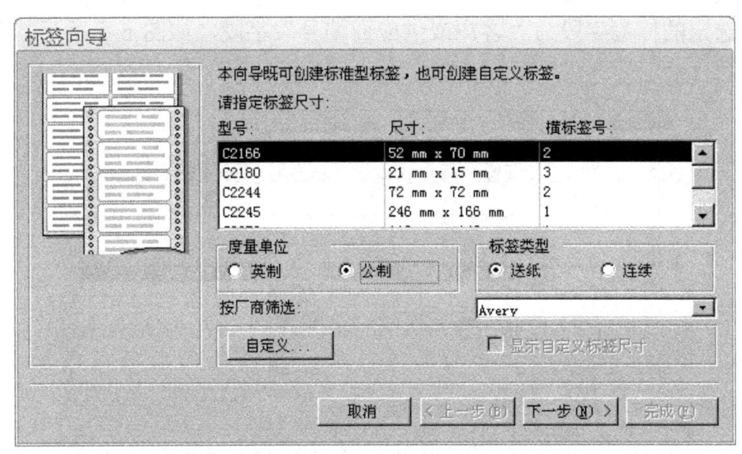

图 6-3 选择标签尺寸、度量单位和标签类型

（5）选择文本的字体和颜色。

在对话框中指定标签的字体和颜色，如图 6-4 所示，单击【下一步】按钮。

（6）确定标签的内容。

在对话框中逐行设计标签的内容，要打印的字段可以从“可用字段”列表框中选择，其他要打印的内容需从键盘输入，如图 6-5 所示，单击【下一步】按钮。

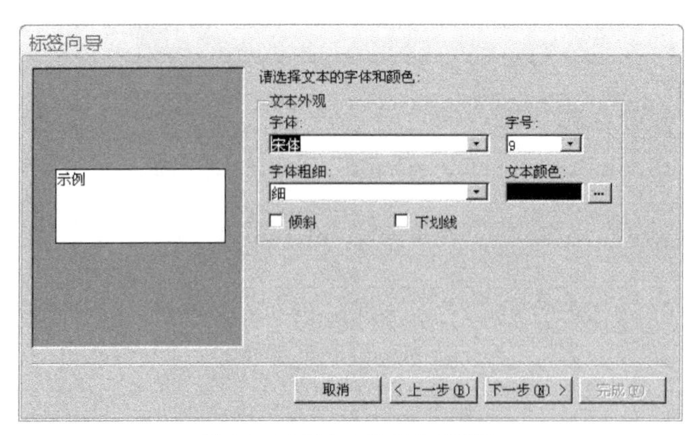

图 6-4 选择文本的字体和颜色

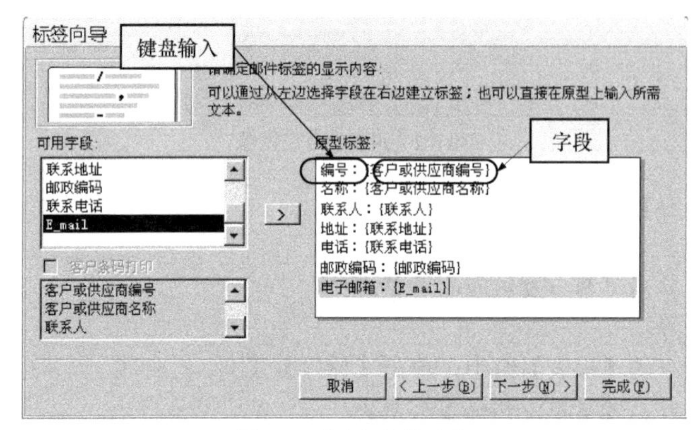

图 6-5 确定标签的内容

（7）确定标签按哪些字段排序。

在对话框中选定的标签字段为“客户或供应商编号”字段，如图 6-6 所示，单击【下一步】按钮。

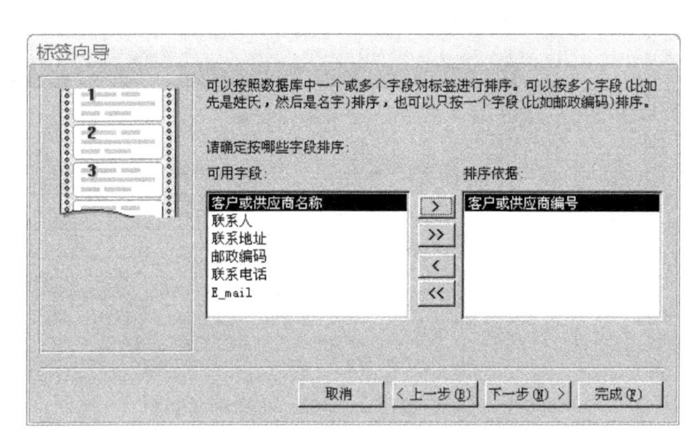

图 6-6 确定按哪些字段排序

（8）指定报表的名称。

在对话框中的【指定报表的名称】文本框中输入“例 6-2 创建的标签报表”，选中【查看标签的打印预览】单选按钮，如图 6-7 所示。单击【完成】按钮，在【导航窗格】的报表组中出现“例 6-2 创建的标签报表”报表对象。标签报表的打印预览视图如图 6-8 所示。

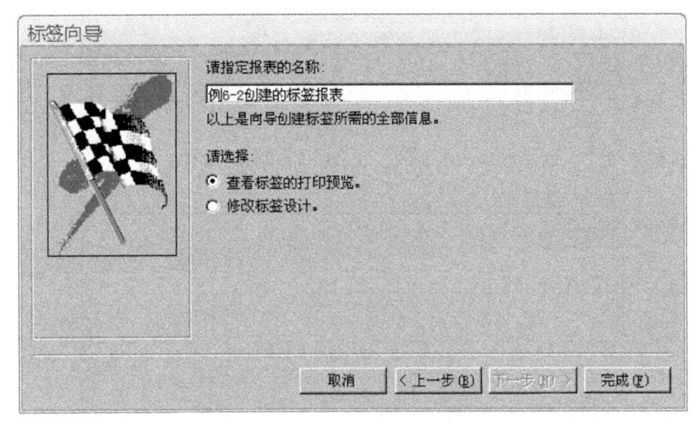

图 6-7　指定报表的名称

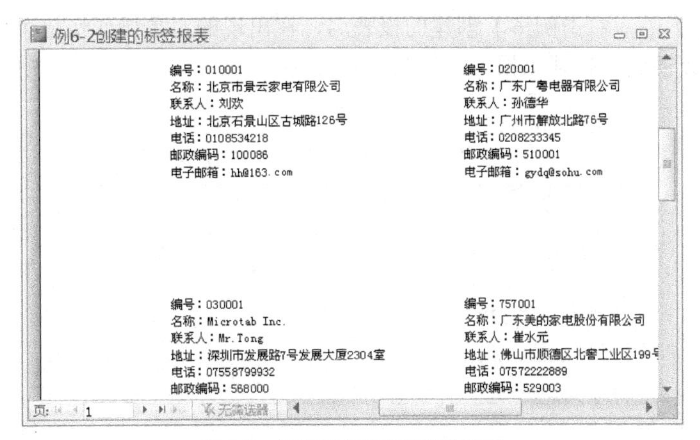

图 6-8　标签报表的打印预览视图

6.3　报表的结构及设计视图

用自动报表和报表向导生成的报表，采用的是固定数据排列和统计的模式，这样的报表很难满足实际应用中对报表的个性化需求，因此，需要在报表的设计视图中设计出满足个性需求的报表。

1．创建空报表

操作步骤如下：

（1）打开数据库。

（2）在设计视图中创建空报表。

在【创建】选项卡的【报表】组中，单击【空报表】工具，这时出现的是空报表的布局视图，切换报表到设计视图，如图 6-9 所示；打开【字段列表】窗口。

2．在报表设计视图中打开报表

例 6-3　在设计视图中打开例 6-1 创建的报表。

操作步骤如下：

（1）打开“进销存管理系统.accdb”。

（2）打开例 6-1 创建的报表

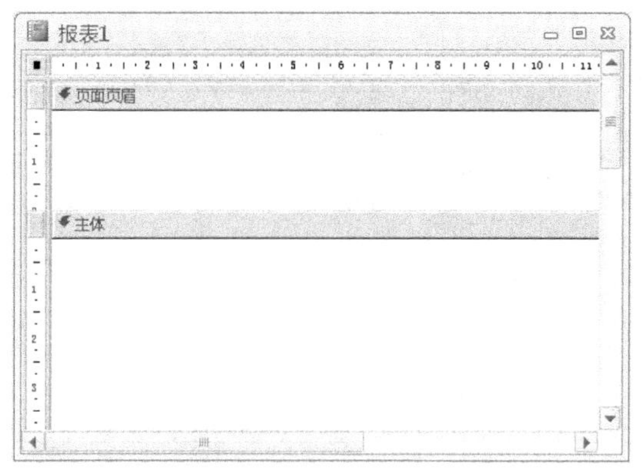

图 6-9　报表的设计视图

在【导航窗格】中，右击例 6-1 创建的报表名，在出现的对象操作快捷菜单中选择【设计视图】，则在报表设计视图中打开该报表，如图 6-10 所示。

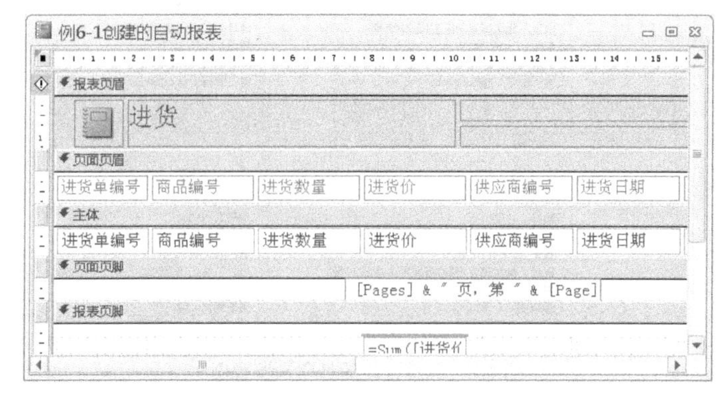

图 6-10　在设计视图打开已创建的报表

3. 报表的结构

作为一种特殊窗体，报表的结构和窗体基本相同，如图 6-11 所示。报表由“报表页眉”“主体”“报表页脚”“页面页眉”“页面页脚”五个节（带区）组成，和窗体设计类似，在设计视图中对报表的设计，实际上是使用字段和控件对各节的细节设计。报表的各节都有其特定的用途，如表 6-1 所描述。

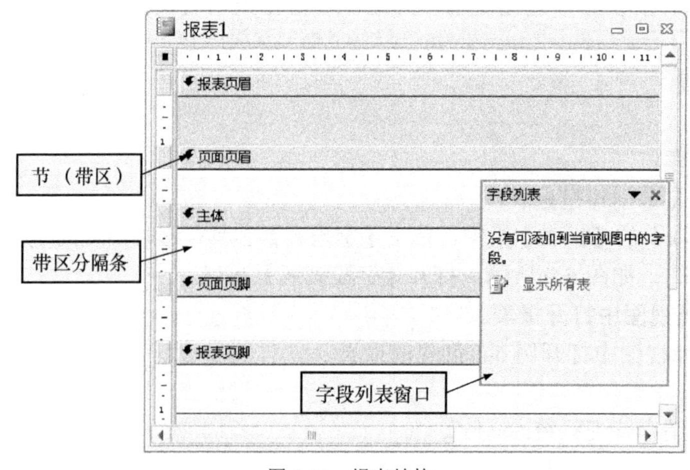

图 6-11　报表结构

表 6-1 报表各节的用途

节	用途
报表页眉	设置报表的首页顶端要打印的信息。如报表标题等
页面页眉	设置打印时每个打印页面的页眉都要打印的信息。如日期、页码等
主体	设置每一条记录都要打印的内容
页面页脚	设置打印时每个打印页面的页脚都要打印的信息。如日期、页码等
报表页脚	设置报表的结尾要打印的信息。如报表说明等
组页眉	在分组报表中，设置每组顶端要打印的信息
组页脚	在分组报表中，设置每组结尾要打印的信息

6.4 在设计视图中创建报表

在报表设计视图中创建报表的步骤如下：

（1）在设计视图创建空白报表。

（2）给报表添加数据源。

（3）根据报表的功能需求，添加字段、控件到报表。

（4）设置报表、字段、控件的属性

（5）运行和调试报表。

（6）命名并保存报表。

在报表的设计过程中，对报表各节的相关操作包括选择节、添加节、删除节、改变各节的高度和宽度等，这些操作与窗体设计相同。

在报表设计视图中，【控件】工具组中控件的功能及其使用和窗体相同，报表设计时对控件的相关操作和设计窗体时相同。

例 6-4 在完成了例 6-3 操作后的数据库中，以“进货”表为数据源，在报表设计视图中创建打印进货明细的报表，页脚打印页码和日期，报表设计视图如图 6-12 所示。命名报表为“例 6-4 创建的报表”。

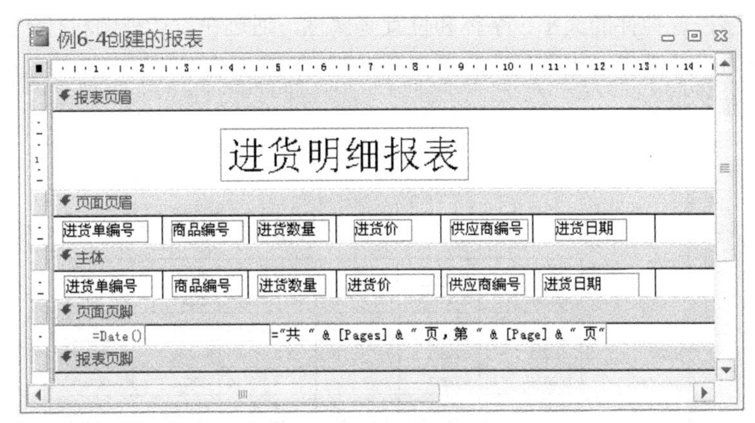

图 6-12 报表设计视图

操作步骤如下：

（1）打开“进销存管理系统.accdb”。

（2）创建空报表。

创建空报表，切换到设计视图，添加“报表页眉”“报表页脚”节，打开【字段列表】窗口。

（3）添加数据源。

设置报表的“记录源”属性为“进货”表。

（4）添加字段到报表

从“字段列表”窗口中，将“进货”表的所有字段拖放到“主体”节，将各字段组合对象中的标签通过剪切和粘贴操作，移动到“页面页眉”。

（5）添加控件到报表。

在“报表页眉”节中添加标题属性为“进货明细报表”的标签，在“页面页眉”和“主体”节添加由直线和矩形控件组成的表格线。

（6）添加页码和日期。

在【报表布局工具\设计】选项卡的【页眉/页脚】组中，单击【页码】工具，在出现的对话框中，如图 6-13 所示，选择页码的格式和位置；单击【日期时间】工具，在出现的对话框中，如图 6-14 所示，选择日期时间的格式。

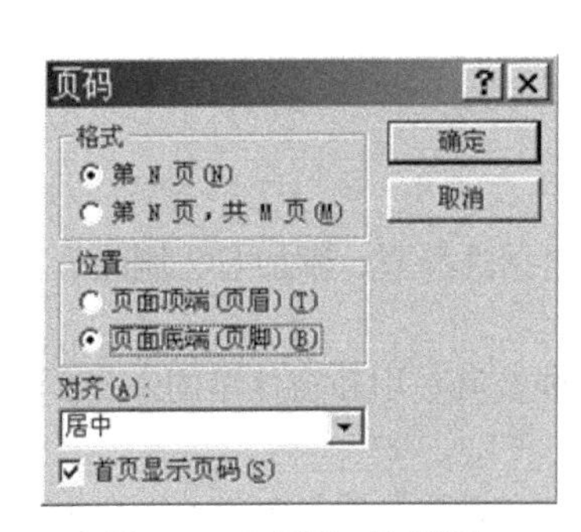

图 6-13 “页码”对话框图

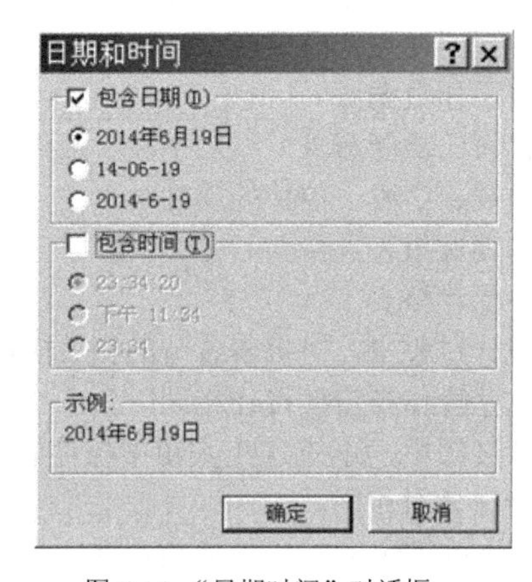

图 6-14 “日期时间”对话框

（7）布局报表。

调整报表、字段、控件的大小、字体和位置等属性，通过在设计视图和打印预览视图之间进行视图切换来查看设计效果。报表打印预览如图 6-15 所示。

（8）保存并命名报表。

进货明细报表

进货单编号	商品编号	进货数量	进货价	供应商编号	进货日
000001	000001	52	¥11,200.00	010001	2010-
000002	000001	30	¥11,000.00	010001	2009-
000003	000002	18	¥3,430.00	010001	2009-
000004	000003	50	¥350.00	030001	2009-
000005	000003	35	¥375.00	030001	2009-
000006	000004	23	¥8,200.00	030001	2010
000007	000005	72	¥3,000.00	020001	2010

图 6-15 报表打印预览

6.4.1 分组和排序报表

所谓排序报表，是指定报表中记录的打印顺序；所谓分组报表，是指定对报表中的记录进行分组打印。

例 6-5 在完成了例 6-4 操作后的数据库中，以“进货”表为数据源，使用报表设计视图创建进货排序分组明细报表，以“商品编号”为分组字段，每组中的进货单按“进货单编号”升序排序，页脚打印页码和日期，报表设计视图如图 6-16 所示。命名报表为“例 6-5 创建的分组排序报表”。

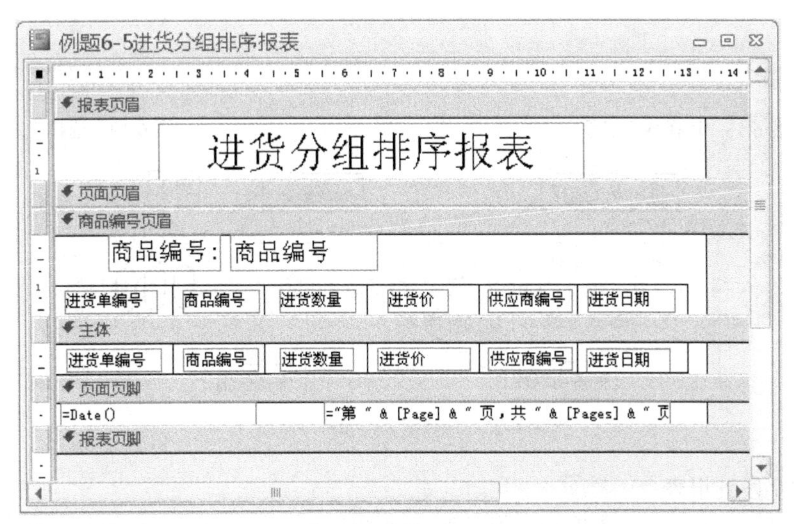

图 6-16 报表设计视图

操作步骤如下：

（1）打开“进销存管理系统.accdb”。

（2）创建空报表

创建空报表，切换到设计视图，添加“报表页眉”“报表页脚”节，打开【字段列表】窗口。

（3）添加数据源。

设置报表的“记录源”属性为“进货”表。

（4）设置分组与排序方式。

在【报表布局工具\设计】选项卡的【分组和汇总】组中，单击【分组和排序】工具，出现【分组、排序和汇总】窗口，如图 6-17 所示，在该窗口中单击【添加组】按钮，选择“商品编号”为分组字段，如图 6-18 所示，单击【添加排序】按钮，选择“进货单编号”为排序字段，如图 6-19 所示，设置完分组和排序后的结果如图 6-20 所示，使用分组形式和排序依据中的工具，如图 6-20 所示，可以修改分组和排序的方式、分组和排序优先级别，删除分组和排序，修改排序和组选项属性。

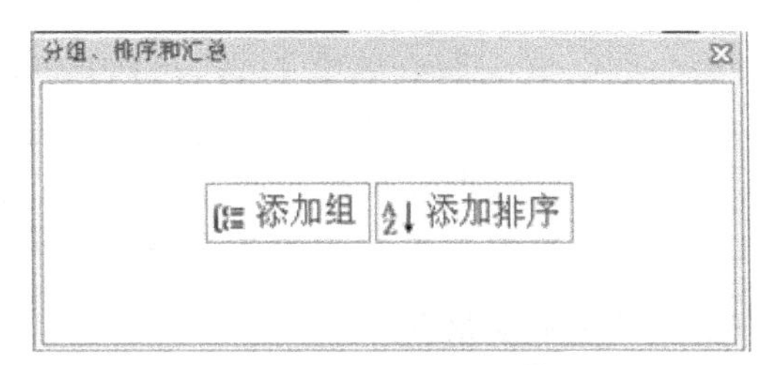

图 6-17 “分组、排序和汇总”窗口

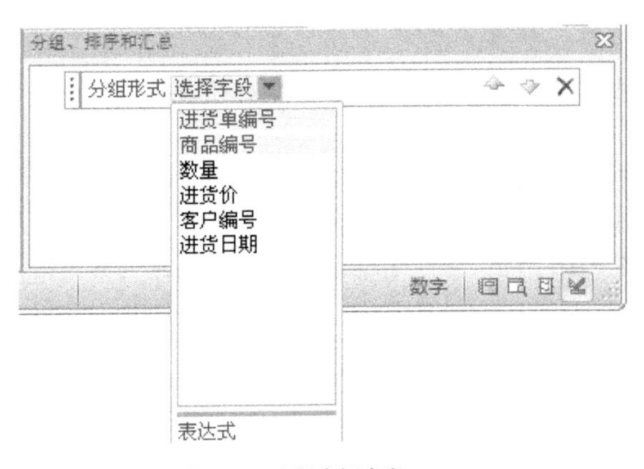

图 6-18 选择分组字段

图 6-19 选择排序字段

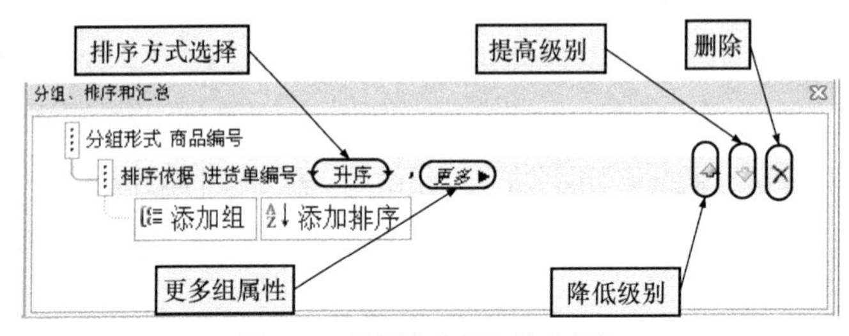

图 6-20 选择完分组和排序字段

（5）添加字段到报表

关闭【分组、排序和汇总】窗口，报表设计视图中增加了名为“商品编号页眉”的“组页眉”节，如图 6-21 所示。从【字段列表】窗口中，将“进货”表的所有字段拖入“主体”节，将各字段组合对象中的标签通过剪切和粘贴操作，移动到“页面页眉”；将“商品编号”字段拖到“商品编号页眉”节。

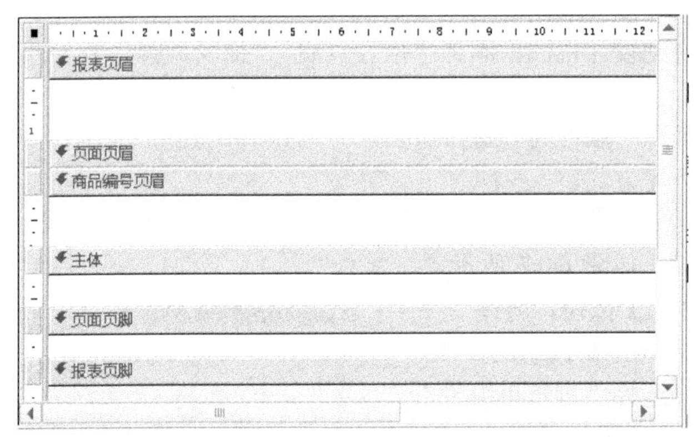

图 6-21 添加了组页眉和主组页脚的设计视图

（6）添加控件到报表。

在“报表页眉”节添加标题属性为“进货排序分组报表”标签；在“页面页眉”和“主体”节添加由直线和矩形控件组成的表格线。

（7）添加页码和日期。

（8）布局报表。

调整报表、字段、控件的大小、位置和字体等属性，切换到打印预览视图查看效果。报表最终设计视图如图 6-16 所示，报表打印预览如图 6-22 所示。

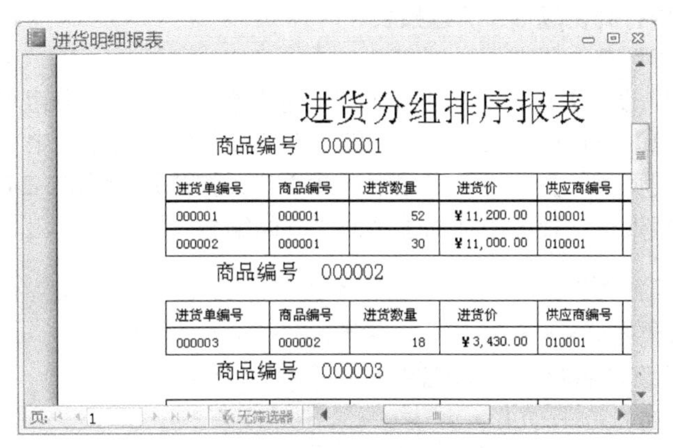

图 6-22 报表打印预览

（9）保存并命名报表。

6.4.2 在报表中计算

报表中经常需要设有数据统计项，如汇总、求平均数和求比例等，在报表中使用表达式可以计算得到这些统计数据项。方法如下：

（1）在报表中添加文本框控件。

（2）在文本文本框控件的“控件来源”属性中设置表达式，表达式必须以“=”号开始，表达式可以直接输入也可以用表达式生成器生成，表达式生成器的使用方法与查询中的使用方法相同。表达式格式如下：

=表达式

例 6-6 修改例 6-5 所建报表，在每组的结尾打印出该组的进货数量小计、平均进货价和该组进货数量占总进货数量的百分比，在报表页脚打印所有商品进货数量总计，报表设计视图如图 6-23 所示。命名报表为“例 6-6 创建的有计算项的报表”。

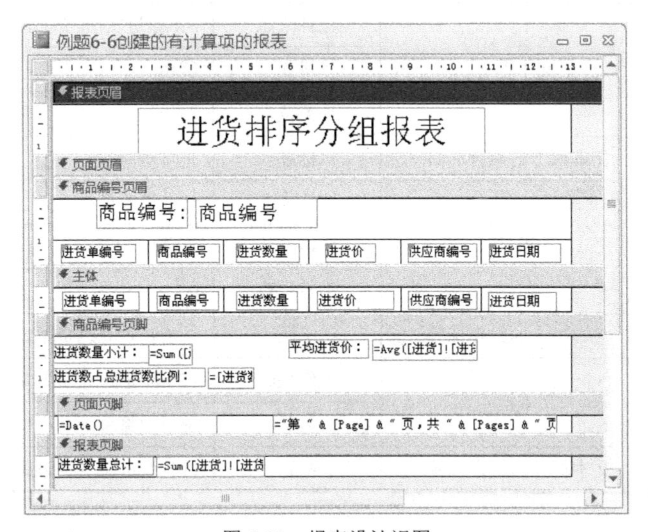

图 6-23 报表设计视图

操作步骤如下：

（1）打开“进销存管理系统.accdb”。

（2）在设计视图中打开例题 6-5 所建报表。

（3）添加“组页脚”节。

在【报表布局工具\设计】选项卡的【分组和汇总】组中，单击【分组和排序】工具，在出现的【分组、排序和汇总】窗口中，单击“商品编号”字段分组形式工具中【更多】工具来设置分组的其他属性，从【无页脚节】下拉列表框中选择【有页脚节】，如图 6-24 所示，关闭【分组、排序和汇总】窗口，报表设计视图中增加了名为“商品编号页脚”的“组页脚”节。

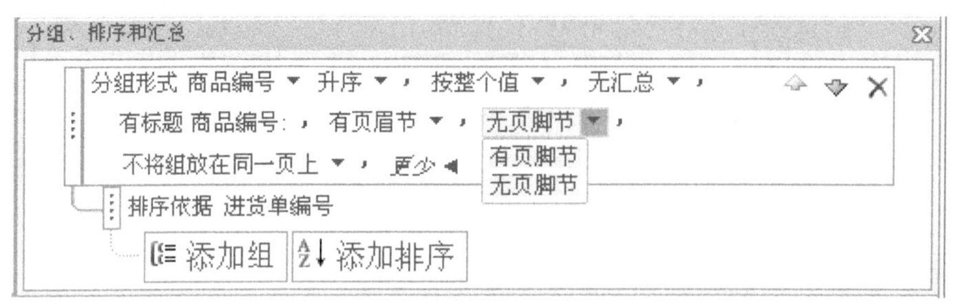

图 6-24　添加“组页脚”

（4）添加计算控件。

将表 6-2 中所列的控件添加到对应的节，并按表中所列设置控件的属性。调整各控件的位置、大小等属性。报表打印预览如图 6-25 和图 6-26 所示。

（5）保存报表。

表 6-2　　窗体属性

节	控件	属性名	设置值
商品编号页脚	文本框 1	控件来源	=Sum(进货!进货数量)
		名称	进货数量小计
	文本框 1 的组合标签	标题	进货数量小计：
	文本框 2	控件来源	=Avg(进货!进货价)
		格式	货币
		小数位数	2
	文本框 2 的组合标签	标题	平均进货价：
	文本框 3	控件来源	=[进货数量小计]/[进货数量总计]
		格式	百分比
		小数位数	0
	文本框 3 的组合标签	标题	进货数占总进货数比例：
报表页脚	文本框 4	控件来源	=Sum(进货!进货数量)
		名称	进货数量总计
	文本框 4 的组合标签	标题	进货数占总进货数比例：

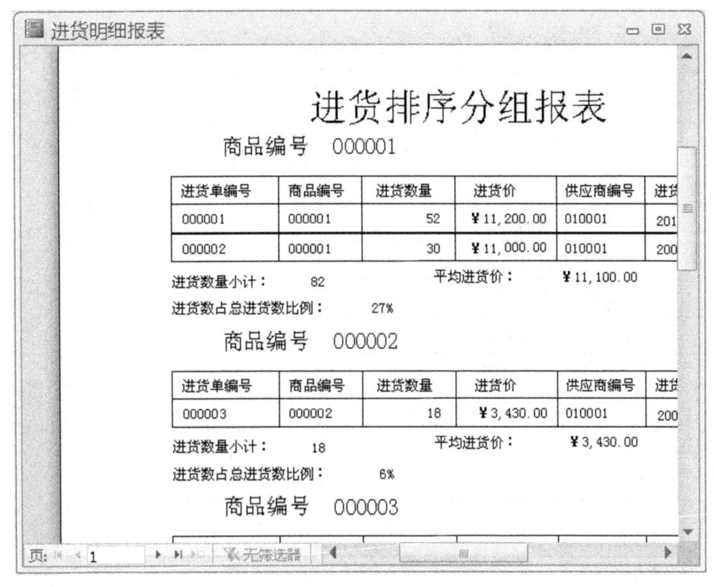

图 6-25 报表第 1 页打印预览

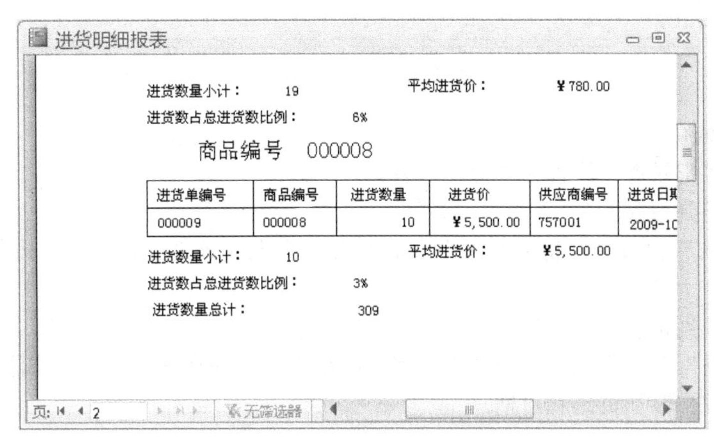

图 6-26 报表最后页打印预览

6.4.3 子报表

与窗体中可以插入子窗体类似，报表中也可以插入子报表，子报表可以是多级，即子报表中还可以插入下一级子报表。子报表作为一个独立的报表对象存在，因而可以对子报表独立修改。

由于主报表和子报表的数据源不同但相关，因此在创建主/子报表之前应建立主报表数据源和子报表数据源之间的关系。

例 6-7 在完成了例 6-6 操作后的数据库中，以“商品”表为主报表数据源，以“销售”表为子报表数据源建立主/子报表，报表视图如图 6-27 所示。命名主报表为“例 6-7 创建的主/子报表”，命名子报表为“销售子报表”。

操作步骤如下：

（1）打开“进销存管理系统.accdb”。

（2）创建空报表

创建空报表，切换到设计视图。

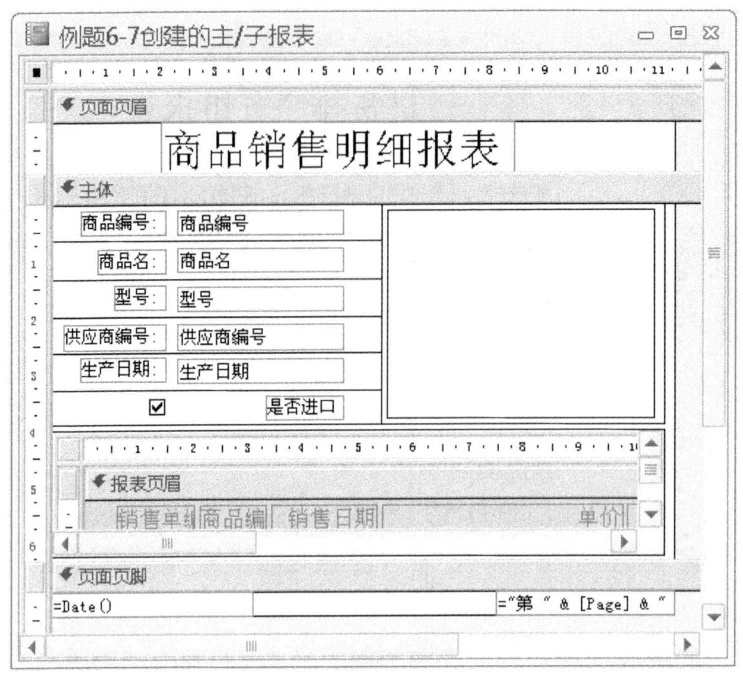

图 6-27　报表设计视图

（3）添加数据源。

设置报表的“记录源”属性为“商品”表。

（4）添加字段到报表

从“字段列表”窗口中，将“商品”表的所有字段拖放到“主体”节，按图 6-25 所示布局字段。

（5）添加控件到报表。

在“报表页眉”节中添加标题属性为“销售明细报表”的标签，在报表中添加由直线和矩形控件组成的表格线，添加页码和日期。

（6）添加子报表控件。

使【使用控件向导】工具处于“开”的状态，在报表的“主体”节中添加“子窗体/子报表”控件，按表 6-3 步骤操作。

表 6–3　子窗体/子报表控件向导设置

向导步骤	功能	设置
1	选择用于子窗体或子报表的数据来源	使用现有表或查询
2	确定子窗体或子报表包含哪些字段	“销售”表中所有字段
3	确定主窗体和子窗体链接字段	对商品中的每个记录用商品编号显示销售
4	指定子窗体子或报表的名称	“销售子报表”

（7）布局报表。

调整报表、字段、控件的大小、字体和位置等属性，切换到打印预览视图查看设计效果。报表设计视图如图 6-27 所示，报表打印预览如图 6-28 所示。

（8）保存并命名报表。

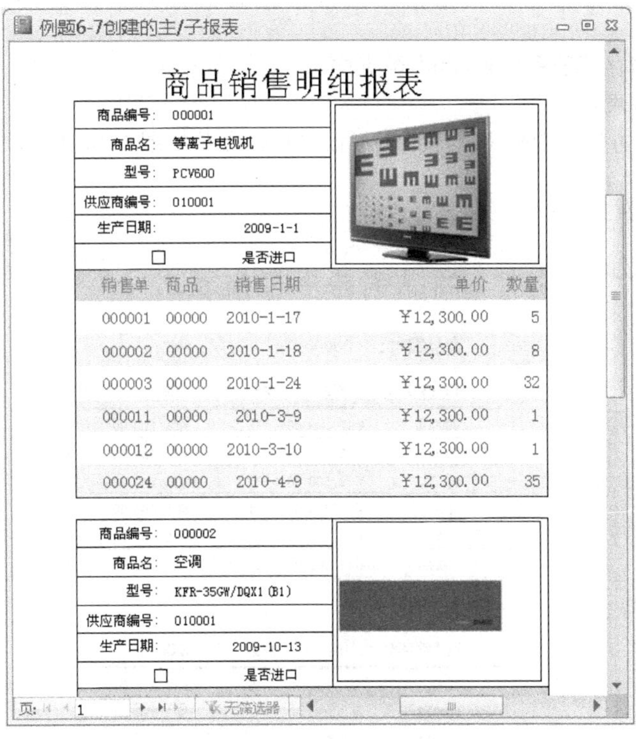

图 6-28 报表打印预览

6.4.4 多栏报表

例 6-8 在完成了例 6-7 操作后的数据库中，以“销售”表为数据源，创建分 2 栏打印的报表，要求只打印“销售单编号”“单价”“数量”“金额”字段，报表以“商品编号”分组，同组数据按“销售单编号”排序，每页尾打印日期和页码，报表命名为“例 6-8 创建的多栏分组报表”，报表的设计视图如图 6-29 所示。

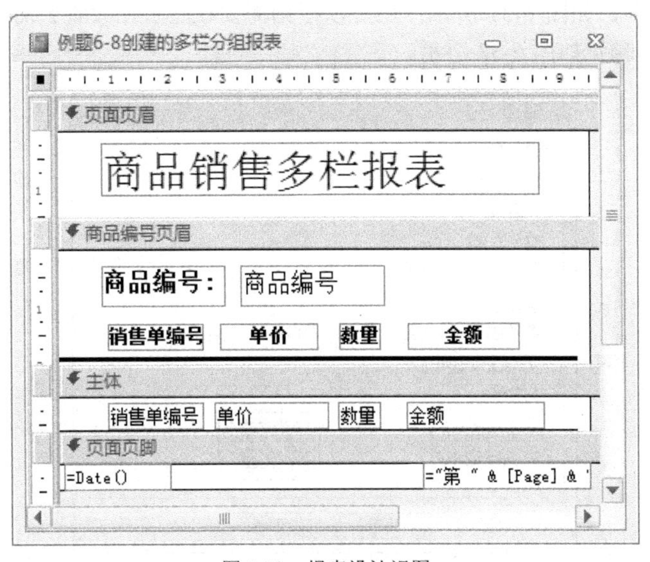

图 6-29 报表设计视图

操作步骤如下：

（1）打开“进销存管理系统.accdb”数据库。

（2）创建分组报表。

用例 6-5 相同的方法创建分组排序报表，报表打印预览如图 6-30 所示。

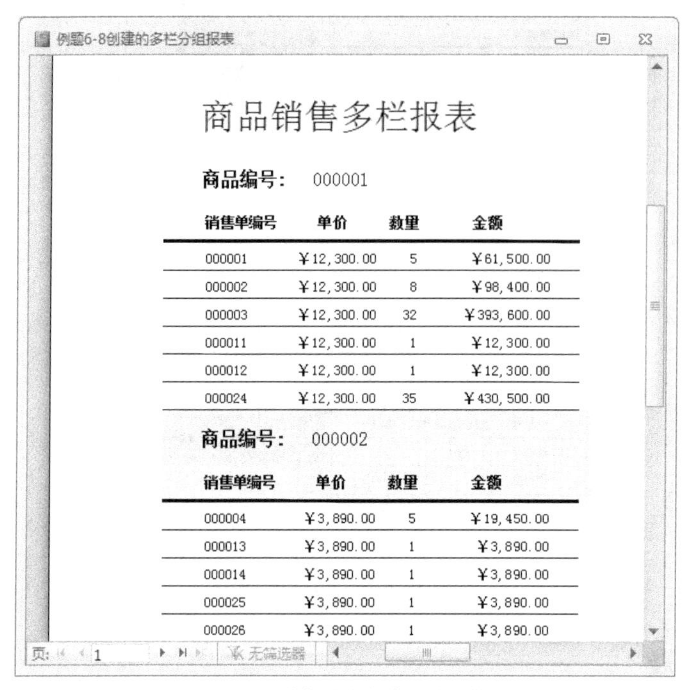

例题6-8创建的多栏分组报表

商品销售多栏报表

商品编号：000001

销售单编号	单价	数量	金额
000001	￥12,300.00	5	￥61,500.00
000002	￥12,300.00	8	￥98,400.00
000003	￥12,300.00	32	￥393,600.00
000011	￥12,300.00	1	￥12,300.00
000012	￥12,300.00	1	￥12,300.00
000024	￥12,300.00	35	￥430,500.00

商品编号：000002

销售单编号	单价	数量	金额
000004	￥3,890.00	5	￥19,450.00
000013	￥3,890.00	1	￥3,890.00
000014	￥3,890.00	1	￥3,890.00
000025	￥3,890.00	1	￥3,890.00
000026	￥3,890.00	1	￥3,890.00

页：1 无筛选器

图 6-30　单栏分组排序报表预览

（3）设置多栏报表。

切换到打印预览视图，在【打印预览工具】选项卡的【页面布局】组中，单击【页面设置】工具，出现【页面设置】对话框，在【页面设置】对话框的“列”选项卡中设置【列数】为 2，【列布局】为“先列后行”，如图 6-31 所示；还可以根据需要在【页面设置】对话框中设置打印的边距和纸张。报表打印预览如图 6-32 所示。

图 6-31　“页面设置”对话框

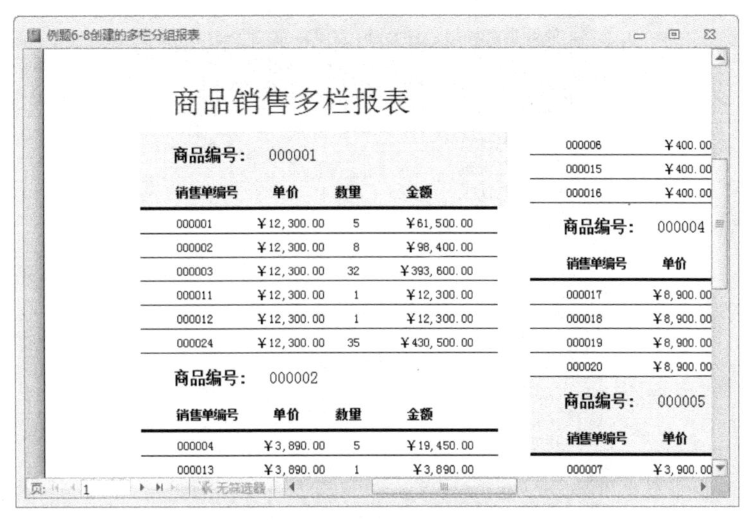

图 6-32 多栏分组排序报表预览

（4）保存并命名报表。

6.4.5 图表报表

图表报表是 Access 中一种特殊格式报表，它以图表的方式表示数据之间的关系，使数据更直观、形象地呈现给报表阅读者。Access 2010 通过图表控件来建立图表报表。

例 6-9 在完成了例 6-8 操作后的数据库中，完成以下操作：

（1）创建名为“商品销售数量汇总查询（按月）”的查询，其功能是统计每种商品各个月份的销售数量，查询的设计视图为图 6-33 所示，查询的执行结果如图 6-34 所示。

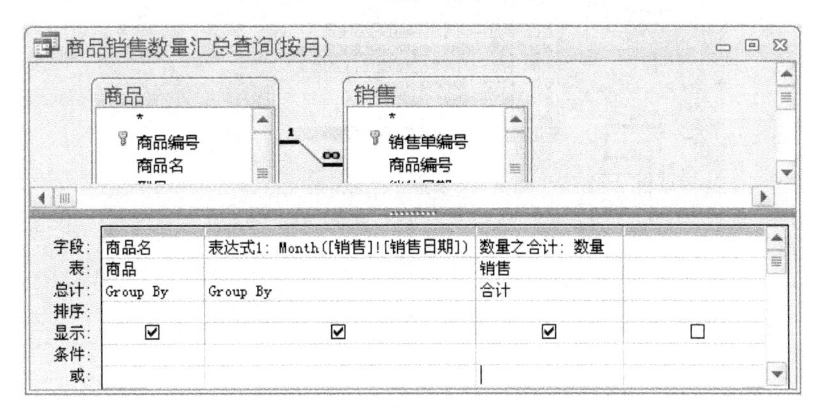

图 6-33 查询的设计视图

（2）以上小题创建的查询为数据源，建立以“月份”为分类轴，以“商品名”为系列，以“销售”为图表数据的柱形图表报表，命名报表为“例 6-9 创建的图表报表”。

操作步骤如下：

（1）打开“进销存管理系统.accdb”。

（2）创建 “商品销售数量汇总查询（按月）”查询。

（3）创建空报表。

创建空报表，切换到设计视图，删除报表的页面页眉和页脚节。

商品销售数量汇总查询(按月)

商品名	月份	销售数量
3D镜像多媒体头	2	5
3D镜像多媒体头	3	67
等离子电视机	1	45
等离子电视机	3	2
等离子电视机	4	35
电饭煲	3	1
电饭煲	4	2
空调	2	5
空调	3	2
空调	4	3
量子芯618系列	3	14
太阳能热水器	3	2
太阳能热水器	4	1
移动DVD	3	11
移动DVD	4	34

记录: 第 1 项(共 15 项 无筛选器 搜索

图 6-34　查询的执行结果

（4）添加图表控件，执行图表向导。

使【使用控件向导】处于“开”的状态，在报表的“主体”节中添加“图表”控件，开始执行图表向导。

（5）选择数据源。

在对话框中，如图 6-35 所示，单击【视图】中的【查询】单选按钮，在列表框中选择“商品销售数量汇总查询（按月)”，单击【下一步】按钮。

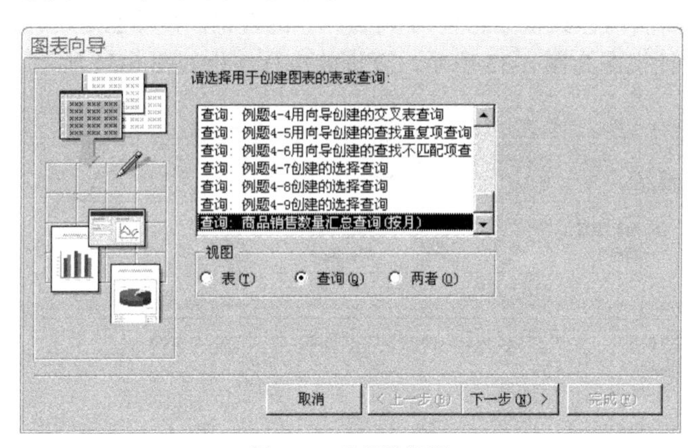

图 6-35　选择数据源

（6）选择用于图表报表的字段。

在对话框中，如图 6-36 所示，将“商品名”“表达式 1”“数量之合计”字段选为用于图表的字段。单击【下一步】按钮。

（7）选择图表的类型。

在对话框中，如图 6-37 所示，选择图表类型，本例题选择“柱形图”。单击【下一步】按钮。

（8）指定数据在图表中的布局方式。

在对话框中，如图 6-38 所示，将“商品名”字段拖放到“系列”，将“表达式 1”字段拖放到 X 轴，将“数量之合计”字段拖放到“数据”。如果拖放错字段，可将其拖回原处，重新拖放。单击【下一步】按钮。

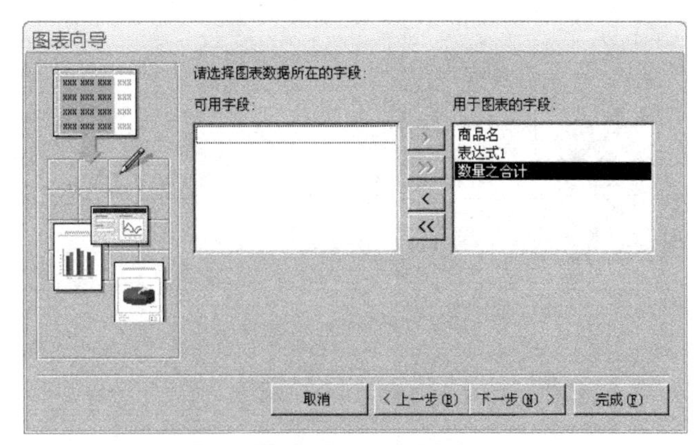

图 6-36 选择用于图表报表的字段

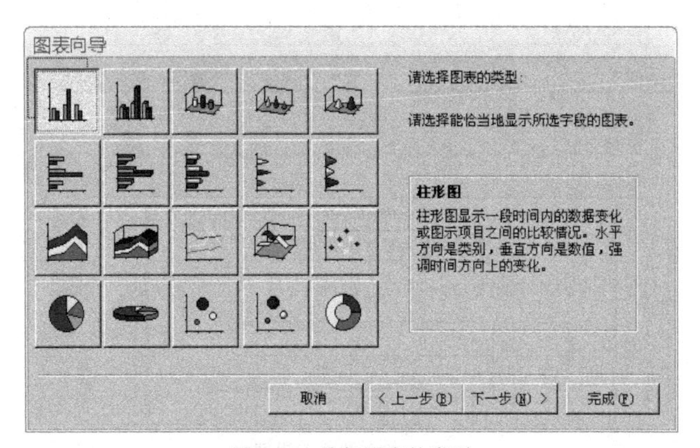

图 6-37 选择图表的类型

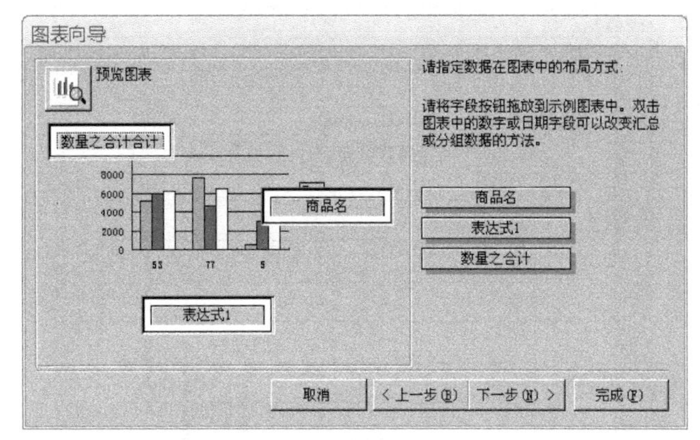

图 6-38 指定数据在图表中的布局方式

（9）指定图表标题和是否在图表中显示图例。

在对话框中，如图 6-39 所示，指定图表标题为“商品销售数量统计图（按月）”，选择【是，显示图例】，单击【完成】按钮。

（10）设置图表报表的外观。

双击图表控件，在图表编辑器中，如图 6-40 所示，设置图表各组成部分的字体、颜色和位置等；调整图表控件的大小和位置。报表打印预览效果如图 6-41 所示。

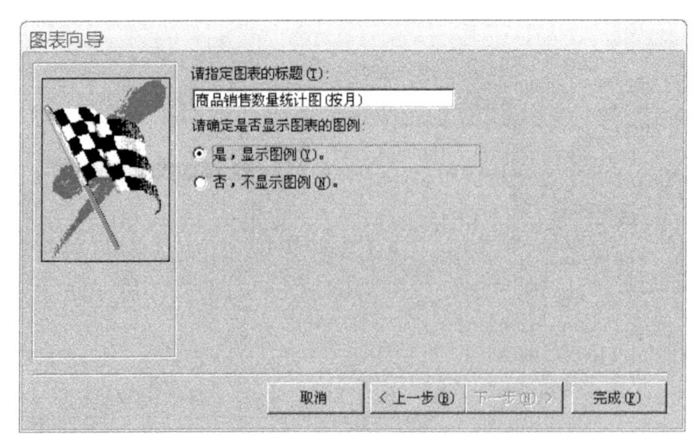

图 6-39 指定图表标题和是否在图表中显示图例

图 6-40 图表编辑器

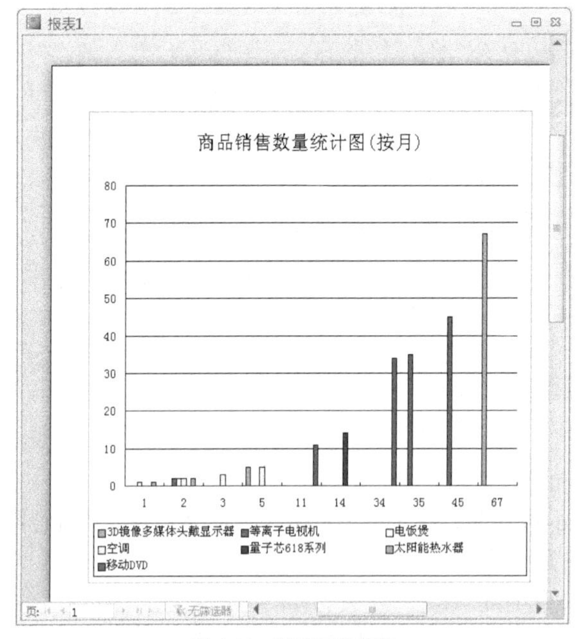

图 6-41 报表打印预览

（11）保存并命名图表报表。

6.5 实验六

【实验目的】

1．熟悉报表的功能、分类与视图。

2．熟悉用向导创建报表的方法。

3．熟悉报表的结构。

4．掌握在设计视图中创建报表的方法。

5．熟悉常用报表控件及其应用。

【实验内容】

1．报表视图切换。

2．用向导创建报表。

3．在设计视图中创建报表。

4．常用报表控件的应用。

【实验准备】

完成第 5 章所有实验内容后的数据库“进销存管理系统.accdb”。

【实验方法及步骤】

1．实验任务 6-1

完成例 6-1 的操作。

2．实验任务 6-2

完成例 6-2 的操作。

3．实验任务 6-3

完成例 6-3 的操作。

4．实验任务 6-4

完成例 6-4 的操作。

5．实验任务 6-5

完成例 6-5 的操作。

6．实验任务 6-6

完成例 6-6 的操作。

7．实验任务 6-7

完成例 6-7 的操作。

8．实验任务 6-8

完成例 6-8 的操作。

9．实验任务 6-9

完成例 6-9 的操作。

6.6 习题和实训

6.6.1 实训六

在完成实训五后的数据库“学生成绩管理系统.accdb”中完成以下操作：

1. 以“学生”表为数据源，参照例 6-2 设计并创建一个打印学生基本情况卡的报表，命名报表为“学生基本情况卡”。

2. 以“课程”表为数据源，参照例 6-4 设计并创建打印课程目录的报表，命名报表为“打印课程目录”。

3. 以实训四中第 6 小题创建的查询为数据源，参照例 6-6 设计并创建打印补（缓）考名单的报表，报表以“班级编号”为分组字段，每组按“学号”升序排序，命名报表为“打印补缓考名单”。

4. 以“学生”表为主报表的数据源，以实训四中第 3 小题创建的查询为子报表的数据源，参照例 6-7 设计并创建打印个人成绩单的报表，命名报表为“打印学生个人成绩单”。

5. 以实训四中第 4 小题创建的查询为数据源，设计并创建打印班级成绩表的报表，要求分 2 栏打印并在报表尾部打印班级人数和课程平均分。命名报表为“打印班级成绩表”。

6.6.2 习题

一、单选题

1. 报表的作用不包括（　　）。
   A）分组数据　　B）汇总数据
   C）输入数据　　D）格式化数据

2. 在报表中，日期及页码显示在报表的（　　）节中。
   A）报表页眉　　B）报表页脚
   C）页面页眉　　D）页面页脚

3. 在创建报表时，最快捷的方法是（　　）。
   A）使用报表视图　　B）使用简单报表工具
   C）使用空报表工具　　D）使用标签工具

4. 要实现报表的分组统计，其操作区域是（　　）。
   A）报表页眉或报表页脚区域　　B）页面页眉或页面页脚区域
   C）主体区域　　D）组页眉或组页脚区域

5. 在报表设计的工具栏中，用于修饰版面以达到更好显示效果的控件是（　　）。
   A）直线和矩形　　B）直线和圆形
   C）直线和多边形　　D）矩形和圆形

6. 关于报表数据源设置的描述，正确说法的是（　　）。
   A）可以是任意对象　　B）只能是查询对象
   C）只能是表对象　　D）可以是表对象或查询对象

7. 在使用报表设计器设计报表时，若要统计报表中某个字段的全部数据，应将计算表达式放在（　　）。
   A）组页眉/组页脚　　B）页面页眉/页面页脚

C）报表页眉/报表页脚　　D）主题

8. 若要在整个报表的最后输出信息，则需要设置（　　）。

A）报表页眉　　B）报表页脚

C）页面页眉　　D）页面页脚

9. 可作为报表记录源的是（　　）。

A）表　　B）查询

C）Select 语句　　D）以上都可以

10. 在报表中，要计算“数学”字段的最高分，应将控件的“控件来源”属性设置为（　　）。

A）=Max([数学])　　B）= Max(数学)

C）=Max[数学]　　D）Max(数学)

11. 关于报表的描述，下列说法中正确的是（　　）。

A）报表只能输入数据　　B）报表只能输出数据

C）报表可以输入数据和输出数据　　D）报表不能输入数据和输出数据

12. 在报表设计过程中，不适合添加的控件是（　　）。

A）图形控件　　B）标签控件

C）文本框控件　　D）选项组控件

13. 要改变某报表控件的名称，就该选取其属性选项卡的（　　）页。

A）事件　　B）格式

C）数据　　D）其他

14. 要设置主、子报表的自动链接，应该选取子报表属性选项卡的（　　）项。

A）事件　　B）格式

C）数据　　D）其他

15. 在报表设计中，以下可以做绑定控件显示字段数据的是（　　）。

A）文本框　　B）标签

C）命令按钮　　D）图像

16. 子报表向导创建的子报表中每个字段的标签都在（　　）中。

A）报表标题　　B）报表页眉

C）页面页眉　　D）组页眉

17. 要在报表页的主体区中显示一条或多条记录，而且以垂直方式显示，应选择（　　）。

A）纵栏式报表　　B）表格式报表

C）图表报表　　D）标签报表

18. 要实现报表的总计，其操作区域是（　　）。

A）组页眉/页脚　　B）报表页眉/页脚

C）页面页眉　　D）页面页脚

19. 设置报表的属性，需在（　　）下操作。

A）报表视图　　B）页面视图

C）报表设计视图　　D）打印视图

20. 关于窗体和报表的区别，下列说法中错误的是（　　）。

A）窗体和报表都可以打印预览

B）窗体不可以分组记录，报表可以分组记录

C）窗体不能修改数据源记录，报表可以修改数据源记录

D）窗体可以修改数据源记录，报表不能修改数据源记录

21．在报表设计中，预览主/子报表时，子报表页面页眉中的标签（　　）。

A）每个子报表每页都显示　　B）每页都显示

C）每个子报表只在第一页显示　　D）不显示

22．在 Access 2010 中，以一定输出格式表现数据的一种对象是（　　）。

A）表　　B）查询

C）窗体　　D）报表

23．报表记录分组是指报表设计时按选定的（　　）值是否相等而将记录划分成组的过程。

A）属性　　B）记录

C）字段　　D）域

24．在报表设计中，用来查看报表页面数据输出形态的视图是（　　）。

A）“报表预览”视图　　B）“设计”视图

C）“打印预览”视图　　D）“版面预览”视图

25．在报表设计中，如果要在页面页脚中显示的页码形式为“第 X 页,共 Y 页”，则页面页脚中的页码的控件来源应该设置为（　　）。

A）="第"&[Pages]& "页,共"&[Page]& "页"

B）="第"&[Page]& "页,共"&[Pages]& "页"

C）="第"&[Pages]& "页,共"&[Pages]& "页"

D）="第"&[Page]& "页,共"&[Page]& "页"

二、多选题

1．在 Access 2010 中，报表的视图类型有（　　）。

A）设计视图　　B）页面设置视图

C）打印预览视图　　D）版面预览视图

2．在设计视图中创建一个报表时，设计视图中包含有（　　）。

A）报表页眉区域　　B）主体区域

C）页面页眉区域　　D）报表页脚区域

3．关于报表功能的叙述中，下列正确的是（　　）。

A）可以呈现各种格式的数据　　B）可以分组组织数据并汇总

C）可以包含子报表和图表数据　　D）可以进行计数、求和等统计计算

4．关于报表属性中的数据源设置的叙述中，下列不正确的是（　　）。

A）只能是表对象　　B）只能是查询对象

C）只能是窗体对象　　D）表对象或查询对象都可以

三、判断题

1．在报表中也可以交互接收用户输入的数据。（　　）

2．使用自动报表创建的报表只能是纵栏式报表和表格式报表。（　　）

3．整个报表的计算汇总一般放在报表的页脚节。（　　）

4．一个报表可以有多个页，也可以有多个报表页眉和报表页脚。（　　）

5．表格式报表中，每条记录以行的方式自左向右依次显示排列。（　　）

6．报表中插入的页码其对齐方式有左、中、右三种。（　　）

四、填空题

1．报表页眉的内容只能在报表的______输出。

2．报表数据源可以是______和______。

3．报表数据输出不可缺少的内容是______。

4．报表有 3 种类型的视图，分别是______、______、______。

5．报表要实现分组与排序，通过指定______字段、______字段，并设置相关属性来实现。

五、简答题

1．窗体和报表有何区别？

2．打印时报表过宽，如何解决？

3．报表有哪几部分组成？各部分的含义是什么？

4．设计报表时，如何实现对数据的排序和分组？

第7章 宏

本章知识要点

- 宏的概念、功能、分类及结构。
- 创建简单宏、条件宏、宏组和嵌入宏。
- 运行宏。
- 使用宏操作建立自定义菜单。

7.1 宏概述

在 Access 中，宏是数据库对象之一，它是一种简化的编程方式，利用添加宏操作编辑要执行的操作与其他操作相结合来自动执行任务，也可以用宏来设计用户界面，例如自定义工具栏、自定义菜单、自定义窗体等。例如，可以单击命令按钮执行“打开一个数据操作窗体”的宏，去完成数据维护任务。宏操作命令是 VBA 命令的子集，在设计视图生成宏比编写 VBA 代码更容易。

1．宏的概念

宏是指能自动执行某种操作的命令集合，其中每个操作命令都能实现特定的功能。宏的每个操作都有自己的名称。它们已由 Access 系统定义，用户可以选择使用它们，但不能更改它们的名称。宏中的多个操作命令是按先后次序顺序执行，如果是条件宏，则操作会根据对应设置的条件决定能否执行。

2．宏的分类

宏的类别有：简单宏、宏组、嵌入宏和条件宏。

（1）简单宏：由一个或多个简单宏操作组成，运行时按照从上到下的顺序执行每个宏操作。

（2）宏组：由多个子宏组成，子宏可以是简单宏，也可以是宏组。建立宏组的目的是为了方便管理和维护多个宏，子宏都必须有一个唯一的名称，子宏之间相互独立、相互无关。运行宏组，只运行第一个子宏中的宏操作。

（3）嵌入宏：把宏嵌入到窗体、报表或控件事件中，嵌入宏通过事件驱动运行。

（4）条件宏：是带有判断条件的宏，一个宏操作命令是否执行取决于判断条件是否满足。

3．宏的功能

宏的功能是由宏包含的宏操作决定的，归纳起来主要有以下功能：

（1）打开和关闭表、窗体、查询等对象。

（2）执行报表的显示、预览和打印报表，

（3）筛选、查找数据记录。

（4）实现数据的导入、导出。

（5）制定用户菜单、工具。

（6）设置窗体和报表控件的属性。

（7）执行任意的应用程序模块。

通过恰当选择、设置和组合宏操作，几乎可以设计出能实现数据库所有操作的宏。Access 2010 中常用的宏操作如表 7-1～表 7-8 所示。

表 7-1 窗体管理的常用宏操作

操作名称	基本功能
CloseWindow	关闭指定的窗口，如果无指定的窗口，则关闭激活的窗口
MaximizeWindow	最大化激活窗口使它充满 Microsoft Access 窗口
MinimizeWindow	最小化激活窗口使之成为 Microsoft Access 窗口底部的标题栏
MoveAndSizeWindow	移动并调整激活窗口。如果不输入参数。则 Microsoft Access 使用当前设置。度量单位为 Windows“控制面板”中设置的标准单位（英寸或厘米）
RestoreWindow	将最大化或最小化窗口还原到原来的大小。此操作一直会影响到激活的窗口

表 7-2 宏命令的常用操作

操作名称	基本功能
CancelEvent	取消导致该宏（包含该操作）运行的 Microsoft Access 事件。例如，如果 BeforeUpdategk 事件使一个验证宏运行并且验证失败，使用这种操作可取消数据更新
ClearMacroError	清除 MacroError 对象中的上一个错误
Echo	隐藏或显示执行过程中宏的结果。模式对话框（如错误消息）将一直显示
OnError	定义错误处理行为
OpenVisualBasicModule	在指定过程的设计视图中打开指定的 Visual Basic 模块。此过程可以是 Sub 过程、Function 过程或事件过程
RemoveAllTempVars	删除所有临时变量
RemoveTempVar	删除一个临时变量
RunCode	执行 Visual Basic Function 过程。若要执行 Sub 过程，请创建调用 Sub 过程或事件过程的 Function 过程
RunDataMacro	运行数据宏
RunMacro	执行一个宏。可用该操作从其他宏中执行宏、重复宏，基于某一条件执行宏，或将宏附加于自定义菜单命令
RunMenuCommand	执行 Microsoft Access 菜单命令。当宏运行该命令时，此命令必须适用于当前的视图
SetLocalVar	将本地变量设置为给定值
SetTempVar	将临时变量设置为给定值
SingleStep	暂停宏的执行并打开“单步执行宏”对话框
StartNewWorkflow	为项目启动新工作流
StopAllMacros	终止所有正在运行的宏。如果回应和系统消息被关闭，此操作也会将它们都打开。在符合某一出错条件时，可使用这个操作来终止所有的宏
StopMacro	终止当前正在运行的宏。如果回应和系统消息的显示被关闭，此操作也会将它们都打开。在符合某一条件时，可使用这个来终止一个宏
WorkflowTasks	显示“工作流任务”对话框

表 7-3 筛选/查询/搜索的常用宏操作

操作名称	基本功能
ApplyFilter	在表、窗体或报表中应用筛选、查询或 SQL Where 子句可限制或排序来自表中的记录，或来自窗体、报表的基本表或查询中的记录
FindNextRecord	查找符合最近的 FindRecord 操作或“查找”对话框中指定条件的下一条记录。使用此操作可移动到符合同一条件的记录
FindRecord	查找符合指定条件的第一条记录。记录能在激活的窗体或数据表中查找
OpenQuery	打开选择查询或交叉表查询，或者执行动作查询。查询可在数据表视图、设计视图或打印预览视图中打开
Refresh	刷新视图中的记录
RefreshRecord	刷新当前记录
RemoveFilterSort	删除当前筛选
Requery	在激活的对象上实施指定控件的重新查询；如果未指定控件，则实施对象的重新查询。如果指定的控件不基于表或查询，则该操作将使控件重新计算
RunSQL	执行指定的 SQL 语句以完成动作查询，也可以完成数据定义查询。可以用该语句来修改当前数据库或其他数据库（IN 子句）中的数据和数据定义
SearchForRecord	基于某个条件在对象中搜索记录
SetFilter	在表、窗体或报表中应用筛选、查询或 SQL WHERE 子句可限制或排序来自表中的记录，或来自窗体、报表的基本表或查询中的记录
SetOrderBy	对表中的记录或来自窗体、报表的表或查询中的记录应用排序
ShowAllRecords	从激活的表、查询或窗体中删除所有已应用的筛选。可显示表或结果集中的所有记录，或显示窗体的基本表或查询中的所有记录

表 7-4 数据导入/导出的常用宏操作

操作名称	基本功能
AddContactFromOutlook	添加自己 Outlook 中的联系人
CollectDataViaEmail	在 Outlook 中使用 HTML 或 InfoPath 表单收集数据
EMailDatabaseObject	将指定的数据库对象包含在电子邮件消息中，对象在其中可以查看和转发。可以将对象发送到任一使用 Microsoft MAPI 标准接口的电子邮件应用程序中
ExportWithFormatting	将指定数据库对象中的数据输出为 Microsoft Excel（.xls）、格式文本（.rtf）、MS-DOS 文体（.txt）、HTML（.htm）或快照（.snp）格式
ImportExportData	从其他数据库向当前数据库导入数据、从当数据库向其他数据库导出数据，或将其他数据库的表链接到当前数据库中
ImportExportSpreadsheet	从电子表格文件向当前的 Microsoft Access 数据库导入数据或链接数据，或从当前的 Microsoft Access 数据库向电子表格文件导出数据
ImportExportText	将数据从文体文件导入到当前的 Microsoft Access 数据库、从当前的 Microsoft Access 数据库导出到文本文件，或将文体文件中的数据链接到当前的 Microsoft Access 数据库。还可以将数据导出到 Microsoft Word 中以生成 Windows 邮件合并数据文件
ImportSharePointList	从 SharePoint 网站导入或链接数据
RunSavedImportExport	运行所选的导入或导出规格
SaveAsOutlookContact	将当前记录另存为 Outlook 联系人
WordMailMerge	执行“邮件合并”操作

表 7-5 数据库对象的常用宏操作

操作名称	基本功能
CopyObject	将指定的数据库对象复制到不同的 Microsoft Access 数据库，或复制到具有新名称的相同数据库。使用此操作可迅速创建类似对象，也可将对象复制到其他数据库中
DeleteObject	删除指定对象；未指定对象时，删除导航窗格中当前选中的对象。Access 不显示消息来要求您确认删除
GoToControl	将焦点移到激活数据表或窗体上指定的字段或控件上
GoToPage	将焦点移到激活窗体指定页的第一个控件。使用 GoToContro1 操作可将焦点移到指定字段或其他控件
GoToRecord	在表、窗体或查询结果集中的指定记录成为当前记录
OpenForm	在窗体视图、设计视图、打印预览视图或数据表视图中打开窗体
OpenReport	在设计视图或打印预览视图中打开报表，或立即打印该报表
OpenTable	在设计视图、打印预览视图或数据表视图中打开表
PrintObject	打印当前对象
PrintPreview	当前对象的“打印预览”
RenameObject	重命名指定对象；如果未指定对象，则重命名导航窗格中当前选中的对象。此操作与 CopyObject 操作不同，CopyObject 操作是用新名称创建对象的一个副本
RepaintObject	在指定对象上完成所有未完成的屏幕更新或控件的重新计算；如果未指定对象，则在激活的对象上完成这此操作
SaveObject	保存指定对象；未指定对象时，保存激活对象
SelectObject	选择指定的数据库对象，然后可以对此对象进行某些操作。如果对象未在 Access 窗口中打开，请在导航窗格中选中它
SetProperty	设置控件属性
SetValue	为窗体、窗体数据表或报表上的控件、字段或属性设置值

表 7-6 数据输入操作的常用宏操作

操作名称	基本功能
DeLeteRecord	删除当前记录
EditListItems	编辑查阅列表中的项
SaveRecord	保存当前记录

表 7-7 系统命令的常用宏操作

操作名称	基本功能
Beep	使计算机发出嘟嘟声。使用此操作可表示错误情况或重要的可视性变化
CloseDatabase	关闭当前数据库
DisplayHourglassPointer	当宏执行时，将正常光标变为沙漏形状（或您所选定的其他图标）。宏运行完成后会恢复正常光标
OpenSharePointList	浏览 SharePoint 列表
OpenSharePointRecycleBin	查看 SharePoint 网站回收站
PrintOut	打印激活的数据库对象。可以打印数据表、报表、窗体以及模块
QuitAccess	退出 Microsoft Access。可从几种保存选项中选择一种

续表

操作名称	基本功能
RunApplication	启动另一个Microsoft Windows或MS-DOS应用程序，如Microsoft Excel或Word。指定的应用程序将在前台运行，同时宏也将继续运行
SendKeys	向 Microsoft Access 或其他激活的应用程序中发送键击。这些键击和您在应用程序中按键的效果一样
SetWarnings	关闭或打开所有的系统消息。可防止模式警告终止宏的执行（尽管错误消息和需要用户输入的对话框仍然显示）。这与在每个消息框中按 Enter（一般为“确定”或“是”）效果相同

表 7-8 用户界面命令的常用宏操作

操作名称	基本功能
AddMenu	为窗体或报表将菜单添加自定义菜单栏。菜单栏中的每个菜单都需要一个独立的 AddMenu 操作。同样，为窗体、窗体控件或报表添加自定义快捷菜单，以及为所有的 Microsoft Access 窗体添加全局菜单栏或全局快捷菜单，也都需要一个独立的 AddMenu 操作
BrowseTo	将子窗体的加载对象更改为子窗体控件
LockNavigationPane	用于锁定或解除锁定导航窗格
MessageBox	显示含有警告或提示消息的消息框。常用于当验证失败时显示一条消息
NavigateTo	定位到指定的“导航窗格”组和类别
Redo	重复最近的用户操作
SetDisplayeCategories	用于指定要在导航窗格中显示的类别
SetMenuItem	为激活窗口设置自定义菜单（包括全局菜单）上菜单项的状态（启用或禁用，选中或不选中）。仅适用于菜单栏宏所创建的自定义菜单
ShowToolbar	显示或隐藏内置工具栏或自定义工具栏。工具栏可以始终显示、仅正常显示或隐藏
UndoRecord	撤消最近的用户操作

7.2 宏的设计视图

与查询、窗体和报表不同，Access 宏对象只有设计视图，因此宏的创建要在设计视图中完成。

1. 打开宏的设计视图

打开宏的设计视图步骤如下：

（1）打开数据库。

（2）在【创建】选项卡的【宏与代码】组中单击【宏】工具，在工作区中宏的设计视图和【操作目录】窗口被打开，如图 7-1 所示，

（3）在【宏工具\设计】选项卡的【显示/隐藏】组中单击【操作目录】工具，可显示或隐藏【操作目录】窗口，该窗口中按类别列出了所有宏操作命令，设计宏时可通过双击选择所需要的操作命令。

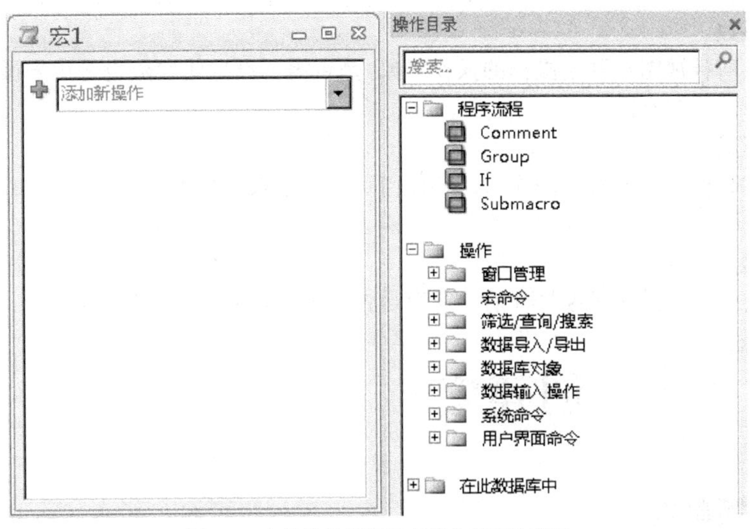

图 7-1　宏的设计视图及【操作目录】窗口

2. 宏的结构

宏由一个或多个宏操作组成，每个宏操作由宏操作名称和参数组成。

添加宏操作的步骤：

（1）添加宏操作。

单击设计视图中的【添加新操作】组合框的下拉按钮从列表中选择或从【操作目录】窗口中选择宏操作，则所选择的宏操作命令就添加到宏中。

（2）设置宏操作参数。

在宏操作的参数设置窗格中设置参数。如图 7-2 所示，为选择“OpenForm”（打开窗体）操作后显示的相关参数设置窗格。

宏操作相关参数设置方法如下：

（1）操作对象名称参数。

用于设置宏操作的操作对象。单击【操作对象组合框】的下拉按钮，选择操作对象。根据宏操作的功能不同决定有无这项参数以及可选择对象的类型，一般是必须设置项。图 7-2 中“OpenForm”宏操作的功能是打开窗体，因此该参数应设置为一个窗体的名称。

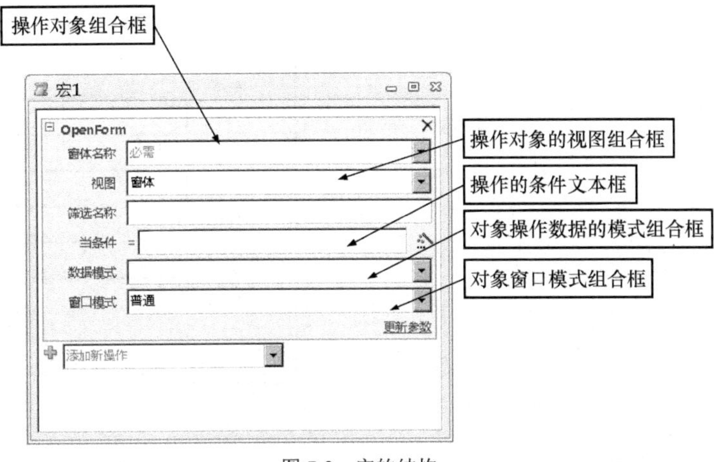

图 7-2　宏的结构

（2）视图参数。

用于设置以何种视图打开宏操作的操作对象，是否需要设置此参数也是由宏操作的对象决定，不同对象可选择的视图不同。

（3）数据模式参数。

用于设置在数据表里的数据操作时，将以何种模式来操作数据。一般有增加、编辑和只读几种模式。

（4）窗口模式参数。

用于设置宏操作的操作对象打开后，窗口是否显示和以何种模式显示。

7.3 创建宏

7.3.1 创建简单宏

创建简单宏的步骤如下：

（1）打开数据库。

（2）新建宏。

（3）添加宏操作并设置宏操作参数。

（4）保存并命名宏。

例 7-1 在完成了例 6-9 操作后的数据库中创建一个宏，其功能为打开例 5-7 创建的窗体后发一声“嘟”响。命名为“例 7-1 创建的简单宏”。

操作步骤如下：

（1）打开“进销存管理系统.accdb”。

（2）新建宏。

在【创建】选项卡的【宏与代码】组中单击【宏】工具，在打开的宏设计视图中系统自动创建了一个宏，如图 7-3 所示。

（3）添加宏操作。

在【添加新操作】组合框中选择【OpenForm】命令，设置操作参数，再在【添加新操作】组合框中选择【Beep】命令，【Beep】不需操作参数，则结果为如图 7-4 所示。

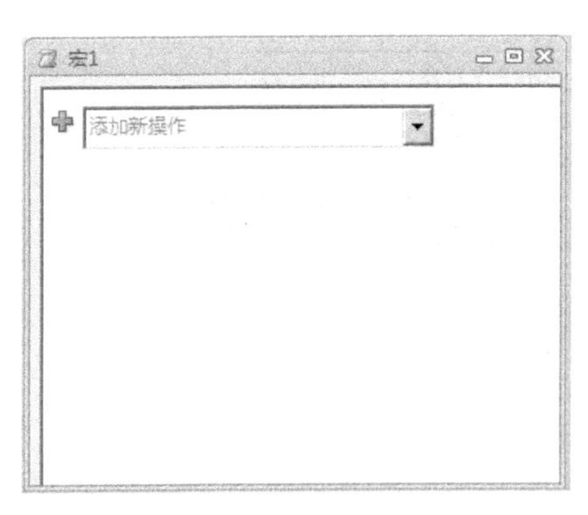

图 7-3 宏的设计视图

图 7-4 宏参数设置

（4）保存并命名宏。

（5）运行宏。

在【宏工具\设计】选项卡的【工具】组中单击【运行】工具，得到宏的执行结果。

7.3.2 创建宏组

创建宏组的步骤如下：

（1）打开数据库。

（2）新建宏。

（3）添加宏组中所有子宏。

（4）保存并命名宏。

例 7-2 在完成了例 6-9 操作后的数据库中创建一个宏组，在宏组中设置三个子宏，其功能分别为打开例 5-7 创建的窗体、打印预览例 6-4 建立的报表和退出 Access，分别命名三个子宏为“打开销售数据维护窗体”“进货明细报表打印预览”和“退出 Access”；命名宏组为“例 7-2 创建的宏组”。

操作步骤如下：

（1）打开“进销存管理系统.accdb”。

（2）新建宏。

（3）添加“打开销售数据维护窗体”子宏。

在【操作目录】窗口，双击【程序流程】目录下【Submacro】选项，即添加子宏，输入该子宏名称为“打开销售数据维护窗体”；单击用于该子宏的【添加新操作】组合框下拉按钮，在操作列表中选择【OpenForm】，设置操作参数，如图 7-5 所示。

图 7-5 “打开销售数据维护窗体”子宏

（4）添加“进货明细报表打印预览”子宏。

在【操作目录】窗口，双击【程序流程】目录下【Submacro】选项，添加子宏，输入该子宏名称为“进货明细报表打印预览”，单击用于该子宏的【添加新操作】组合框下拉按钮，在操作列表中选择【OpenReport】，设置操作参数，如图 7-6 所示。

图 7-6 “进货明细报表打印预览”子宏

（5）添加“退出 Access”子宏。

在【操作目录】窗口，双击【程序流程】目录下【Submacro】选项，添加子宏，输入该子宏名称为“退出 Access”，添加“QuitAccess”操作到该子宏，设置操作参数，如图 7-7 所示。

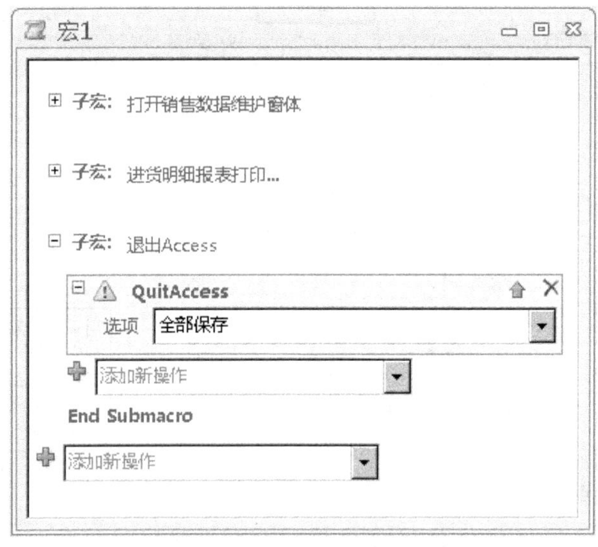

图 7-7 “退出 Access”子宏

（6）保存并命名宏组。

（7）运行宏组。

在【宏工具\设计】选项卡的【工具】组中单击【运行】工具，运行宏组，结果如图 7-8 所示。从宏组的运行结果可以看出，宏组按顺序只运行第一个宏。

图 7-8 宏组运行结果

7.3.3 创建嵌入宏

用前面方法创建的宏是一个独立的宏对象，它和其他对象没有联系，而嵌入宏是嵌入到窗体、报表或控件事件中的宏。在本书例题 5-7 中设置了 9 个命令按钮，单击这些命令按钮能执行数据管理操作，其实就是通过命令按钮向导生成了一个宏，并将这个宏嵌入到窗体上命令按钮的单击事件代码中。因为嵌入宏已嵌入到窗体的事件中，所以嵌入宏不会出现在【导航窗格】的宏对象组中。嵌入宏也可以先在宏设计视图中创建，然后嵌入到其他对象。

例 7-3 在例 5-7 所创建窗体中查看 ▸ 的嵌入宏。

操作步骤如下：

（1）在设计视图中打开例 5-7 所创建窗体。

（2）查看 ▸ 的“单击”事件属性。

单击窗体上的 ▸，在【窗体设计工具\设计】的【工具】组中，单击【属性表】工具，在属性表中单击【事件】选项卡，可看到“单击”事件属性中设置的是“嵌入的宏”。如图 7-9 所示。

（3）查看嵌入宏。

单击“单击”事件属性中的【生成器】按钮，则在设计视图中打开嵌入宏，如图 7-10 所示。

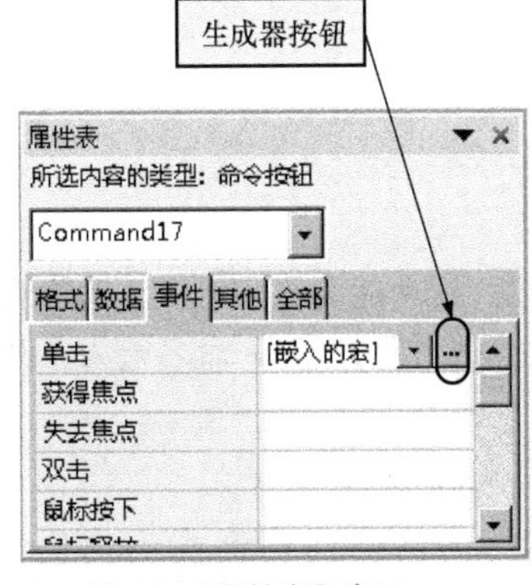

图 7-9 【属性表】窗口

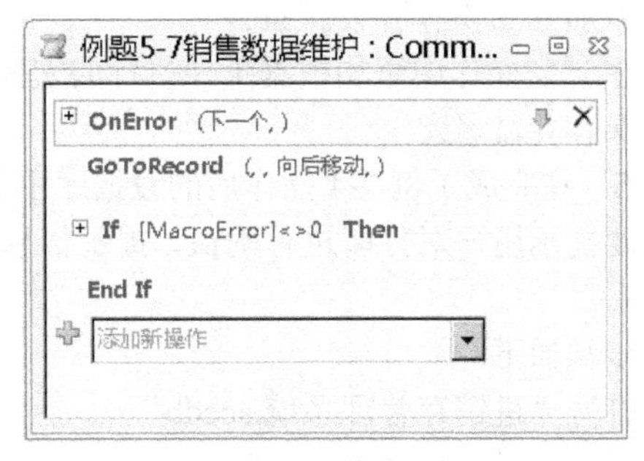

图 7-10 打开的嵌入宏

例 7-4 在例 5-7 所创建窗体中编辑“ ”的嵌入宏。

操作步骤如下：

（1）在设计视图中打开例题 5-7 所创建窗体。

（2）查看 的“单击”事件属性。

（3）删除“单击”事件属性中设置的 “嵌入的宏”。

（4）选择“事件”属性生成器。

单击“单击”事件属性中的【生成器】按钮，在出现的【选择生成器】对话框中，如图 7-11 所示，选择【宏生成器】，单击【确定】按钮。

（5）在宏设计视图中创建“ ”的嵌入宏。

在打开的设计视图中，如图 7-12 所示，添加实现按钮功能的宏操作。

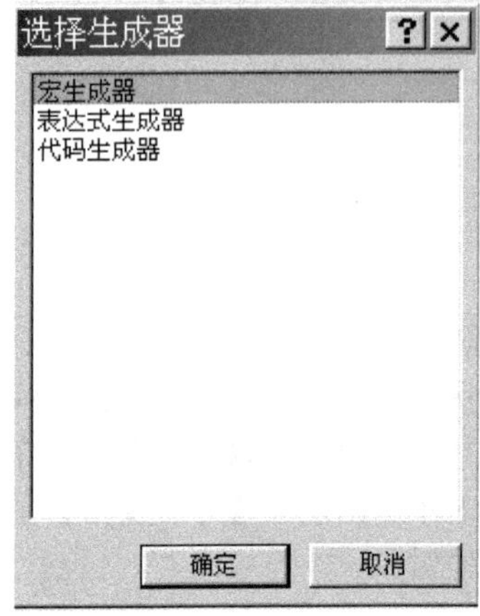

图 7-11 【选择生成器】对话框

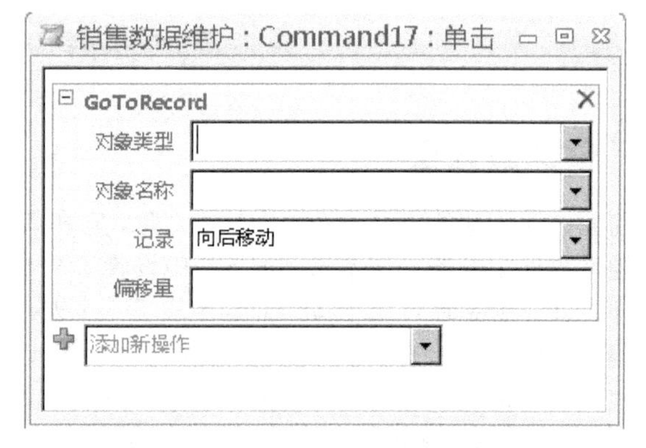

图 7-12 在设计视图中创建嵌入宏

（6）保存窗体。

保存嵌入宏，保存窗体。注意，在“导航窗格”中并没有出现该嵌入宏对象。

7.3.4 创建条件宏

条件宏是通过设置条件来控制宏的执行。

创建宏组的步骤如下：

（1）打开数据库。

（2）新建宏。

（3）添加 if 宏操作并设置条件。

（4）在 if 宏操作中添加根据条件执行的宏操作。

（5）保存并命名宏。

例 7-5 在完成了例 7-4 操作后的数据库中创建一个宏，其功能为打印例 6-5 创建的报表，但在打印前要提示用户对打印进行确认，提示信息为“请确定是否要打印”，命名宏为“例 7-5 创建的条件宏”。

操作步骤如下：

（1）打开“进销存管理系统.accdb”。

（2）新建宏。

（3）添加 if 宏操作。

添加“if”宏操作，在 if 文本框中输入表达式：“MsgBox("请确定是否要打印",1)=1”，如图 7-13 所示，在“if-end if”结构宏操作中添加“OpenReport”宏操作，如图 7-14 所示。

图 7-13 添加“if”宏操作

图 7-14 添加“打印”宏操作

（4）保存并命名宏。

（5）运行宏。

运行宏的结果如图 7-15 所示。如果单击消息框的【确定】按钮，则执行报表打印操作；单击【取消】按钮，则报表打印操作不会被执行。

图 7-15 确认打印提示

7.4 编辑宏

对已创建的宏对象，可在设计视图中进行修改编辑，包括添加宏操作、修改宏操作、删除宏操作。修改和编辑宏操作前，必须在设计视图中打开宏对象，打开的方法和打开其他对象的方法相同。

1．添加宏操作

添加宏操作的操作步骤如下：

（1）打开宏。

（2）用前面所介绍的方法添加一个或多个宏操作。

（3）保存宏。

2. 删除宏操作

删除宏操作的操作步骤如下：

（1）打开宏。

（2）将鼠标指向宏操作，则宏操作名所在行右边出现【删除】工具，如图7-16所示，单击删除工具。

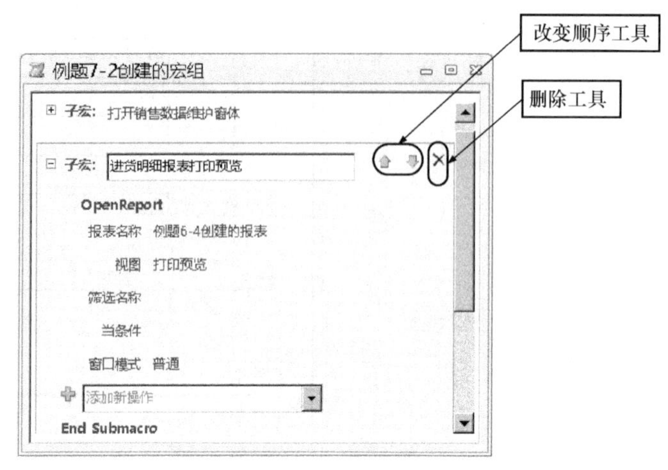

图7-16 宏操作工具

（3）保存宏。

3. 修改宏操作

修改宏操作的操作步骤如下：

（1）打开宏。

（2）用前面所介绍的方法，重新设置宏操作参数，单击如图7-16所示的改变顺序工具，改变宏排列的前后顺序。

（3）保存宏。

7.5 运行宏

创建宏后，用户就可以运行它。宏的运行有多种方法。

1. 直接运行宏

宏可以用以下方法直接运行：

（1）双击【导航窗格】中宏对象。

（2）右击【导航窗格】中宏对象，在打开的对象操作快捷菜单中选择【运行】。

（3）在【数据库工具】选项卡的【宏】组中单击【运行宏】工具，在打开的【执行宏】对话框中，如图7-17所示，单击组合框下拉按钮，从列表中选择宏名，单击【确定】按钮。

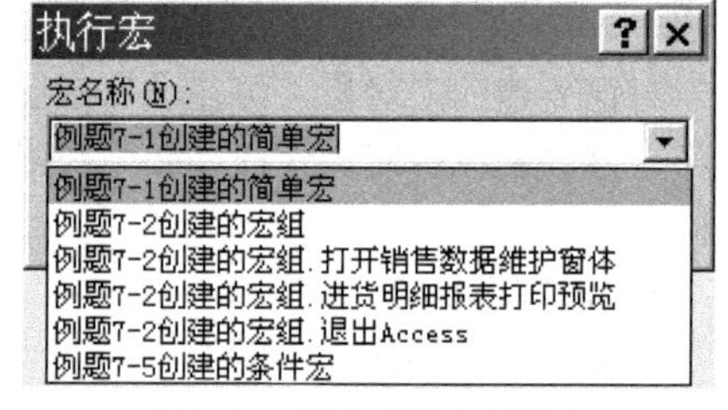

图7-17 “执行宏”对话框中

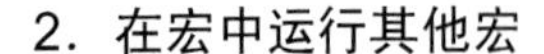

2. 在宏中运行其他宏

例7-6 在完成了例7-5操作后的数据库中创建一个宏，要求在该宏中运行例7-4创建的宏。

命名宏为“例 7-6 在宏中运行其他宏”。

操作步骤如下：

（1）打开“进销存管理系统.accdb”。

（2）创建宏。

创建一个如图 7-18 所示的宏。根据需要，设置“重复次数”和“重复表达式”参数，如果这两个框都为空，则只运行一次。

（3）保存并命名宏。

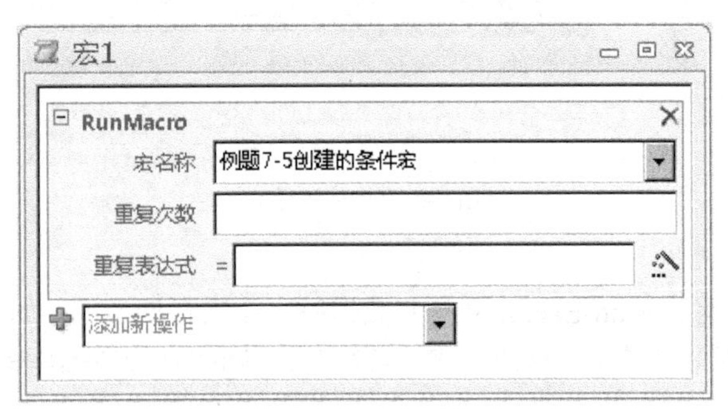

图 7-18 “运行例 7-5 的宏”设计视图

3．通过窗体或控件运行宏

把宏添加到窗体或窗体的控件上，通过窗体或控件运行宏。

例 7-7 在完成了例 7-6 操作后的数据库中，创建一个名为“例 7-7 控件运行宏”的窗体，在【使用控件向导】处于“关”的状态下，添加一个标题为“打印”的命令按钮到窗体上，在窗体的窗体视图中单击该按钮后，则执行例 7-5 创建的宏。

操作步骤如下：

（1）打开“进销存管理系统.accdb”。

（2）设置通过控件运行的宏。

创建如图 7-19 所示的窗体，在“属性表”窗口中设置命令按钮的“标题”属性值为“打印”，设置“单击”属性值为“例 7-5 创建的条件宏”，如图 7-20 所示。

图 7-19 “控件运行宏”的窗体视图

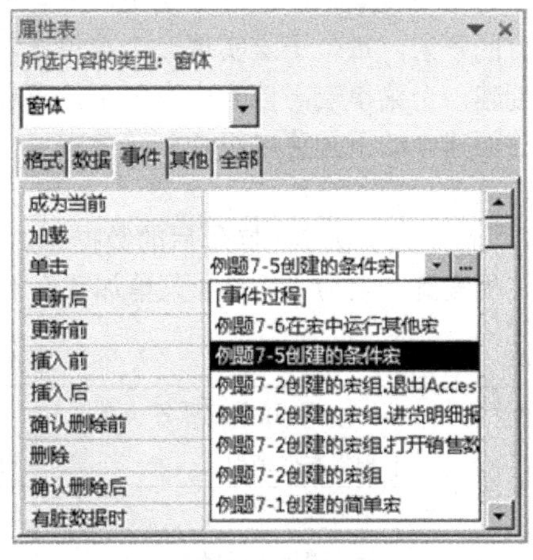

图 7-20 命令按钮的“单击”属性值

（3）保存并命名窗体。

（4）通过控件运行宏。

打开窗体的窗体视图，单击【打印】命令按钮，结果如图 7-21 所示。

图 7-21　控件运行宏

4．自动运行宏

如果把宏的名称命名为 AutoExec，则打开数据库时该宏自动运行。如果已经为一个数据库建立了 AutoExec 宏，但又不想在打开数据库时运行该宏，则在打开数据库的过程中按住 Shift 键。

7.6 使用宏创建菜单

在数据库应用设计中，菜单是一个很重要的对象，它给用户提供一个简单快捷调用系统功能、交互数据等的途径。因此菜单是数据库应用系统的一个必要操作工具。在 Acess2010 中，菜单的建立可用宏来实现，用 AddMenu 宏命令可以创建自定义快捷菜单、全局自定义快捷菜单和“加载项”选项卡的自定义菜单。三种菜单的建立基本相同，但激活和运行的方法有区别。

1．创建“加载项”选项卡自定义菜单

创建和使用“加载项”选项卡自定义菜单的过程如下：

（1）规划和设计菜单的结构。包括定义菜单的级数、各下拉菜单选项、下拉菜单选项的功能。

（2）打开数据库。

（3）为每个下拉菜单创建一个宏组，其功能是建立该下拉菜单。宏组中有和该下拉菜单选项数相同数目的子宏，每个子宏实现一个菜单选项的功能。

（4）创建一个菜单宏，该宏中有和下拉菜单数相同数目的 AddMenu 宏操作，每个 AddMenu 宏操作将前面建立的下拉菜单组合到菜单中。

（5）将菜单加载到窗体。

例 7-8　在完成了例 7-7 操作后的数据库中，利用“AddMenu”宏操作创建表 7-9 所规划的菜单，并将其加载到一名为“例 7-8 菜单加载”的空白窗体。

表 7–9　菜单规划

下拉菜单名	菜单选项名	菜单选项功能
销售数据	销售数据维护	打开例 5-7 创建的窗体
	销售数据统计	打开例 4-17 创建的查询
销售报表	商品销售明细报表	打印预览例 6-7 创建的报表
	销售单分栏打印	打印预览例 6-8 创建的报表
退出	退出系统	退出 Access

操作步骤如下：

（1）打开“进销存管理系统.accdb”。

（2）创建拉菜单宏组。

分别给“销售数据”“销售报表”“退出”3 个下拉菜单创建宏组，分别命名为“销售数据下拉菜单宏组”“销售报表下拉菜单宏组”“退出下拉菜单宏组”，如图 7-22、图 7-23、图 7-24 所示。

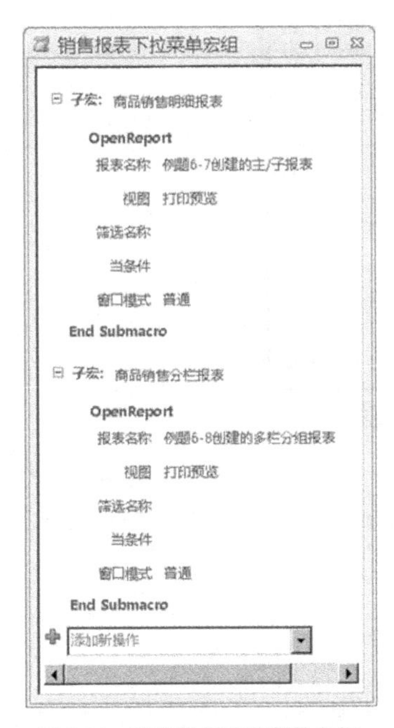

图 7-22 销售数据下拉菜单宏组

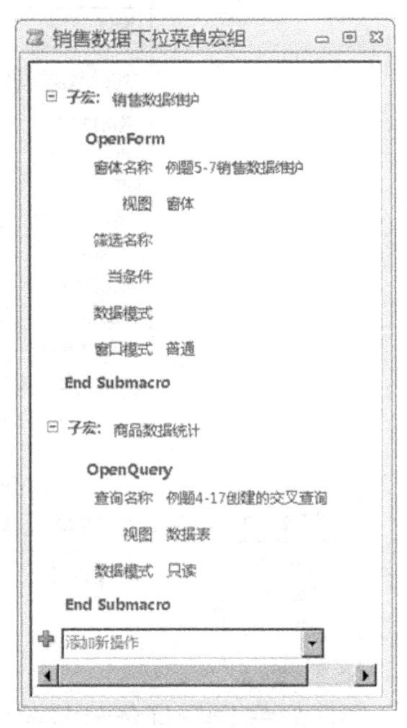

图 7-23 销售报表下拉菜单宏组

（3）创建菜单宏。

创建一个宏，命名为“菜单宏”，如图 7-25 所示。将前面建立的 3 个下拉菜单组合到菜单中。

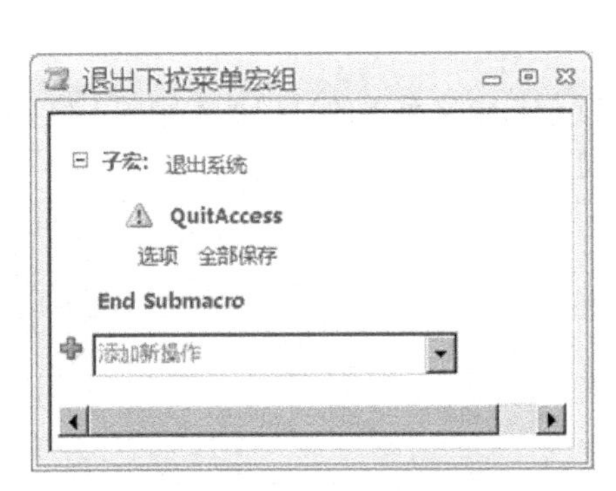

图 7-24 退出下拉菜单宏组

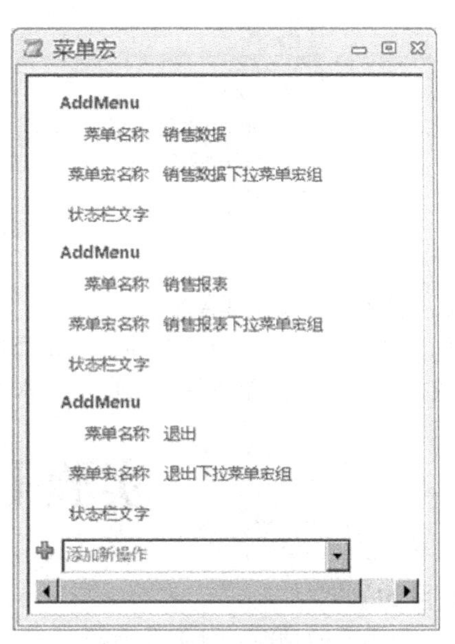

图 7-25 菜单宏

（4）将菜单加载到窗体。

创建名为“例 7-8 菜单加载”的空白窗体，在空白窗体的“菜单栏”属性中输入“菜单宏”，如图 7-26 所示，切换到窗体的窗体视图，单击“加载项”选项卡，结果如图 7-27 所示。

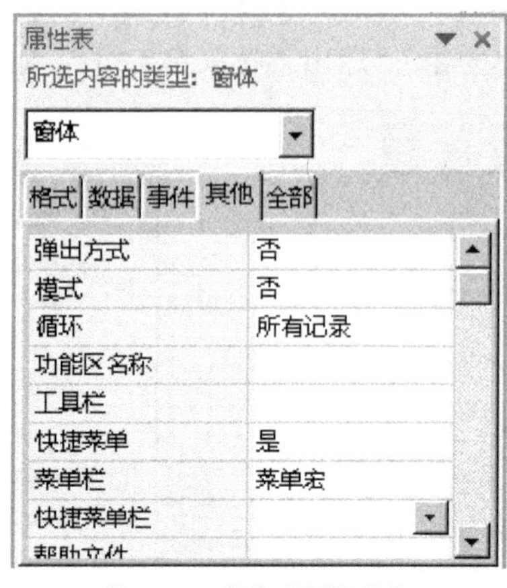

图 7-26　窗体“属性表”

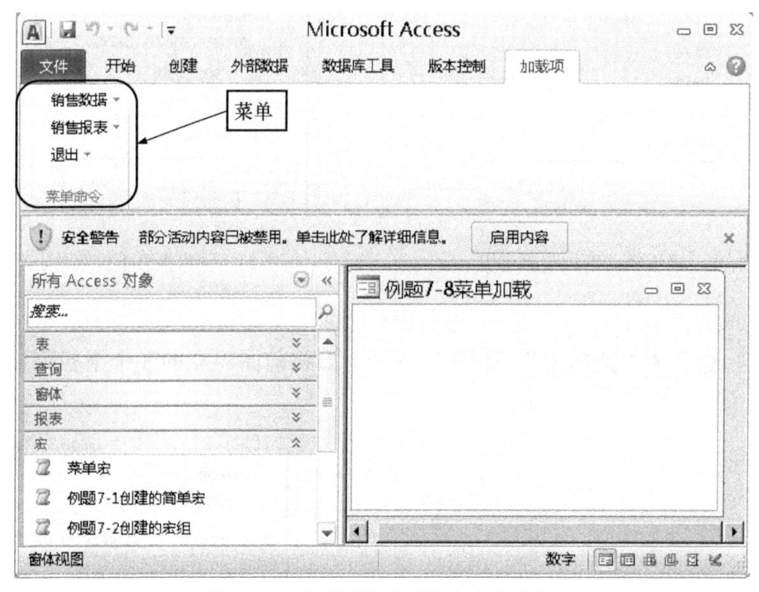

图 7-27　“加载项”选项卡自定义菜单

2．创建自定义快捷菜单

创建和使用定义快捷菜单的过程和“加载项”选项卡自定义菜单的过程基本相同，区别是在窗体或控件的“快捷菜单栏”属性中输入菜单宏的名称。

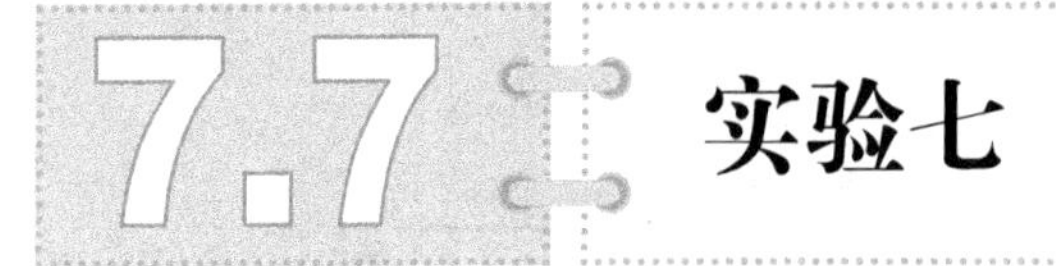

7.7 实验七

【实验目的】

1．熟悉宏的功能、分类及结构。

2．掌握创建各种宏的方法。
3．掌握各种运行宏的方法。
4．熟悉使用宏建立自定义菜单的方法。

【实验内容】

1．在查询设计视图中创建宏。
2．运行宏。
3．使用宏建立自定义菜单。

【实验准备】

完成第 6 章所有实验内容后的数据库“进销存管理系统.accdb”。

【实验方法及步骤】

1．实验任务 7-1

完成例 7-1 的操作。

2．实验任务 7-2

完成例 7-2 的操作。

3．实验任务 7-3

完成例 7-3 的操作。

4．实验任务 7-4

完成例 7-4 的操作。

5．实验任务 7-5

完成例 7-5 的操作。

6．实验任务 7-6

完成例 7-6 的操作。

7．实验任务 7-7

完成例 7-7 的操作。

8．实验任务 7-8

完成例 7-8 的操作。

9．实验任务 7-9

根据图 1-2 创建进销存管理系统的“加载项”选项卡自定义菜单。

7.8 习题和实训

7.8.1 实训七

在完成实训六后的数据库“学生成绩管理系统.accdb”中完成以下操作：根据实训一的“学生成绩管理系统功能结构图”，创建学生成绩管理系统的“加载项”选项卡自定义菜单，设置每个菜单选项的功能为运行实训四、实训五和实训六中所创建的相应对象。

7.8.2 习题

一、单选题

1．在设计条件宏时，对于连续重复的条件，可以代替的符号是（　　）。

A）…　　　　B）=

C），　　D）；

2．在一个宏的操作序列中，若既包含条件的操作，又包含无条件的操作，则带条件的操作是否执行取决于条件表达式的真假，而没有指定条件的操作则会（　　）。

A）有条件执行　　B）无条件执行

C）不执行　　D）出错

3．使用宏组的目的是（　　）。

A）设计出功能复杂的宏　　B）设计出包含大量操作的宏

C）减少程序内存消耗　　D）对多个宏进行组织和管理

4．在宏的调试中，可配合使用的设计器上的工具按钮是（　　）。

A）“调试”　　B）“条件”

C）“单步”　　D）“运行”

5．在一个数据库中已经设置了自动宏 AutoExec，若在打开数据库的时候不想执行这个自动宏，正确的操作是（　　）。

A）按[Enter]键打开数据库　　B）打开数据库时按住[Alt]键

C）打开数据库时按住[Ctrl]键　　D）打开数据库时按住[Shift]键

6．InputBox()函数的返回值类型是（　　）。

A）数值　　B）字符串

C）变体　　D）数值或字符串

7．打开查询的宏操作是（　　）。

A）OpenForm　　B）OpenQuery

C）OpenTable　　D）OpenModule

8．宏操作 SetValue 可以设置（　　）。

A）窗体或报表控件的属性值　　B）字段的值

C）刷新控件数据　　D）当前系统的时间

9．使用 Function 语句定义一个函数过程，其返回值的类型是（　　）。

A）可在调用时由运行过程决定　　B）只能是符号常量

C）是除数组之外的简单数据类型　　D）由函数定义时 As 子句声明

10．在过程定义中有语句“Private Sub GetData(ByRef f As Integer)”，其中，ByRef 的含义是（　　）。

A）传值调用　　B）传址调用

C）形式参数　　D）实际参数

11．关于宏的描述，下列说法中错误的是（　　）。

A）宏可转换为相应的 VBA 模块代码

B）宏是 Access 的对象之一

C）宏操作能实现一些编程的功能

D）宏命令中不能使用条件表达式

12．能够创建宏的设计器是（　　）。

A）窗体设计器　　B）宏设计器

C）表设计器　　D）编辑器

13．用于关闭数据库对象的宏命令是（　　）。

A）Close　　B）Close All

C）Exit　　D）Quit

14．用于指定当前记录的宏命令是（　　）。

A）Requery　　B）FindRecord

C）GotoControl　　D）GotoRecord

15．用于显示消息框的宏命令是（　　）。

A）InputBox　　B）MessageBox

C）DisBox　　D）Beep

16．下列宏操作中参数不能使用表达式的是（　　）。

A）GotoRecord　　B）MessageBox

C）OpenTable　　D）Maximize

17．宏不能用于修改（　　）。

A）表　　B）窗体

C）报表　　D）宏本身

18．在窗体或控件上按下的鼠标释放时触发宏，应使用（　　）事件。

A）Click　　B）MouseUp

C）MouseDown　　D）MouseMove

19．要引用窗体 Form1 上控件 Text1 的值，应使用的表达式是（　　）。

A）Text1　　B）Form1!Text1

C）Forms!Form1!Text1　　D）Forms!Text1

20．用于创建窗体、窗体控件、报表或整个数据库的自定义菜单、自定义快捷菜单或全局快捷菜单的宏命令是（　　）。

A）Close　　B）FindNext

C）ApplyFilter　　D）AddMenu

21．用于获得字符串 Str 从第二个字符开始的三个字符的函数是（　　）。

A）Mid(Str,2,3)　　B）Middle(Str,2,3)

C）Right(Str,2,3)　　D）Left(Str,2,3)

22．为窗体或报表的控件设置属性值的宏操作命令是（　　）。

A）Set　　B）SetData

C）SetValue　　D）SetWarnings

23．下列属于通知或警告用户的宏命令是（　　）。

A）PrintOut　　B）OutputTo

C）MessageBox　　D）RunWarnings

24．能够实现从指定记录集里检索特定字段值的函数是（　　）。

A）Nz()　　B）Find()

C）Lookup()　　D）DLookup()

25．下列操作中，适合使用宏的是（　　）。

A）修改数据表结构　　B）创建自定义过程

C）打开或关闭报表对象　　D）处理报表中错误

26．描述若干个操作的组合的对象是（　　）。

A）表　　B）查询

C）窗体　　D）宏

27．宏组中的宏的调用格式是（　　）。

A）宏名称　　B）宏组名.宏名

C）宏名.宏组名　　D）宏.宏名

28. 宏命令 SetWainings 的功能是（　　）。

A）显示警告信息　　B）关闭或打开系统消息

C）设置属性值　　D）设置提示信息

29. 停止当前运行的宏的宏操作是（　　）。

A）StopAllMacros　　B）StopMacro

C）CanceEvent　　D）RunMacro

30. 宏组是由下列哪一项组成的？（　　）。

A）子宏　　B）若干宏操作

C）若干宏　　D）若干子宏操作

二、多选题

1. 在默认情况下，在宏的设计视图中见不到的是（　　）。

A）操作列　　B）注释列

C）宏名列　　D）条件列

2. 利用宏设计器可以创建（　　）。

A）简单宏　　B）复合宏

C）宏组　　D）条件宏

3. 下列叙述中，正确的是（　　）。

A）宏能够一次完成多个操作　　B）可以将多个宏组成一个宏组

C）可以用编程的方法来实现宏　　D）宏命令一般由动作名和操作参数组成

4. 下列叙述中，正确的是（　　）。

A）宏是若干个操作的集合　　B）宏操作不能自定义

C）宏可以与窗体中的命令按钮结合使用　　D）每一个宏操作都有相同的宏操作参数

三、判断题

1. 既可以使用向导来创建一个宏，也可以利用设计视图来创建一个宏。（　　）

2. 一个宏不可能被单独运行。（　　）

3. 所有的宏操作都必须为其指定操作参数。（　　）

4. 一个简单的宏对应着系统已定义的一个操作。（　　）

5. 创建条件宏时必须为宏操作的执行指定一个前提条件。（　　）

四、填空题

1. 宏可以包含______或______操作代码，宏也可以由几个宏名组织在一起的______构成。

2. 宏可以划分为______、______和______。

3. 运行宏组中的宏的命令是______。

4. 因为有了宏，数据库应用系统中的不同的对象就可以______。

五、简答题

1. 事件有哪几类？

2. 常见的宏操作有哪些？

3. 宏编程与普通编程相比有什么优势？

4. 什么叫作对象的引用？绝对引用和相对引用有何不同？

第8章 VBA程序设计

本章知识要点

- VBA 语言基础。
- 将宏转换为 VBA 代码。
- 模块和过程的创建。
- 面向对象程序设计概念。
- 编写简单事件过程。
- 通过 DAO 和 ADO 访问数据。

8.1 VBA 编程语言基础

VBA（Visual Basic for Application）是 Access 数据库系统中内置的编程语言，主要用来编写 Windows 的应用程序，其实是 VB（Visual Basic）语言的简化子集。

VBA 的功能是通过模块来实现的，在 Access 数据库系统中，程序设计的核心就是编写模块和事件过程的代码。通过模块和事件过程，用户不仅可以使用数据库接口中的数据和对象（如窗体和报表等），还可以使用 VB 编写的过程来动态地创建、删除和修改数据和对象。

8.1.1 基础知识

在 Access 数据库系统中，要完成某一事件，需要编写 VBA 程序来完成，而 VBA 程序是由过程组成的，一个过程包含常量、变量、运算符、函数、对象和控制语句等许多基本要素。

1. VAB 编程环境

Access 数据库系统提供了一个编程界面——VBE（Visual Basic Editor），它是一个集编程和调试等功能于一体的编程环境，它支持 Office 应用程序。

在 Access 2010 中，常用 VBE 的启动方法：

（1）单击【创建】选项卡【宏与代码】组中的【模块】或【类模块】或【Visual Basic】按钮，即可弹出 VBE 窗口。

（2）单击【数据库工具】选项卡【宏】组中的【Visual Basic】按钮。

（3）打开数据库文件后，按“Alt+F11”组合键即可弹出 VBE 窗口。该方法还用于数据库操作界面与 VBE 窗口的切换，如图 8-1 所示。

2. VBA 数据类型

VBA 基本语法继承了传统的 Basic 语言，并提供了多种数据类型。

（1）标准数据类型，表 8-1 所示。

（2）自定义数据类型。

VBA 允许用户用 Type 语句来定义自己的数据类型，称为记录类型。

在关系数据库系统中，一个“记录”通常包含多个数据项，例如：一个“商品”记录中包含商品编号、商品名称、产地、生产日期等多个数据项，而每个数据项又包含有不同的数据类型。在 VBA 中，用户定义的记录类型与数据库中的“记录”类似，一个记录类型的数据同样可包含多个数据元素，每个数据元素允许具有不同的数据类型。

图 8-1 VBE 窗口

表 8-1 标准数据类型

数据类型	类型标识	字段类型	有效值
字节型	Byte	字节	0 到 255
整数型	Integer	整数	-32768 到 32767
长整数	Long	长整数	-2147483648 到 2147483647
单精度浮点数	Single	单精度浮点数	负数：-3.402823E+38 到-1.401298E-45
			正数：1.401298E-45 到 3.402823E+38
双精度浮点数	Double	双精度浮点数	负数：-1.79769313486231E+308 到-4.9406564841247E-324
			正数：4.9406564841247E-324 到 1.79769313486231E+308
字符串型	String	文本	0 字符到 65500 字符
布尔型	Boolean	逻辑值	True 或 False
货币型	Currency	货币	-922337203685477.5808 到 922337203685477.5807
日期时间型	Data	日期/时间	100 年 1 月 1 日到 9999 年 12 月 31 日
变体型	Variant	任何	January1/10000（日期）、数字和双精度同、文本和字符串同

Type 语句定义格式如下：

```
Type [数据类型名]
    <域名>As<数据类型>
    <域名>As<数据类型>
        ⋮
End Type
```

例如：

定义一个 MyType 的用户自定义类型：

```
Type  MyType
    MyName As String
    MySex As Boolean
    MyAge As Integer
```

```
    MyBirthday As Date
End Type
```

3. 常量和变量

尽管 VBA 提供多种数据类型，但在使用 VBA 编程时，往往需要用到常量和变量，并在使用它们之前必须先定义，否则在程序执行当中会被认为是非法的字符。

（1）常量

常量是指在程序运行过程中，其值不能被改变的量。

例如：234、“ABCDE”、“学生”等都是常量。

在 VBA 中通常把常量分为数值常量、字符常量、逻辑常量、日期常量和符号常量 5 种。

1）数值常量

数值常量是指数学中常用的数值。

例如：整数常量 123、+234、-34567 等，小数常量 1.234、-2.23456、1.123456×10^3、2.3456E+4 等。

2）字符常量

字符常量是指由双引号括起来的任意 ASCII 字符序列，不包括双引号和回车符。

例如：“1234”、“ABC”、“教师”等。

3）逻辑常量

逻辑常量是指逻辑值，只有 True 和 False 两个值，属于系统常量。

4）日期常量

日期常量前后使用符号“#”括起来，表示日期或时间的文字。

例如：#10/12/2013#表示 2013 年 10 月 12 日。

5）符号常量

符号常量通常分为系统定义的内部常量和用户自定义的常量。

内部常量又称为预定义常量，通常用 vb 为开头，主要包括控件常量、对象常量和用户界面常量。

例如：vbRed、vbBlack、vbMonday 等。

用户自定义的常量使用 Const 语句定义。

语法结构如下：

```
[Public|Private]Const 常量名 [As type]=表达式。
```

例如：

```
Public Const x=345
Private Const y="back"
Const a As Data=#10/12/2010 Const #
```

（2）变量

变量是指程序运行时其值会发生变化的量。每一个变量都有变量名，其名称不区分大小写。

1）变量的命名规则

- ◆ 命名时必须以字母为开头，后面的字符可以是字母、数字或下划线。
- ◆ 命名时不能使用 VBA 中的关键字作为变量名，如 Private、Sub、End、If 等。
- ◆ 变量名不能包含有空格、标点符号（下划线字符除外）或声明字符（如%、&、!、#、@或$）。
- ◆ 变量名长度不能超过 255 个字符。
- ◆ 在变量的作用域内，其名称是唯一的。

注：常量和变量的命名规则一样。

例如：

合法的变量名：a1234、My_name1 等。

不合法的变量名：123ab、a.abc、My$name 等。

2）变量声明

◆ 使用 Dim 语句声明

其语法结构为：Dim 变量名 As 数据类型。

例如：

```
Dim MyNane As String
Dim MySex As Boolean
Dim MyAge As Integer
Dim MyBirthday As Date
```

注意

Dim 语句在一行声明中可以使用多个变量，各变量中间用逗号隔开。

例如：

```
Dim MyNane As String, MySex As Boolean, MyAge As Integer, MyBirthday As Date
```

◆ 使用类型说明符号声明

在 VBA 中，类型说明符号有%——整数型、&——长整数型、! ——单精度浮点型、#——双精度浮点型、@——货币型、$——字符型。这些符号作为变量名的一部分，并放在变量名的最后一个字符后面。

例如：

```
X%=1234
Y#=12.345
Z$="大学计算机"
```

◆ 使用 DefType 语句声明

其语法结构为：DefType 字母。

注：DefType 只能在模块的通用声明中使用,用来为变量设置默认的数据类型。

例如：

DefInt a,b &&以 a、b 字母为开头的变量默认的数据类型为整数型。

DefStr x,y &&以 x、y 字母为开头的变量默认的数据类型为字符串型。

4．数组

数组是由一组具有相同数据类型的变量构成的集合。数组变量由变量名和数组下标构成，通常用 Dim 语句来定义。

格式为：

```
Dim 数组名([下标下界 to]下标上界) [As 数据类型]
```

例如：

Dim a(4)表示 a(0)、a(1)、a(2)、a(3)、a(4)等 5 个元素。

Dim a(2,2)表示 a(0,0)、a(0,1)、a(0,2)、a(1,0)、a(1,1)、a(1,2)、a(2,0)、a(2,1)、a(2,2)等 9 个元素。

在 VBA 编程过程中，只能给数组元素赋值，不能给数组赋值。

例如：

```
Dim a(2) As Integer
a(0)=1        &&正确
a=1          &&错误
```

5．运算符和表达式

在 VBA 编程语言中，有多种运算符，如算术运算符、比较运算符、逻辑运算符和连接运算符。

（1）算术运算符及其表达式

算术运算与数学中的相应运算基本相同，如表 8-2 所示。

表 8–2　　算术运算及运算符

运算	运算符	举例	运算优先级
乘方	^	4^2=16	从乘方到减法是由高到低的优先顺序，其中乘法和浮点除法是同级运算符，加法和减法是同级运算符。
取负	-	-x,求 x 的负数	
乘法	*	5*4=20	
浮点除法	/	3/2=1.5	
整数除法	\	3\2=1	
求模	Mod	5 mod 2=1	
加法	+	3+1=4	
减法	-	3-1=2	

算术表达式是由各种算术运算符和操作数组成的式子。

例如：

```
X+y-8
5*x^2
```

（2）比较运算符及其表达式

比较运算符又称为关系运算符，用来对两个数据类型相同或相容的表达式进行大小、相等与不等的比较，如表 8-3 所示。

表 8–3　　比较运算符

比较运算	运算符	操作	举例
相等	=	判断两个表达式是否相等	X=y+1
大于	>	判断表达式 1 是否大于表达式 2	x>y+1
小于	<	判断表达式 1 是否小于表达式 2	X<y+1
不小于	>=	判断表达式 1 是否不小于表达式 2	x>=y+1
不大小	<=	判断表达式 1 是否不大于表达式 2	X<=y+1
不等于	<>	判断两个表达式是否不相等	X<>y+1

比较运算表达式的值为 True（真）或 False（假），主要用于逻辑判断。

例如：

```
2<3        &&结果为 True（真）
2>=3       &&结果为 False（假）
```

（3）逻辑运算符及其表达式

逻辑运算（布尔运算）是由逻辑运算符连接两个或两个以上表达式组成的，运算结果为逻辑值 True 或 False，如表 8-4 所示。

表 8-4　逻辑运算符

逻辑运算	运算符	说明
非	Not	真取非为假，假取非为真
与	And	操作数都为真时结果才为真
或	Or	操作数都为假时结果才为假
异或	Xor	操作数不相同时结果才为真
等价	Eqv	操作数都为假时结果才为真
蕴含	Imp	第一操作数为真，第二操作数为假时，结果才为假

例如：

```
MyValue=(5>4 AND 1>=2)      &&结果为 False(假)
MyValue=(5>4 OR 1>=2)       &&结果为 True(真)
```

（4）连接运算符及其表达式

连接运算符有“&”和“+”两个运算符。运算符“&”用来强制两个表达式作字符串连接。

例如：

```
“3+4” & “=” &(3+4)    运算结果为“3+4=7”
```

（5）对象运算符

在 VBA 中，对象运算符有 2 个，即“!”和“.”，用于引用对象或对象的属性，从而构成对象表达式。

（1）符号“!”的作用是随后为用户定义的内容。

例如：

```
Form![销售管理]            &&打开“销售管理”窗体
```

（2）符号“.”的作用是随后为 Access 定义的内容。

例如：

```
Cmd.Caption                &&引用命令按钮 Cmd 的 Caption 属性
```

6．常用函数

在 VBA 中，除了在模块创建中定义子过程与函数过程可以完成特定功能外，还提供了近百个内置的标准函数，方便了多功能操作，这些函数一般用在表达式中。

一般格式如下：

```
函数名（<参数 1><,参数 2>[,参数 3][,参数 4]……）
```

在这里，函数名是不能缺少，函数的参数放在函数名后的圆括号内，参数可以是常量、变量或表达式，也可以是一个或多个，但也有少量函数没有参数。每个函数被调用后，都会返回一个返回值。

函数的参数和返回值都具有特定的数据类型对应。

常用的标准函数：

（1）算术函数

主要完成数学计算功能，如表 8-5 所示。

表 8-5　　算术函数

函数名称	表达式	功能	例子
绝对值	Abs(<数值表达式>)	返回数值表达式的绝对值	Abs(-4)=4
取整数	Int(<数值表达式>)	返回数值表达式的整数部分。若参数是负数时，返回小于等于参数值的第一个负数	Int(4.15)=4
			Int(-4.15)=-5
	Fix(<数值表达式>)	返回数值表达式的整数部分。若参数是负数时，返回大于等于参数值的第一个负数	Fix(4.15)=4
			Fix(-4.15)=-4
四舍五入	Round(<数值表达式>[,<表达式>])	按指定的小数位数进行四舍五入运算。	Round(4.155,1)=4.2 Round(4.155,2)=-4.16
开平方	Sqr(<表达式>)	计算数值表达式的开平方根	Sqr(16)=4

（2）字符串函数

完成字符串处理功能，如表 8-6 所示。

表 8-6　　字符串函数

函数名称	表达式	功能	例子
字符串长度	Len(<字符串表达式>或<变量>)	返回字符串所含字符数	Len("123456") =6 Len(12) =2
截取定符串	Left(<字符串表达式>,<N>)	从字符串左端截取 N 个字符	X="computer" Y="计算机科学" Left(x,3)=com Right(x,3)=ter Mid(y,4,1)=科
	Right(<字符串表达式>,<N>)	从字符串右端截取 N 个字符	
	Mid(<字符串表达式>,<N1>,<N2>)	从字符串左端第 N1 个字符开始起截取 N2 个字符	
生成空格符	Space(<数值表达式>)	返回数值表达式的值指定的空格字符串数	space(3) 其返回值为 3 个空格符
大小写字符转换	Ucase(<字符串表达式>)	把字符串中的小写字母转换成大写字母	Ucase("Computer")=COMPUTER
	Lcase(<字符串表达式>)	把字符串中的大写字母转换成小写字母	Lcase("CxYZ")=cxyz

（3）日期与时间函数

完成日期与时间的处理功能，如表 8-7 所示。

表 8-7 日期与时间函数

函数名称	表达式	功能	例子
获取系统日期与时间	Date	返回当前系统日期	D=Date=2010-10-3
	Time	返回当前系统时间	T=Time=9:12:00
	Now	返回当前系统日期和时间	Now=2010-10-3 9:12:00
截取日期分量	Year(<表达式>)	返回日期表达式年份的整数	Y=Year(D)=2010
	Month(<表达式>)	返回日期表达式月份的整数	M= Month(D)=10
	Day(<表达式>)	返回日期表达式日期的整数	D= Day(D)=3
	Weekday(<表达式>)	返回 1 到 7 的整数，表示星期几，周日是 1，周一是 2，依此类推	WD=Weekday(D)=1
截取时间分量	Hour(<表达式>)	返回时间表达式的小时数（0 到 23）	H= Hour(T)=9
	Minute(<表达式>)	返回时间表达式的分钟数（0 到 59）	M= Minute(T)=12
	Second(<表达式>)	返回时间表达式的秒数（0 到 23）	S= Second(T)=00

（4）数据类型转换函数

完成把数据类型转换成指定的数据类型，如表 8-8 所示。

表 8-8 数据类型转换函数

函数名称	表达式	功能	例子
字符串转换成字符代码	Asc(<字符串表达式>)	返回字符串首字符的 ASCII 值	Asc(“abc”)=97
字符代码转换成字符	Chr(<字符表达式>)	返回与字符代码相关的字符	Chr(97)=a
数字转换成字符串	Str(<数值表达式>)	把数值表达式转换成字符串	Str(-7)=-7(字符型)
数字字符串转换成数字	Val(<数字字符串表达式>)	把数字字符串转换成数值型数字	Val("17")=17 Val("8abc")=8
字符串转换成日期	DateValue(<字符串表达式>)	把字符串转换成日期值	DateValue("October,10,2010")=2010-10-10

8.1.2 程序控制语句

在 Access 2010 数据库系统中，要设计复杂数据处理功能，往往通过 VBA 程序控制语句来完成。对于程序设计来说，一个语句就是指能够完成某项操作的一条命令。它可以包含关键字、运算符、变量、常量以及表达式。

1．语句分类

VBA 程序语句可分为声明语句和执行语句。

（1）声明语句。

声明语句主要用于命名和定义常量、变量、数组和过程。使用的关键字有 Sub、Const、Dim、Public、Static 或 Global 等。

例如：

```
Sub ApplyFormat()
        Const limit As Integer=30
```

```
      Dim strName As String
   End Sub
```

说明：

① Sub 语句声明的过程名为 ApplyFormat，当 ApplyFormat 过程被调用或运行时，所有包含在 Sub 与 End Sub 中的语句都被执行。

② Const 语句是用来声明一个常数，并且设置它的值，常数声明之后不能更改，也不能赋予新值。可以使用多个连续声明，但必须为每个常数指定数据类型。

例如：

```
Const Min As Integer=5， Max As Integer=100
```

③ Dim 语句是用来声明变量。创建变量 strName,并且指定它为 String 数据类型。在声明变量时，也可以在一个语句中声明几个变量。

例如：

```
Dim X As String, Y As Integer
```

（2）执行语句。

执行语句主要用于执行赋值操作、调用过程和实现各种流程控制。

2．程序控制语句

无论是结构化程序设计还是面向对象的程序设计，程序控制语句一般为三种结构：顺序结构、条件结构和循环结构。

（1）顺序结构。

在 VBA 程序设计中，程序执行是按照语句先后顺序依次执行，一直到程序的完成。它是最简单、最常用的基本结构。

例如赋值语句，其格式：

```
变量=表达式
X=1                    &&把 1 赋给变量 x
X=x+1                  &&把表达式 x+1 赋给变量 x
X="佛山科学技术学院" &&把字符串"佛山科学技术学院"赋给变量 x
```

下面我们主要介绍 VBA 提供的各种判断结构和循环结构的语句。

（2）条件结构（又称选择结构）。

在 VBA 程序设计中，程序执行是根据条件选择执行路径的。由于在现实生活中，常常需要对给定的条件进行分析、比较和判断，并根据判断结果采取不同的操作。

根据条件表达式的值来选择程序运行语句。

主要结构有：

① 条件语句结构

◆ 单分支结构：If…Then 语句

语句结构：

```
If <条件表达式 1> Then <条件表达式 1 为真时要执行的语句>
```

或

```
If <条件表达式 1> Then
   <条件表达式 1 为真时要执行的语句序列>
End If
```

如图 8-2 所示。

例 8-1 向文本框 1 输入单精度型数据，单击“确定”按钮，在另一个文本框 2 显示这一组数据。

程序如下：

```
Private Sub Command0_Click()
 Dim x As Single
    Text1.SetFocus
    x = Text1.Text
    Text2.SetFocus
    If x Then Text2.Text = x
End Sub
```

程序运行结果如图 8-3 所示。

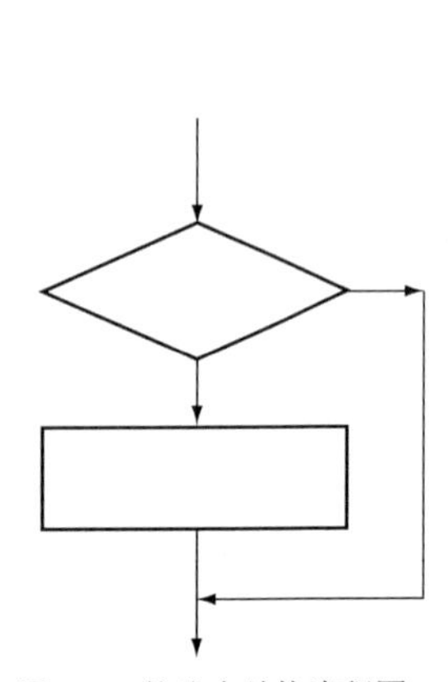

图 8-2 单分支结构流程图

图 8-3 例 8-1 程序运行结果

◆ 双分支结构：If…Then…Else 语句

语句结构：

```
If <条件表达式 1> Then <条件表达式 1 为真时要执行的语句> Else <条件表达式 1 为假时要执行的语句>
```

或

```
If <条件表达式 1> Then
    <条件表达式 1 为真时要执行的语句序列>
Else
    <条件表达式 1 为假时要执行的语句序列>
End If
```

如图 8-4 所示。

例 8-2 向文本框 1 输入学生成绩，单击“确定”按钮，在另一个文本框 2 显示判断结果是否及格。

程序如下：

```
Private Sub Command1_Click()
    Dim x As Single
    Text1.SetFocus
    x = Text1.Text
    Text2.SetFocus
    If x >= 60 Then
```

```
    Text2.Text = "及格"
    Else
    Text2.Text = "不及格"
    End If
End Sub
```

程序运行结果如图 8-5 所示。

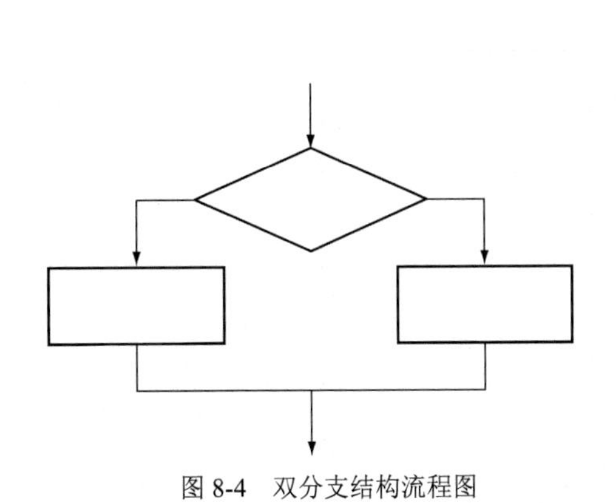

图 8-4 双分支结构流程图

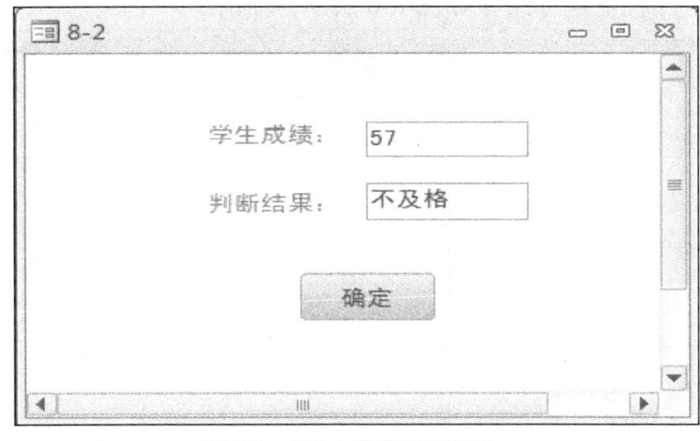

图 8-5 例 8-2 程序运行结果

◆ 多分支结构：If…Then…ElseIf 语句(条件结构嵌套)

语句结构：

```
If <条件表达式 1> Then
    <条件表达式 1 为真时要执行的语句序列 1>
ElseIf <条件表达式 2> Then
    <如果条件表达式 1 为假，并且条件表达式 2 为真时要执行的语句序列 2>
…
[Else
<语名序列 n>]
End If
```

例 8-3 细化例 8-2 中对学生成绩的评定，即 0～59 为不及格，60～74 为及格，75～89 为良好，90 以上为优秀（100 分制）。

程序如下：

```
Private Sub Command1_Click()
    Dim x As Single
    Text1.SetFocus
    x = Text1.Text
    Text2.SetFocus
    If x < 60 Then
        Text2.Text = "不及格"
    ElseIf x <= 74 Then
        Text2.Text = "及格"
    ElseIf x <= 89 Then
        Text2.Text = "良好"
```

```
    ElseIf x <= 100 Then
        Text2.Text = "优秀"
    Else
        Text2.Text = "不合理成绩"
    End If
End Sub
```

程序运行结果如图 8-6 所示。

图 8-6　例 8-3 程序运行结果

◆ Select Case…End Select 语句。

当条件选项较多时，使用条件结构嵌套可能会使程序变得很复杂，又由于条件结构的嵌套数目和深度是有限的，因此 VBA 提供的 Select Case…End Select 语句结构就可以方便的解决这类问题。

语句结构：

```
Select Case 表达式
    Case 表达式 1
    表达式的值与表达式 1 的值相等时执行的语句序列
[Case 表达式 2 to 表达式 3]
    [表达式的值介于表达式 2 的值和表达式 3 的值之间时执行语句序列]
[Case Is 关系运算符 表达式 4]
    [表达式的值与表达式 4 的值之间满足关系运算符的值时执行语句序列]
[Case Else]
[上面的情况均不符合时执行的语句序列]
End Select
```

例 8-4　例 8-3 改用 Select Case…End Select 语句实现。

程序如下：

```
Private Sub Command1_Click()
    Dim x As Single
    Text1.SetFocus
    x = Text1.Text
    Text2.SetFocus
    Select Case x >= 0
```

```
        Case x < 60
            Text2.Text = "不及格"
        Case x <= 74
            Text2.Text = "及格"
        Case x <= 89
            Text2.Text = "良好"
        Case x <= 100
            Text2.Text = "优秀"
        Case Else
            Text2.Text = "不合理成绩"
    End Select
End Sub
```

程序运行结果如图 8-7 所示。

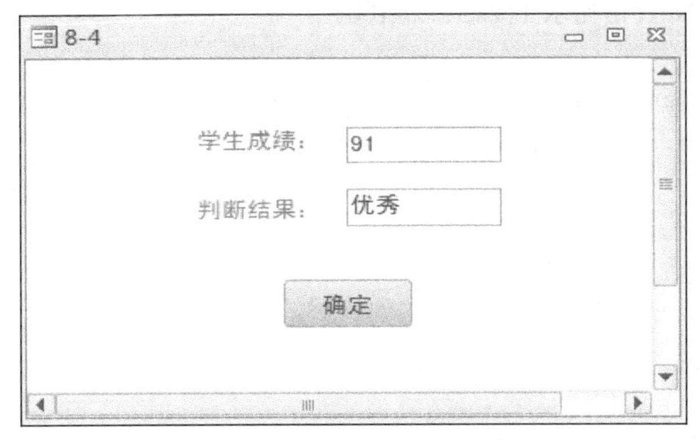

图 8-7　例 8-4 程序运行结果

② 条件函数

◆ If 函数

语句格式：If（条件式,表达式 1,表达式 2）

含义：若条件式的值为真，则函数执行表达式 1，否则函数执行表达式 2。

◆ Switch 函数

语句格式：Switch（条件式 1,表达式 1[,条件式 2,表达式 2…[,条件式 n,表达式 n]]）

含义：根据条件式 1、条件式 2、…条件式 n 的值来分别决定执行所对应的表达式。

◆ Choose 函数

语句格式：Choose（索引式,选项 1[,选项 2,…[,选项 n]]）

含义：根据索引式的值返回选项列表的某个值。例如：若索引式的值为 1,则函数执行选项 1；若索引式的值为 2，则函数执行选项 2；依次类推；若索引式的值小于 1 或大于列出的选项目数时，函数返回无效值“Null”。

（3）循环结构

在 VBA 程序设计中，重复执行某一段程序语句的程序结构称为循环结构，使用循环结构可以避免不必要的重复操作，简化程序，节约内存，提高效率。

① For…Next 语句

语句格式：

```
For 循环变量=初值 to 终值 [Step 步长]
    循环体
    [条件语句序列
        Exit For
    结束条件语句序列]
Next [循环变量]
```

例如：

```
For x=4 to 8 Step 2
    X=2*x
Next x
```

分析：循环变量取值为 4 时，执行一次后变量值为 8，第二次取值为 10 已超过终值 8，循环结束。

注：当循环结束时，程序中 Next 的下一行语句继续执行。

例 8-5 用 Fox…Next 语句求 1+2+3+…+100。

程序如下：

```
Private Sub Command1_Click()
Dim i As Integer, s As Integer
        s = 0
    For i = 1 To 100
        s = s + i
    Next i
    Text1.SetFocus
    Text1.Text = s
End Sub
```

程序运行结果如图 8-8 所示。

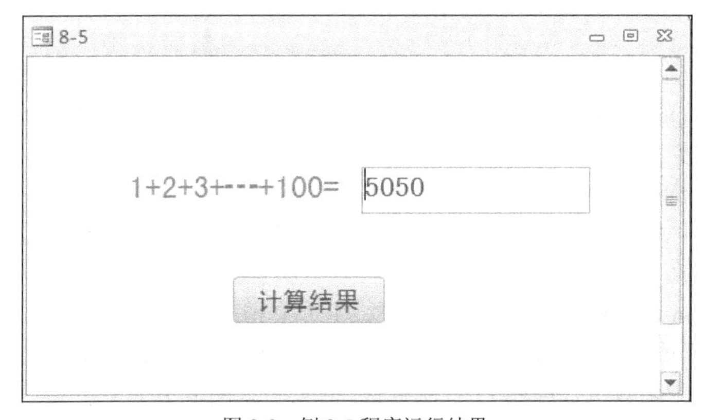

图 8-8 例 8-5 程序运行结果

② Do While…Loop 语句

语句格式：

```
Do while 条件式
    循环体
    [条件语句序列
```

```
        Exit Do
    结束条件语句序列]
Loop
```

例 8-6 用 Do While…Loop 语句求 1+2+3+…+100。

程序如下：

```
Private Sub Command1_Click()
Dim i As Integer,s As Integer
        S=0
        I=1
        Do While i<=100
        S=s+i
        I=i+1
    Loop
    Text1.SetFocus
    Text1.Text = s
End sub
```

程序运行结果如图 8-8 所示。

③ Do Until…Loop 语句(该语句与 Do While…Loop 语句相对应)

语句格式：

```
Do Until 条件式
    循环体
    [条件语句序列
        Exit Do
    结束条件语句序列]
Loop
```

条件式值为假时，重复执行循环体。

例 8-7 用 Do Until…Loop 语句求 1+2+3…+100。

程序如下：

```
Private Sub Command1_Click()
Dim i As Integer,s As Integer
        S=0
        I=1
        Do Until i>100
        S=s+i
        I=i+1
     Loop
    Text1.SetFocus
    Text1.Text = s
```

```
End sub
```

程序运行结果如图 8-8 所示。

④ Do…Loop While 语句

语句格式：

```
Do
    循环体
    [条件语句序列
        Exit Do
    结束条件语句序列]
Loop while 条件式
```

例 8-8 用 Do…Loop while 语句求 1～100 之间偶数之和。

程序如下：

```
Private Sub Command1_Click()
Dim i As Integer,s As Integer
        S=0
        I=2
        Do
        S=s+i
        I=i+2
     Loop while i<=100
    Text1.SetFocus
    Text1.Text = s
End sub
```

程序运行结果如图 8-9 所示。

图 8-9 例 8-8 程序运行结果

⑤ Do…Loop Until 语句

语句格式：

```
Do
    循环体
    [条件语句序列
        Exit Do
    结束条件语句序列]
Loop Until 条件式
```

例 8-9 用 Do…Loop until 语句求 1～100 之间的奇数之和。

程序如下：

```
Private Sub Command1_Click()
Dim i As Integer,s As Integer
        S=0
        I=1
        Do
        S=s+i
        I=i+2
     Loop until i>100
    Text1.SetFocus
    Text1.Text = s
End sub
```

程序运行结果如图 8-10 所示。

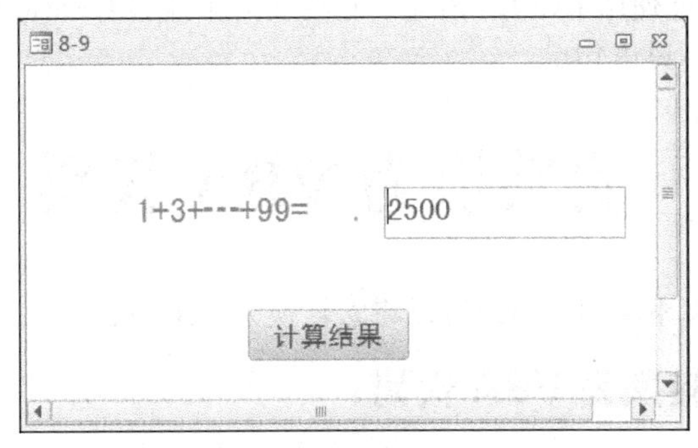

图 8-10 例 8-9 程序运行结果

⑥ While…Wend 语句

语句格式：

```
While 条件式
    循环体
Wend
```

例 8-10 用 While…Wend 语句求 10!。

程序如下：

```
Private Sub Command1_Click()
   Dim i As Integer, s As long
        s = 1
        i = 1
      While i <= 10
        s = s*i
        i = i + 1
     Wend
     Text1.SetFocus
     Text1.Text = s
End Sub
```

程序运行结果如图 8-11 所示。

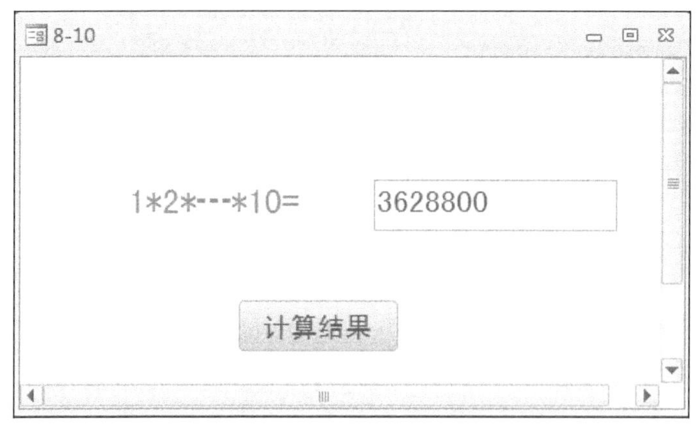

图 8-11 例 8-10 程序运行结果

注：该语句循环中不能使用 Exit Do 语句，它主要为了兼容 QBasic 和 Quick Basic 而提供的，故在 VBA 中尽量不要使用该语句。

8.2 宏转换为 VBA 代码

在 Access 2010 数据库系统中，用户可以将宏转换为 VBA 代码。

8.2.1 将独立的宏转换为 VBA 代码

将独立的宏转换为 VBA 代码时，每转换一次会产生一个新模块，模块内含有一个转换完成的程序，可转换的内容为程序代码、错误处理、注释等。

例 8-11 将一个“打开销售管理”宏转换为 VBA 代码。

操作步骤如下：

① 在对象导航中单击【打开销售管理】宏，然后单击【文件】选项卡中的【对象另存为】按钮。

② 在弹出【另存为】窗体，在其窗体中输入保存名称和选择保存类型，保存名称为“打开销售管理的 VBA 代码”，保存类型选择“模块”，然后单击【确定】按钮，如图 8-12 所示。

③ 在弹出对话框中选中其中 2 个复选框，单击【转换】按钮，如图 8-13 所示。

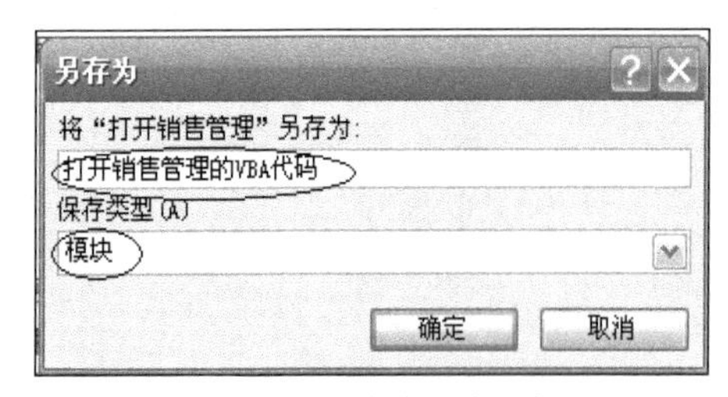

图 8-12 设置保存名称和类型

图 8-13 选中复选框

④ 弹出转换完毕对话框，单击【确定】按钮。

8.2.2 将窗体或报表中的宏转换为 VBA 代码

在 Access 2010 数据库系统中，窗体或报表所引用的宏都可以转换为 VBA 代码，并向其类模块中添加 VBA 代码，该类模块是它们的一部分。

例 8-12 将窗体中的宏转换为 VBA 代码。

操作步骤如下：

① 打开某窗体，将其设置为【设计视图】模式。

② 单击【窗体设计工具—设计】选项卡中的【将窗体的宏转换为 Visual Basic 代码】按钮。

③ 在弹出对话框中选中其中 2 个复选框，单击【转换】按钮。

④ 弹出转换完毕对话框，单击【确定】按钮。

8.3 模块

在 Access 2010 数据库系统中，“宏”虽然很好使用，但它运行的速度比较慢，同时也不能直接运行很多 Windows 的应用程序，尤其是不能自定义一些函数，这给我们要对某些数据进行一些特殊的应用分析处理时，就显得无能为力，这时，就需要使用模块来解决。

8.3.1 模块

1．模块的定义

模块是将 VBA 声明、过程和函数作为一个单元进行保存的集合，它是 Access 的一个对象，它可以将各种数据库对象联接起来，使其构成一个完整的系统，如图 8-14 所示。

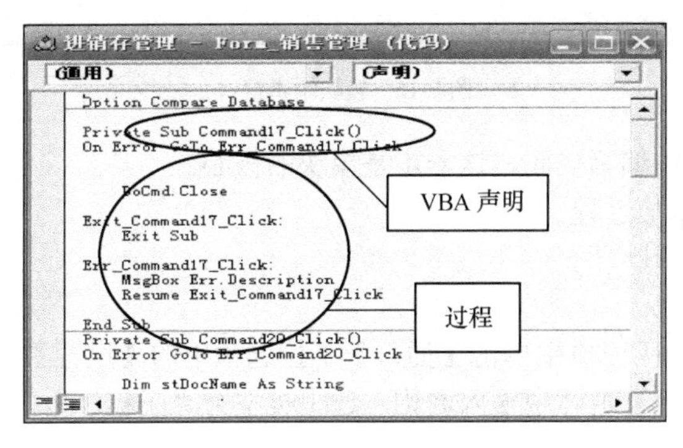

图 8-14 代码窗口的模块

模块中的每一个过程都可以由一个函数或一个子程序组成。

模块可以与报表、窗体等对象结合使用，以建立完整的应用程序；模块也可以建立自己的函数，并完成复杂的计算，这些功能宏是无法完成的。

2．模块的分类

模块分为两种基本类型：标准模块和类模块。

（1）标准模块

标准模块是指存放整个数据库可用函数和子程序的模块。它包含与任何其他对象都无关的通用过程，以及可以从数据库的任何位置运行的常规过程。

（2）类模块

类模块是指包含新对象定义的模块。

类模块又可以分为窗体模块、报表模块和独立模块。

1）窗体模块是指与特定的窗体相关联的类模块。

2）报表模块是指特定的报表相关联的类模块，包括响应报表、报表段、页眉和页脚所触发的事件的代码。

3）独立模块是指不依附于窗体和报表而独立存在的类模块。

模块通过声明部分对要在模块中或模块之间使用的变量、常量、自定义数据类型，以及模块级的 Option 语句进行声明。

3．模块的创建

标准模块和类模块的创建过程是一样的，这里只介绍标准模块的创建。

（1）创建标准模块的方法

打开模块编辑窗口的操作步骤如下：

① 单击【创建】选项卡中的【模块】按钮，自动弹出代码编辑窗口，在窗口中输入代码，最后保存，如图 8-15 所示。

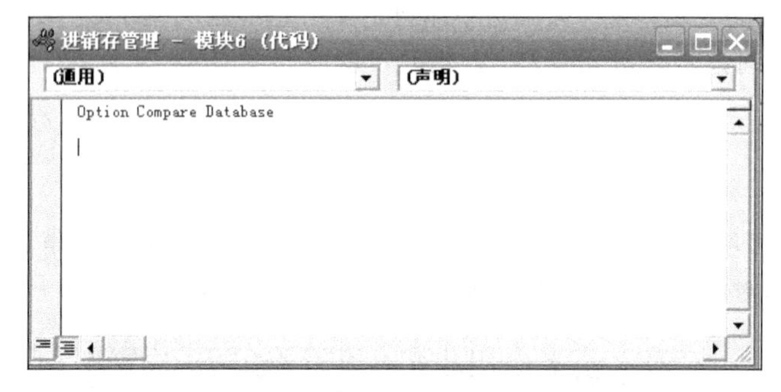

图 8-15　模块编辑窗口

② 在模块编辑窗口中编写代码，这一步是模块的核心。

（2）在标准模块中添加过程

1）添加 Sub 过程

操作步骤如下：

① 在 VBA 编辑器代码窗口中单击【插入】下拉选项中的【过程】命令。

② 在弹出【添加过程】窗体中输入名称，选中类型为“子程序”，单击【确定】按钮

③ 编写代码。

④ 关闭保存。

2）添加 Function 过程

Function 过程与 Sub 过程相似，但函数可以返回一个值。如果 Function 过程没有参数时，它的语句必须包含一个空的圆括号。

8.3.2　过程

过程是由一系列 VBA 代码单元组成的，包含一系列的语句和方法，并执行特定的操作或计算数值。

模块并不能独立运行，它类似容器，把数据库中的 VBA 函数和过程放在一起，作为一个整

体来保存，能运行的只是模块中的过程，其过程分为子过程和函数。

1. 子过程

子过程是指用来执行一个操作或多个操作，而且不返回任何值的过程。

子过程又分为通用过程和事件过程。通用过程采取相应的动作完成功能；事件过程通过对象的一个事件发生设计。

子过程的语法结构：

```
Sub 子过程名称()
    [变量声明]
    基本语句
End Sub
```

子过程的代码一定要写在子过程标识“Sub…End Sub”之间。

子过程的代码例子：

```
Public Sub Command1_Click()
    DoCmd.OpenForm "Form1",acNormal
End Sub
```

过程中使用 DoCmd 对象来打开 Form1 窗体。

2. 函数

函数又称为函数过程，是指可以返回一个值的过程。函数可由 VBA 系统内部提供，也可由用户自己定义。

函数的语法结构：

```
Function 函数名称（参数）As 数据类型
    [变量声明]
    [基本语句]
    函数名称=表达式
End Function
```

函数的代码一定要写在函数的标识符“Function…End Function”之间。

可以在函数声明中确定函数返回值的数据类型，然后使用表达式对函数赋值，便于其他程序的调用。

函数使用例子（计算圆面积）：

```
Public Function Area(r As Single) As Single
    Area=3.14*r*r
End Function
```

3. 过程的调用

Sub 过程和 Function 过程的调用方法基本一样。只不过 Function 过程可以用在表达式中，调用的格式如下：

（1）格式 1

```
[Call]过程名[参数列表]
```

（2）格式 2

```
过程名[参数列表]
```

当用 Call 调用时其过程名后必须加括号，若有参数，参数应该放在括号中。Call 可以省略，若省略 Call，则过程名后不需要加括号。

例如调用 Function 过程计算半径为 4 的圆的面积。只要调用函数 S：

```
S(4)
```

若参数 R 是变量，则只需写如下代码：

```
Dim R As Single
S(R)
```

若要保存过程函数的返回值，可以用如下方法：

```
Value=过程名(参数列表)
```

8.4 面向对象程序设计

8.4.1 基本概念

Access 2010 数据库系统采用了面向对象程序开发环境。面向对象程序设计（Object-Oriented Programming，缩写：OOP）是将对象作为程序的基本单元，将程序和数据封装在其中，以提高软件的易用性、灵活性和扩展性。它是一种程序设计范例，同时也是一种程序开发方法，其特征为抽象性、封装性、多态性和继承性。

面向对象程序设计与面向过程程序设计的区别主要是面向过程是以函数、循环、选择为主，而面向对象是用类及其三大特性（继承性、多态性、封装性）对现实世界建模，从而高效快速得解决现实问题。

1. 对象

对象是面向对象程序设计的基本单元，是一种将数据和操作过程结合在一起的数据结构，每个对象都有自己的属性、方法和事件。Access 2010 中的对象可以是单一对象，也可以是对象的集合。

2. 属性

属性是指对象的特征，它定义了对象的大小、位置、颜色、标题和名称等。可以通过修改对象的属性值来修改对象的特征。

对象属性的调用语法结构：

```
对象.属性名
```

3. 方法

方法是指对象可以执行的行为，通过这个行为能实现相应的功能或改变对象的属性。

对象方法的调用语法结构：

```
对象.方法.[参数]
```

4. 事件

事件是 Access 窗体或报表及其控件等对象可以识别的动作，例如单击或双击鼠标事件、窗体或报表的打开事件等。在 Access 2010 数据库系统中，有两种处理事件的响应：一种是使用宏来设置事件属性；一种是为某个对象编写 VBA 代码过程来完成指定动作，这样的代码过程称为事件过程或事件响应代码。

5. 抽象

在系统开发中，抽象指的是在决定如何实现对象之前的对象的意义和行为。它强调的是实体的本质和内在的属性。

6. 封装

封装是一种把代码和代码所操作的数据捆绑在一起，使这两者不受外界干扰和误用的机制。

7. 继承

继承是指一个对象从另一个对象中获得属性的过程。

8. 多态

多态是指一个方法只能有一个名称，但可以有多种形态，也就是程序中可以定义多个同名的方法。

8.4.2 实例应用

例 8-13 使用 VBA 编写程序代码，实现四则运算并判断运算结果，若回答对，则显示“您答对了，谢谢!”，若回答错，则显示“您答错了，重来!”，如图 8-16 所示。

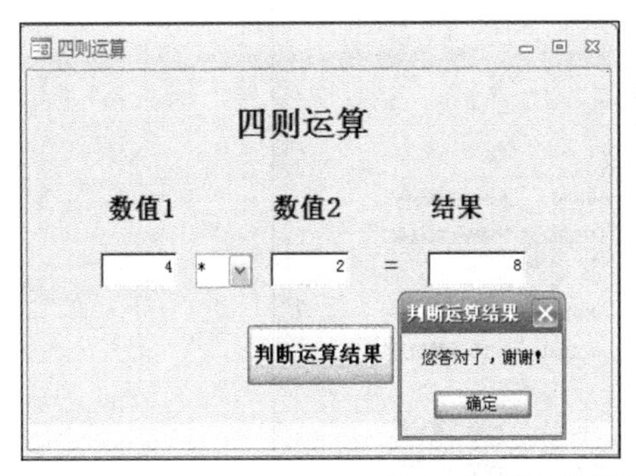

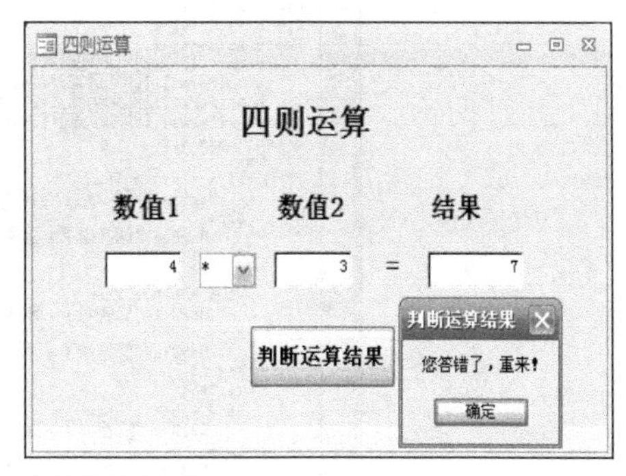

图 8-16 四则运算答对和答错的显示效果

操作步骤如下：

① 创建一个窗体，名称为“四则运算”，在窗体中创建标题控件，输入“四则运算”；在窗体中添加 4 个标签控件，分别输入“数值 1”、“数值 2”、“结果”和“=”；在窗体中添加 3 个文体框，并将它们的属性格式设置为“常规数字”；在窗体中创建一个组合框，其列表值为运算符“+、-、*、/”；在窗体中添加一个按钮，其标题为“判断运算结果”，调整布局并设置各控件属性，如图 8-17 所示。

② 单击【判断运算结果】按钮，单击【属性表】命令，在属性表中选中【事件】选项卡中的【单击】列表框属性为【事件过程】选项，然后单击【...】按钮，如图 8-18 所示。在【选择生成器】对话框中

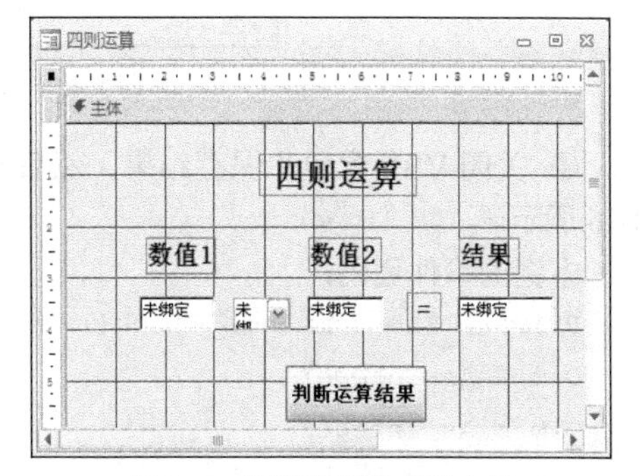

图 8-17 “四则运算”窗体布局

选择【代码生成器】，如图 8-19 所示。

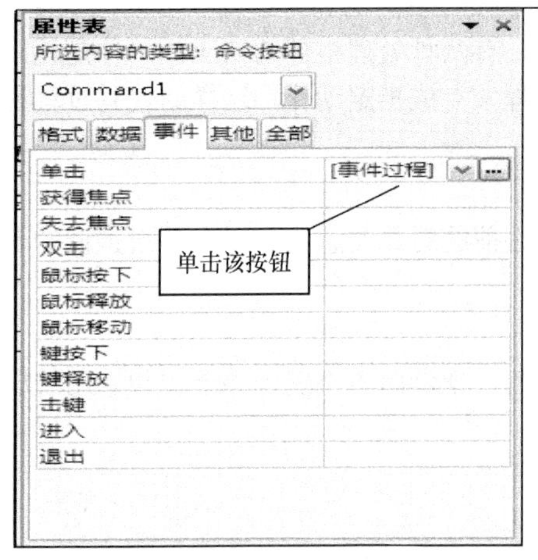

图 8-18 属性表

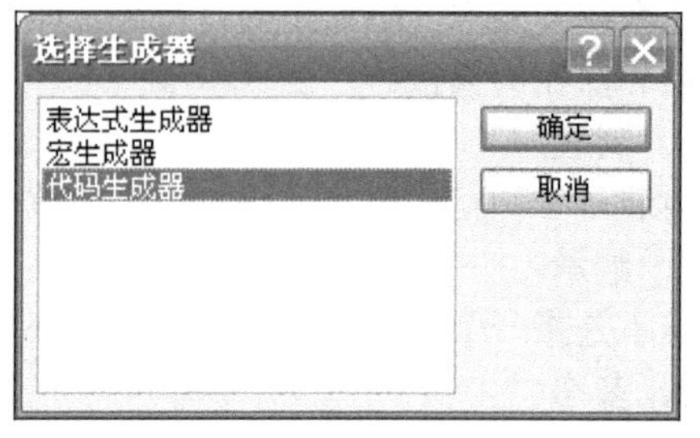

图 8-19 【选择生成器】对话框

③ 单击【确定】按钮，打开 VBE 代码窗口，在代码窗口中输入代码，如图 8-20 所示。

图 8-20 在 VBE 代码窗口中输入代码

④ 关闭 VBE 窗口并保存结果，然后运行“四则运算”窗体，输入数值检验运算结果，如图 8-16 所示。

本例的事件代码：

```
Private Sub Command1_Click()
Dim a As Integer
Dim b As Integer
Dim c As Integer
```

```
        sign = [Forms]![四则运算]![Combo1]
        a = [Forms]![四则运算]![Text1]
        b = [Forms]![四则运算]![Text2]
        c = [Forms]![四则运算]![Text3]
    Select Case sign
        Case "+"
          If a + b = c Then
             MsgBox "您答对了，谢谢！", vbOKOnly, "判断运算结果"
          Else
              MsgBox "您答错了，重来！", vbOKOnly, "判断运算结果"
          End If
        Case "-"
          If a - b = c Then
              MsgBox "您答对了，谢谢！", vbOKOnly, "判断运算结果"
          Else
              MsgBox "您答错了，重来！", vbOKOnly, "判断运算结果"
          End If
        Case "*"
          If a * b = c Then
              MsgBox "您答对了，谢谢！", vbOKOnly, "判断运算结果"
          Else
              MsgBox "您答错了，重来！", vbOKOnly, "判断运算结果"
          End If
        Case "/"
          If a / b = c Then
              MsgBox "您答对了，谢谢！", vbOKOnly, "判断运算结果"
          Else
              MsgBox "您答错了，重来！", vbOKOnly, "判断运算结果"
          End If
    End Select
    End Sub
```

例 8-14 通过编写 VBA 程序代码，设计一个用户登录窗体，输入用户名称和密码，如果用户名称和密码都正确，则显示“欢迎使用本系统”；如果用户名称或密码不正确，则给出错误提示；如果用户名称或密码为空，则给出提示重新输入。

操作步骤如下：

① 打开【进销存管理】数据库，创建一个窗体，命名为“用户登录”。

② 在窗体上添加“用户名称”和“密码”两个标签，再添加两个文本框，一个用于输入用户名称，其名称为“UserName”，文本属性为空；另一个用于输入密码，其名称为“UserPassword”，文本属性为空，并设置“输入掩码”属性为“密码”；在窗体上添加一个命令按钮，设置标题为“确认”，名称为“OK”，窗体布局如图 8-21 所示。

③ 单击【确认】按钮，单击【属性表】命令，在属性对话框中，单击【事件】选项卡并设置【单击】属性为【事件过程】选项，单击属性栏右侧【...】按钮，即进入类模块代码编辑区。在

模板中添加 VBA 程序代码，如图 8-22 所示。

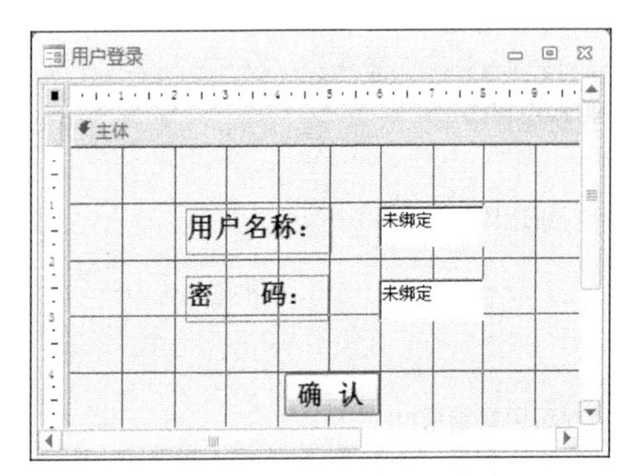

图 8-21 创建“用户登录”窗体

图 8-22 在 VBE 代码窗口中输入代码

④ 关闭操作窗体并保存结果，然后运行“用户登录”窗体，输入用户名称和密码，单击【确定】按钮，如果正确，则显示结果如图 8-23 所示；如果用户名称正确，但密码不正确，则显示结果如图 8-24 所示。

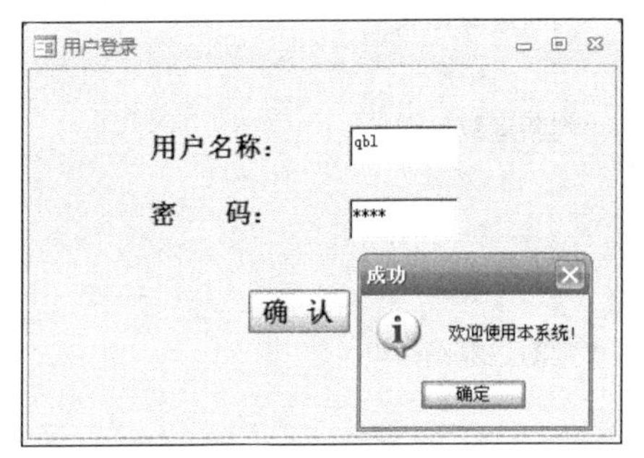

图 8-23 用户名和密码正确

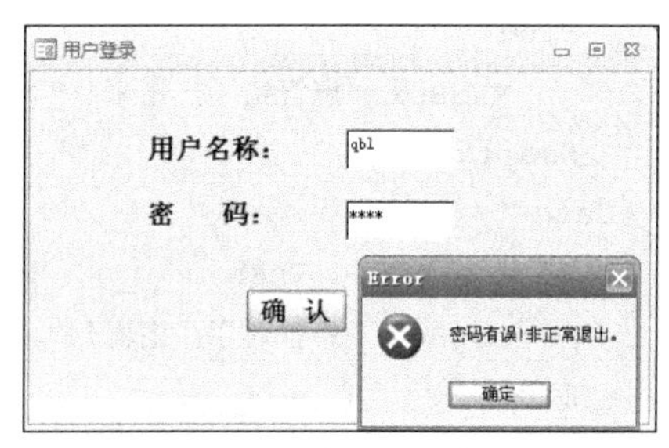

图 8-24 密码不正确

本例的事件代码：

```
Private Sub OK_Click()
If Len(Nz(UserName)) = 0 And Len(Nz(UserPassword)) = 0 Then
        MsgBox "用户名称、密码为空！请输入", vbCritical, "Error"
        UserName.SetFocus
    ElseIf Len(Nz(UserName)) = 0 Then
        MsgBox "用户名称为空！请输入", vbCritical, "Error"
        UserName.SetFocus
    ElseIf Len(Nz(UserPassword)) = 0 Then
        MsgBox "密码为空！请输入", vbCritical, "Error"
        UserPassword.SetFocus
    Else
    If UserName = "QBL" Then
```

```
        If UCase(UserPassword) = "1234" Then
            MsgBox "欢迎使用本系统!", vbInformation, "成功"
            DoCmd.Close
             Else
            MsgBox "密码有误!非正常退出。", vbCritical, "Error"
            DoCmd.Close
       End If
     Else
       MsgBox "用户名称有误! 非正常退出。", vbCritical, "error"
       DoCmd.Close
     End If
    End If
End Sub
```

8.5 DAO和ADO

在 Access 数据库程序设计中，VBA 提供了两个非常重要的数据访问接口：DAO 和 ADO。通过数据访问接口，可以使 Access 数据库中的各种对象的数据管理和处理完全代码化，使开发的数据库管理系统功能更完善、更强大。

8.5.1 DAO

1. 基本概念

DAO（Data Access Objects）也称为“数据访问对象”，是一种面向对象的界面接口，提供一个访问数据库的对象模型，利用其中定义的一系列数据访问对象，例如 Database、RecordSet、QueryDef 等对象，实现对数据库的各种操作，而且程序编码也比较简单,可以很方便访问 Microsoft Jet 引擎数据库。

在 Access 模块程序设计时，要想使用 DAO 的各个对象，必需先引用一个 DAO 应用库（即 DAO 对象和函数）。在 Access 2010 数据库系统中的 DAO 应用库是 DAO3.6，其设置方法步骤如下：

① 进入 VBA 代码编程环境——VBE。

② 单击【工具】菜单中的【引用】，在【引用】对话框中选中“Microsoft DAO3.6 Object Library”并单击【确定】命令按钮，如图 8-25 所示。

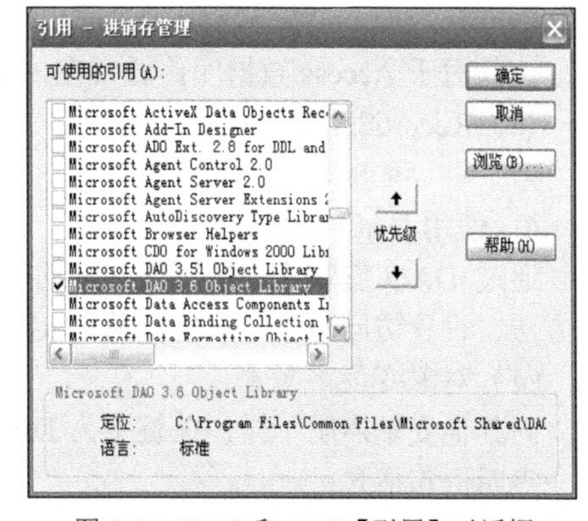

图 8-25 DAO 和 ADO【引用】对话框

2. DAO 模型结构

DAO 是 Access 的一个对象，其模型是分层结构，如图 8-26 所示，是关系数据库对象类的集合，提供了关系数据库管理系统操作的属性和方法，主要包括创建数据库、定义表、字段和索引、建立表间关系、定位和查询数据库等。

DAO 部分对象的含义如表 8-9 所示。

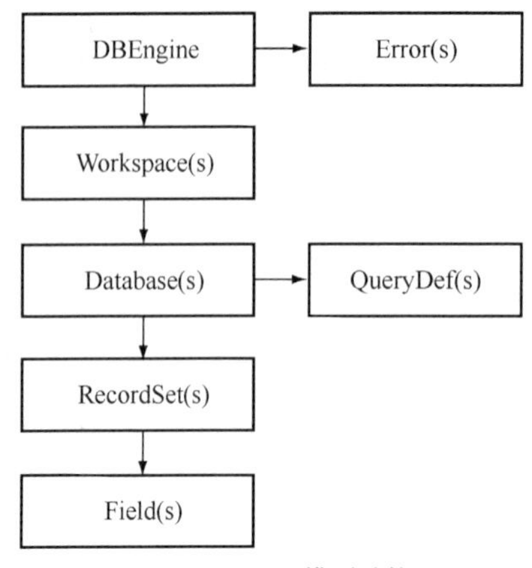

图 8-26 DAO 模型结构

表 8-9 DAO 部分对象的含义

对象名称	含义
DBEngine	数据库引擎，最上层对象，包含并控制其余全部对象
Workspace	用户打开至关闭 Access 期间，作为一个工作区
Database	操作的数据库对象
RecordSet	数据记录的集合
Field	字段数据信息
QueryDef	数据库查询信息
Error	使用 DAO 对象产生的错误信息

3. DAO 数据类型变量

（1）Database 变量

```
Dim db As Database
Public db As Database
```

注：对于 Access 数据库，通常在模块中被定义为 Public 全程变量。

（2）RecordSet 变量

```
Dim rs As RecordSet
```

4. 使用 DAO 访问数据库

通过 DAO 编程实现数据库访问时，首先要设置对象变量，然后通过对象变量调用访问对象的方法、设置访问对象的属性，从而实现对数据库的各种访问。

（1）对象变量声明

同其他变量声明一样，关键字为 Dim、Private、Public 等。

声明语句格式：

```
Dim 对象变量名 As 对象类型
```

（2）对象变量赋值

Dim 只是声明对象变量的类型，对于变量的值必须通过 Set 表达式。

Set 表达式格式：

```
Set 对象变量名=对象指定声明
```

（3）语句设置方法与说明

```
Dim ws as DAO.Workspace              &&定义 Workspace 对象变量
Dim db as DAO.Database               &&定义 Database 对象变量
Dim rs as DAO.RecordSet              &&定义 RecordSet 对象变量
Dim fd as DAO.Field                  &&定义 Field 对象变量
Set ws=DBEngine.Workspace(o)         &&打开默认工作区
Set db=ws.OpenDatabase(数据库的地址与文件名)      &&打开数据库
Set rs=db.OpenRecordSet(表名、查询名或 SQL 语句)  &&打开记录集
Do While not rs.EOF          &&循环遍历整个记录集直至记录集末尾
      ……                     &&对字段的各种操作
rs.MoveNext                  &&记录指针移到下一条
Loop                         &&返回到循环开始处
rs.close                     &&关闭记录集
db.close                     &&关闭数据库
set rs=nothing               &&释放记录集对象变量所占内存空间
set db=nothing               &&释放数据库对象变量所占内存空间
```

说明：如果是本地数据库，可以省略定义 Workspace 对象变量，打开工作区和打开数据库两条语句用下面一条语句代替：

```
Set db = CurrentDb
```

5. 实例应用

例 8-15 创建一个窗体，名称为“增加商品价格”，价格增加 20%，数据来源为“进销存管理”的“商品”表，命令按钮使用 DAO 编程，窗体显示“商品”表中的“商品名”和增加后的“价格”信息。

操作步骤如下：

① 打开【进销存管理】，创建一个窗体，名称为“增加商品价格”。

A）在窗体主体中添加 2 个文本框，名称分别为 t1 和 t2，标签的标题分别为“商品名”和“售价”。

B）在窗体页眉中添加 1 个标签，标题为“商品价格增加 20%”。

C）在窗体页脚中添加 1 个命令按钮，名称为“command9”，标题为“价格增加并显示”，如图 8-27 所示。

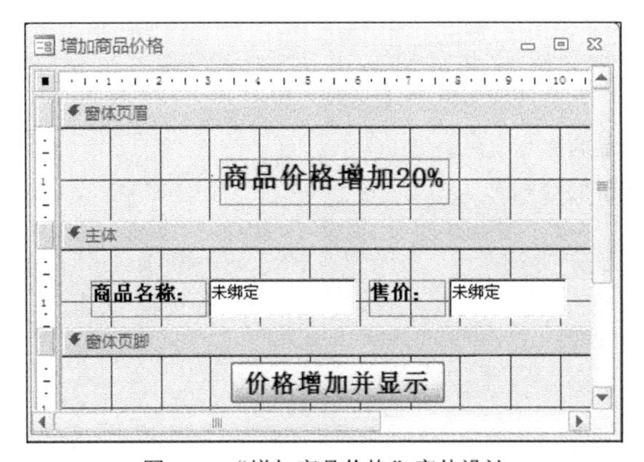

图 8-27 “增加商品价格”窗体设计

② 单击【价格增加并显示】按钮，然后单击【代码】命令，弹出一个 VBE 窗口，并在其窗口中输入代码，如图 8-28 所示。

③ 关闭代码编辑窗口并保存结果，然后双击“增加商品价格”窗体，运行结果如图 8-29 所示。

图 8-28 “价格增加并显示”按钮代码

图 8-29 “增加商品价格”窗体运行效果

本例的事件代码：

```
Private Sub command9_Click()
Dim db  As DAO.Database
Dim rs  As DAO.Recordset
Dim fd  As DAO.Field
Set db = CurrentDb()
Set rs = db.OpenRecordset("商品")
Set fd = rs.Fields("售价")
Do While Not rs.EOF
rs.Edit
fd = fd + fd * 0.2
rs.Update
rs.MoveNext
Loop
rs.MoveFirst
t1 = rs.Fields("商品名称")
t2 = rs.Fields("售价")
rs.Close
db.Close
Set rs = Nothing
Set db = Nothing
End Sub
```

8.5.2 ADO

1. 基本概念

ADO（ActiveX Data Objects）也称为“ActiveX 数据对象”，是基于组件的数据库编程接口，与编程语言无关的 COM 组件系统，主要操作是对数据读取和写入。

在 Access 模块程序设计时，要想使用 ADO 的各个对象，必需先引用一个 ADO 应用库。在 Access 2010 数据库系统中的 ADO 应用库是 ADO2.5，其设置方法步骤如下：

① 进入 VBA 代码编程环境 VBE。

② 单击【工具】菜单中的【引用】，在“引用”对话框中选择“Microsoft ActiveX Data Objects2.5 Library”并单击【确定】命令按钮，如图 8-25 所示。

2. ADO 模型结构

ADO 模型结构是一系列对象的集合，如图 8-30 所示。ADO 与 DAO 不同，ADO 对象不需派生，除 Field 对象和 Error 对象之外，其他对象可直接创建。使用时，只需在程序中创建对象变量，并通过对象变量调用对象方法、设置对象属性，实现对数据库的访问。

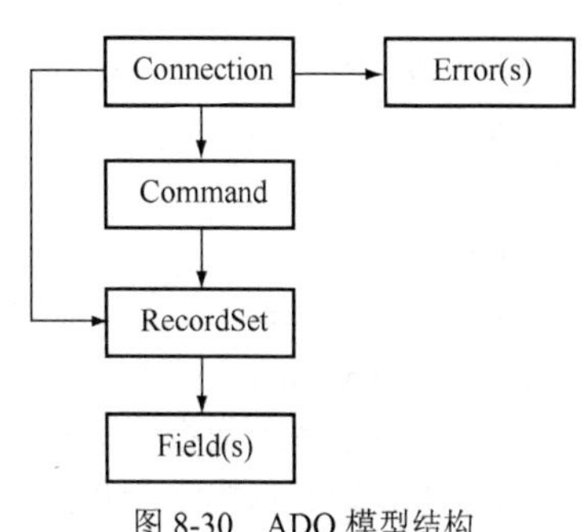

图 8-30　ADO 模型结构

ADO 部分对象的含义如表 8-10 所示。

表 8-10　ADO 部分对象的含义

对象名称	含义
Connection	建立数据源连接
Command	对数据源执行命令，对象内容为 SQL 语法
RecordSet	数据操作返回的记录集合
Field	记录集中的字段数据信息
Error	数据访问错误时的信息

3. 建立连接和断开

使用 ADO 编程时，首先要建立应用程序和数据源之间的连接。为了与 DAO 中同名对象有所区分，ADO 对象的前面要加上前缀“ADODB”。

1）建立连接

一般格式如下：

```
Dim 连接对象变量名 As New ADODB.Connention
连接对象变量名.Open <连接串等参数>
```

2）断开

一般格式如下：

```
连接对象变量名.Close
Set 连接对象变量名=nothing
```

4. 使用 ADO 访问数据库

通过 ADO 访问数据库时，必须先创建对象变量，然后用对象方法和属性来访问数据库。在 ADO 中，最常用的对象是 Recordset 对象，使用它可以更灵活地对记录集进行操作，这里介绍它与其他对象的联合使用。

1）RecordSet 对象与 Connection 对象联合使用

```
Dim cnn as new ADODB.Connection            &&建立连接对象
Dim rs as new ADODB.RecordSet              &&建立记录集对象
cnn.Provider="Microsoft.Jet.OLEDB.4.0"     &&设置数据提供者
cnn.Open 连接字符串                         &&打开数据库
rs.Open 查询字符串                          &&打开记录集
do while not rs.EOF                        &&循环开始
       ……                                  &&对字段的各种操作
rs.movenext                                &&记录指针移到下一条
loop                                       &&返回到循环开始处
rs.close                                   &&关闭记录集
cnn.close                                  &&关闭连接
set rs=nothing                             &&释放记录集对象变量所占内存空间
set cnn=nothing                            &&释放连接对象变量所占内存空间
```

说明：对于本地数据库，Access 的 VBA 也给 ADO 提供了类似于 DAO 的数据库打开快捷方式，可以将设置数据提供者和打开数据库两条语句用下面一条语句代替：

```
Set cn = CurrentProject.Connection
```

2）RecordSet 对象与 Command 对象联合使用

```
Dim cmm as new ADODB.Command               &&建立命令对象
Dim rs as new ADODB.RecordSet              &&建立记录集对象
cmm.ActiveConnection=连接字符串             &&建立命令对象的活动连接
cmm.CommandType=查询类型                    &&指定命令对象的查询类型
cmm.CommandText=查询字符串                  &&建立命令对象的查询字符串
rs.Open cmm, 其他参数                       &&打开记录集
do while not rs.EOF                        &&循环开始
       ……                                  &&对字段的各种操作
rs.movenext                                &&记录指针移到下一条
loop                                       &&返回到循环开始处
rs.close                                   &&关闭记录集
set rs=nothing                             &&释放记录集对象变量所占内存空间
```

5. 实例应用

例 8-16 创建一个窗体，名称为“添加客户信息”，数据源为“进销存管理”的“客户”表，通过使用 ADO 编程，在窗体中输入有关客户信息添加到“进销存管理”的“客户”表中，如果客户编号已存在，则不能添加。

操作步骤如下：

① 打开【进销存管理】，创建一个窗体，名称为“添加客户信息”。

A）在窗体主体中添加 7 个文本框，名称分别为 t1、t2、t3、t4、t5、t6 和 t7，标签的标题分别为“客户编号”“客户名称”“联系人”“联系地址”“邮政编码”“联系电话”和“E-mail”。

B）在窗体页眉中添加 1 个标签，标题为“添加客户信息”。

C）在窗体页脚中添加 1 个命令按钮，名称为“cmm”，标题为“添加到表中”，窗体布局如图 8-31 所示。

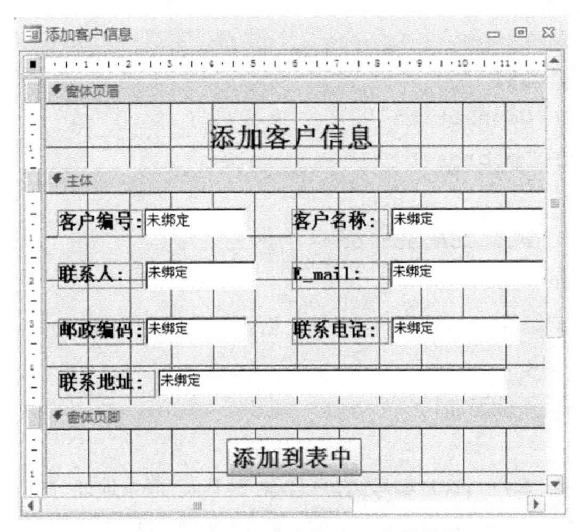

图 8-31 “添加客户信息”窗体设计

② 单击【添加到表中】按钮，然后单击【代码】命令，弹出一个 VBE 窗口，并在其窗口中输入代码，如图 8-32 所示。

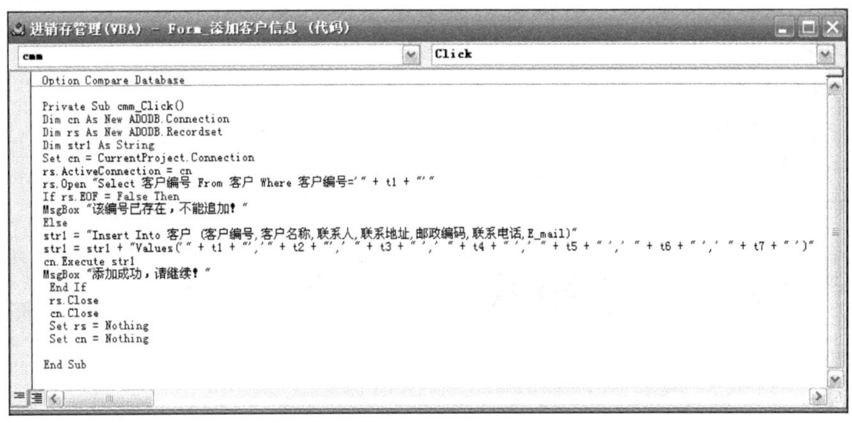


```
Option Compare Database

Private Sub cmm_Click()
Dim cn As New ADODB.Connection
Dim rs As New ADODB.Recordset
Dim str1 As String
Set cn = CurrentProject.Connection
rs.ActiveConnection = cn
rs.Open "Select 客户编号 From 客户 Where 客户编号='" + t1 + "'"
If rs.EOF = False Then
MsgBox "该编号已存在，不能追加！"
Else
str1 = "Insert Into 客户 (客户编号,客户名称,联系人,联系地址,邮政编码,联系电话,E_mail)"
str1 = str1 + "Values('" + t1 + "','" + t2 + "','" + t3 + "','" + t4 + "','" + t5 + "','" + t6 + "','" + t7 + "')"
cn.Execute str1
MsgBox "添加成功，请继续！"
 End If
 rs.Close
 cn.Close
 Set rs = Nothing
 Set cn = Nothing

End Sub
```

图 8-32 “添加到表中”按钮代码

③ 关闭代码编辑窗口并保存结果，然后双击“添加客户信息”窗体，运行结果如图 8-33 所示。

图 8-33 “添加客户信息”窗体运行效果

本例的事件代码：

```
Private Sub cmm_Click()
Dim cn As New ADODB.Connection
Dim rs As New ADODB.Recordset
Dim str1 As String
Set cn = CurrentProject.Connection
rs.ActiveConnection = cn
rs.Open "Select 客户编号 From 客户 Where 客户编号='" + t1 + "'"
If rs.EOF = False Then
MsgBox "该编号已存在，不能追加！"
Else
str1 = "Insert Into 客户 (客户编号,客户名称,联系人,联系地址,邮政编码,联系电话,E-mail)"
str1 = str1 + "Values('" + t1 + "','" + t2 + "',' " + t3 + " ',' " + t4 + " ','
" + t5 + " ',' " + t6 + " ',' " + t7 + " ')"
cn.Execute str1
MsgBox "添加成功，请继续！"
 End If
 rs.Close
 cn.Close
 Set rs = Nothing
 Set cn = Nothing
End Sub
```

8.6 实验八

【实验目的】

1. 掌握 VBA 语言编程基础。
2. 熟悉将宏转换为 VBA 代码方法。
3. 熟悉模块和过程的创建。
4. 学会编写简单事件过程。
5. 了解通过 DAO 和 ADO 访问数据的方法。

【实验内容】

1. 程序控制语句的应用。
2. 将宏转换为 VBA 代码。
3. 创建模块和过程。
4. 设计简单事件过程。
5. 通过 DAO 和 ADO 访问数据。

【实验准备】

完成第 7 章所有实验内容后的数据库“进销存管理系统.accdb”。

【实验方法及步骤】

1．实验任务 8-1

完成例 8-1、例 8-2、例 8-3、例 8-4、例 8-5、例 8-5、例 8-7、例 8-8、例 8-9、例 8-10 的操作。

2．实验任务 8-2

完成例 7-11、例 7-12 的操作。

3．实验任务 8-3

完成例 7-13、例 7-14 的操作。

4．实验任务 8-4

完成例 7-15、例 7-16 的操作。

8.7 习题

一、单选题

1．子过程的过程标识是（　　）。

A）Sub　　B）Function

C）Sub 和 Function　　D）Sub、Function 和宏

2．以下可以得到“3*5=15”结果的 VBA 表达式为（　　）。

A）"3*5"&"="&3*5　　B）"3*5"+"="+3*5

C）3*5&”=”&3*5　　D）3*5+"="+3*5

3．以下程序段运行后，消息框的输出结果是（　　）。

```
A=sqr(3)
B=sqr(2)
C=a>b
MsgBox c+2
```

A）-1　　B）1

C）2　　D）出错

4．假定有以下程序段：

```
N=0
  For i=1 to 3
    For j=-4 to -1
      N=n+1
    Next j
  Next i
```

运行完毕后，n 的值是（　　）。

A）0　　B）3

C）4　　D）12

5．VBA 表达式“2*2\2/2”的输出结果是（　　）。

A）0　　B）1

C）2　　D）4

6．VBA 程序的多条语句可以写在一行中，其分隔符必须使用符号（　　）。

A）:　　B）’

C）;　　　　D）,

7. 现有一个已经建好的窗体，窗体中有一个命令按钮，单击此按钮，将打开 tEmployee 表，若采用 VBA 代码完成，下列语句中正确的是（　　）。

A）DoCmd.Openform "tEmployee"

B）DoCmd.Openview "tEmployee"

C）DoCmd.Opentable "tEmployee"

D）DoCmd.Openreport "tEmployee"

8. 下列程序段运行结束后，变量 x 的值为（　　）。

```
X=2
Y=4
Do
  X=x*y
  Y=y+1
Loop while y<4
```

A）2　　　　B）4

C）7　　　　D）20

9. Sub 过程与 Function 过程最根本的区别是（　　）。

A）Sub 过程的过程名不能返回值，而 Function 过程能通过过程名返回值

B）Sub 过程可以使用 Call 语句或直接使用过程名调用，而 Function 过程不可以

C）两种过程参数的传递方式不同

D）Function 过程可以有参数，Sub 过程不可以

10. 在窗体中添加一个命令按钮（名为 Command1），然后编写如下代码：

```
Private Sub Command1_Click()
  A=0:b=5:c=6
  MsgBox a=b+c
End Sub
```

窗体打开运行后，单击命令按钮，则消息框的输出结果为（　　）。

A）11　　　　B）a=11

C）0　　　　D）False

11. 在窗体中添加一个命令按钮（名为 Command1）和一个文本框（名为 Text1），并在命令按钮中编写如下事件代码：

```
Private Sub Command1_Click()
  M=1.17
  N=Len(Str$(m)+Space(5))
  Me!Text1=n
End Sub
```

打开窗体运行后，单击命令按钮，在文本框中显示结果为（　　）。

A）5　　　　B）7

C）10　　　　D）12

12. 在窗体中添加一个命令按钮（名为 Command1），然后编写如下事件代码：

```
Private Sub Command1_Click()
A=75
```

```
    If a>60 Then
      K=1
    ElseIf a>70 Then
      k=2
    ElseIf a>70 Then
      k=3
    ElseIf a>90 Then
      k=4
    End If
    MsgBox k
  End Sub
```

窗体打开运行后，单击命令按钮，则消息框的输出结果是（　　）。

A）1　　B）2

C）3　　D）4

13．设有如下窗体单击事件过程：

```
Private Sub Form_Click()
  A=1
  For i=1 to 3
Select Case i
    Case 1,3
        A=a+1
    Case 2,4
        A=a+2
    End Select
Next i
MsgBox a
End Sub
```

打开窗体运行后，单击窗体，则消息框的输出的结果是（　　）。

A）3　　B）4

C）5　　D）6

14．ADO 的含义是（　　）。

A）开放数据库互连应用程序接口　　B）数据访问对象

C）动态链接库　　D）ActiveX 数据对象

15．在 Access 中，若变量定义在模块的过程内部，当程序代码执行时才可见，则这种变量的作用域为（　　）。

A）程序范围　　B）全局范围

C）模块范围　　D）局部范围

16．在 VBA 中，下列关于过程的描述中正确的是（　　）。

A）过程的定义可以嵌套，但过程的调用不能嵌套

B）过程的定义不可以嵌套，但过程的调用可以嵌套

C）过程的定义和过程的调用均可以嵌套

D）过程的定义和过程的调用均不能嵌套

17．设有如下过程：

```
X=1
Do
X=x+2
Loop until ___________
```

运行程序，要求循环执行三次后结束循环，空白处应该填写的语句是（　　）。

A）x<=7　　　　B）x<7

C）x>=7　　　　D）x>7

18．下列数组声明语句中，正确的是（　　）。

A）Dim A [3,4] As Integer　　　　B）Dim A(3,4) As Integer

C）Dim A [3;4] As Integer　　　　D）Dim A(3;4) As Integer

19．在窗体中添加一个命令按钮（名为 Command1），然后编写如下事件代码：

```
Private Sub Command1_Click()
  Dim y As Integer
  Y=0
  Do
    Y=InputBox("y=")
    If (y mod 2)+Int(y/10)=10 Then Debug.Print y;
  Loop Until y=0
End Sub
```

打开窗体运行后，单击命令按钮，依次输入 10、37、50、55、64、20、27、19、-19、0，立即窗口上输出的结果是（　　）。

A）37 55 64 27 19 19　　　　B）10 50 20

C）10 50 20 0　　　　D）37 55 64 27 19

20．下列不需要使用 VBA 代码的是（　　）。

A）创建用户自定义函数

B）复杂程序处理

C）添加字段

D）使用 ActiveX 控件和其他应用程序对象

21．关于数组的描述，下列说法中错误的是（　　）。

A）数组是具有相同数据类型的一组变量的集合

B）数组中每个变量的引用通过数据下标来指定

C）VBA 还支持动态数组

D）可以定义多维数组，最多可以定义 50 维

22．在调试 VBA 程序时，能自动检查出来的错误是（　　）。

A）语法错误　　　　B）逻辑错误

C）运行错误　　　　D）语法错误和逻辑错误

23．在已建窗体中有一命令按钮（名为 Commandl），该按钮的单击事件对应的 VBA 代码为：

```
Private Sub Commandl_Click()
subT.Form.RecordSource = "select * from 雇员"
End Sub
```

单击该按钮实现的功能是（　　）。

A）使用 select 命令查找“雇员”表中的所有记录
B）使用 select 命令查找并显示“雇员”表中的所有记录
C）将 subT 窗体的数据来源设置为一个字符串
D）将 subT 窗体的数据来源设置为“雇员”表

24．在模块的声明部分使用“Option Base 1”语句，然后定义二维数组 A(2 to 5,5)，则该数组的元素个数为（　　）。

A）20　　B）24
C）25　　D）36

25．下列关于 OLE 对象的叙述中，正确的是（　　）。

A）用于输入文本数据　　B）用于处理超级链接数据
C）用于链接或内嵌 Windows 支持的对象　　D）用于生成自动编号数据

26．下列数据类型中，不属于 VBA 的是（　　）。

A）长整型　　B）布尔型
C）变体型　　D）指针型

27．在 VBA 程序设计中，程序的基本控制结构是（　　）。

A）For…next 结构和 Do While…Loop 结构。
B）子程序结构和自定义函数结构。
C）单行结构、多行结构和多分支结构。
D）顺序结构、选择结构和循环结构。

28．下列合法变量名的是（　　）。

A）Y_xz　　B）213abc
C）long　　D）integer

29．在 VBA 的定义中，静态变量可以用下列关键字的是（　　）。

A）Dim　　B）Static
C）Const　　D）Public

30．下列程序段循环次数是（　　）。

```
Fox j=1 to 20
j=j*4
Next j
```

A）2　　B）3
C）4　　D）20

二、多选题

1．关于“方法”的叙述中，不正确的是（　　）。

A）方法是独立的实体　　B）方法可以由程序员自己定义
C）方法是对事件的响应　　D）方法是属于对象的

2．关于“模块”的叙述中，正确的是（　　）。

A）能够完成宏所不能完成的复杂操作
B）是 Access 系统中的一个对象
C）主要包括全局模块和局部模块
D）以 VBA 为基础，以函数和子过程为存储单元

3．关于“过程”的叙述中，正确的是（　　）。

A）子过程有返回值

B）函数过程有返回值

C）子程序声明以 Sub 语句开头，并以 End Sub 语句结束

D）函数声明使用 Function 语句开头，并以 End Function 语句结束

三、判断题

1. 在 VBA 中，声明静态变量的关键字是 Const。（　　）

2. 在 VBA 的同一个表达式中，运算顺序是算术运算、逻辑运算、关系运算。（　　）

3. 类型说明符“%”表示的类型是长整数型。（　　）

四、填空题

1. 支结构在程序执行时，根据______选择执行不同的程序语句。

2. 在 VBA 中变体类型的类型标识是______。

3. 子过程 Test 显示一个如下所示的乘法表：

```
1*1=1    1*2=2    1*3=3    1*4=4
2*2=4    2*3=6    2*4=7
3*3=9    3*4=12
4*4=16
```

请在空白处填入适当的语句使子过程完成指定的功能。

```
Sub Text()
  Dim I,j As Integer
  For i=1 to 4
    For j=1 to 4
      If ______ Then
        Debug.print I&"*" j &"="& i*j & space(2)
     End if
   Next j
   Debug.print
  Next i
End sub
```

五、简答题

1. VBA 中常见的对象属性有哪些？

2. VBA 中的常量类型有哪些？

3. VBA 支持哪些数据类型？

第9章 数据库管理及系统集成

本章知识要点

- Access 2010 安全性新增功能。
- 数据库安全基本操作。
- 通过菜单实现小型数据库应用系统集成的方法。

9.1 Access 数据库安全及管理

如何保证数据库的安全，是数据库系统建成后必须考虑的问题。在 Access 2010 中，通过安全功能和数据库工具来实现对数据库的安全管理和有效保护。

9.1.1 Access 安全性的新增功能

Access 提供了经过改进的安全模型，该模型有助于简化将安全性应用于数据库以及打开已启用安全性的数据库。

1．Access 2010 中新增的安全功能

（1）不启用数据库内容时也能查看数据的功能。

在 Microsoft Office Access 2003 中，如果将安全级别设置为“高”，则必须先对数据库进行代码签名并信任数据库，然后才能查看数据。而无需决定是否信任数据库。

（2）更高的易用性。

如果将数据库文件放在受信任位置（例如，指定为安全位置的文件夹或网络共享），那么这些文件将直接打开并运行，而不会显示警告消息或要求启用任何禁用的内容。此外，如果在 Access 2010 中打开由早期版本的 Access 创建的数据库（如.mdb 或.mde 文件），并且这些数据库已进行了数字签名，而且已选择信任发布者，那么系统将运行这些文件而不需要决定是否信任它们。

（3）信任中心。

信任中心是一个对话框，它为设置和更改 Access 的安全设置提供了一个集中的位置。使用信任中心可以为 Access 设置受信任位置并设置安全选项。在 Access 实例中打开新的和现有的数据库时，这些设置将影响它们的行为。信任中心包含的逻辑还可以评估数据库中的组件，确定打开数据库是否安全，或者信任中心是否应禁用数据库，以判断是否启用它。

（4）更少的警告消息。

早期版本的 Access 强制处理各种警报消息，宏安全性和“沙盒模式”就是其中的两个例子。默认情况下，如果打开一个非信任的.accdb 文件，将出现一个称为【消息栏】的工具，如图 9-1 所示。

安全警告　部分活动内容已被禁用。单击此处了解详细信息。　启用内容

图 9-1 【消息栏】工具

（5）在签名和分发数据库文件时采用了新的方法。

在 Access 2007 之前的 Access 版本中，使用 Visual Basic 编辑器将安全证书应用于各个数据库组件。在 Access 2010 中可以将数据库打包，然后签名并分发该包。

如果将数据库从签名的包中解压缩到受信任位置，则数据库将打开而不会显示消息栏。如果将数据库从签名的包中解压缩到不受信任位置，如用户信任包证书并且签名有效，则数据库将打开而不会显示消息栏。

（6）新增了一个在禁用数据库时运行的宏操作子类。

这些更安全的宏还包含错误处理功能。用户还可以直接将宏（即使宏中包含 Access 禁止的操作）嵌入任何窗体、报表或控件属性，它们以逻辑方式配合来自早期版本的 Access 的 VBA 代码模块或宏工作。

2．Access 和用户级安全

对于以新文件格式（.accdb 和.accde 文件）创建的数据库，Access 不提供用户级安全。但是，如果在 Access 2010 中打开由早期版本的 Access 创建的数据库，并且该数据库应用了用户级安全，那么这些设置仍然有效。

使用用户级安全功能创建的权限不会阻止具有恶意的用户访问数据库，因此不应用作安全屏障。此功能适用于提高受信任用户对数据库的使用。若要保护数据安全，要使用 Windows 文件系统权限，仅允许受信任用户访问数据库文件或关联的用户级安全文件。

3．使用受信任位置中的 Access 数据库

将 Access 数据库放在受信任位置时，一般是一个文件夹或一个网络路径，所有 VBA 代码、宏和安全表达式都会在数据库打开时运行。在数据库打开时不必做出信任决定。

使用受信任位置中的 Access 数据库的过程大致分为下面几个步骤：

（1）使用信任中心查找或创建受信任位置。

（2）将 Access 数据库保存、移动或复制到受信任位置。

（3）打开并使用数据库。

当查找或创建受信任位置后，可将 Access 数据库保存在这些位置，或在这些位置打开数据库。

查找或创建受信任位置的操作步骤如下：

（1）在【文件】选项卡上，单击【选项】，此时显示【Access 选项】对话框，如图 9-2 所示，单击【信任中心】，然后在【Microsoft Office Access 信任中心】下，单击【信任中心设置】。

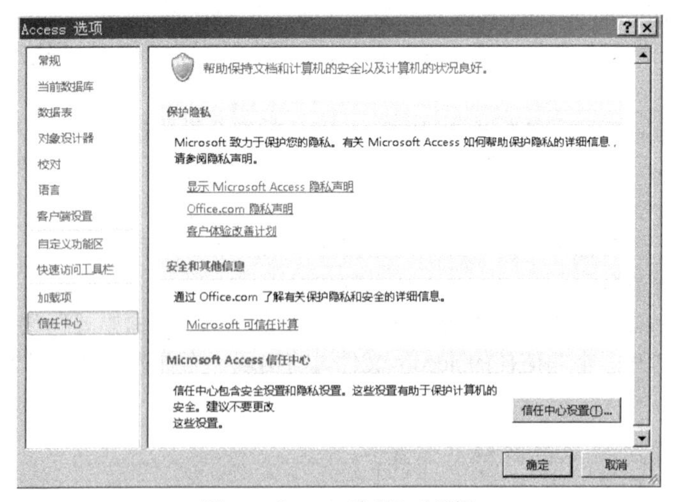

图 9-2 “Access 选项”对话框

（2）在如图 9-3 所示的“信任中心”对话框中，单击【受信任位置】，然后可执行添加、删除和修改信任位置。

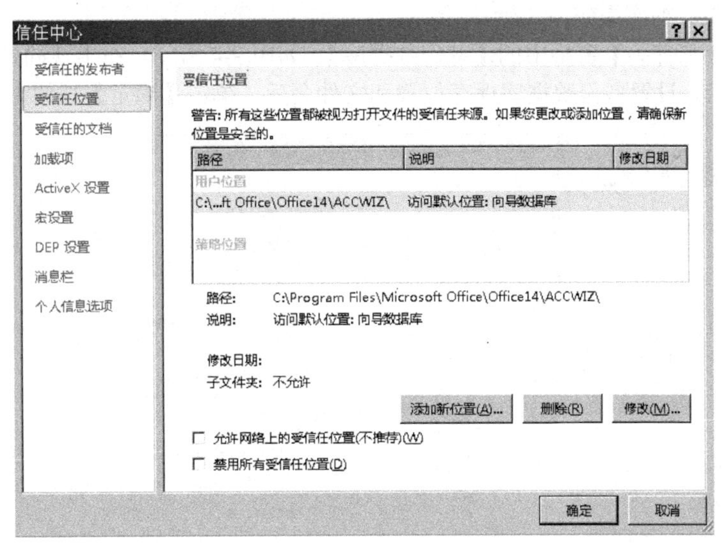

图 9-3 “信任中心”对话框

4．打包、签名和分发 Office Access 2007 数据库

在创建.accdb 文件或.accde 文件后，可以将该文件打包，对该包要应用数字签名，然后将签名包分发给其他用户。【打包并签署】工具会将该数据库放置在 Access 部署（.accdc）文件中，对其进行签名，然后将签名包放在指定的位置。其他用户可以从该包中提取数据库，并直接在该数据库而不是在包中工作。

在操作过程中需注意以下几点：

（1）将数据库打包并对包进行签名是一种传达信任的方式。在对数据库打包并签名后，数字签名会确认在创建该包之后，数据库未进行过更改。

（2）从包中提取数据库后，签名包与提取的数据库之间将不再有关系。

（3）仅可以在以.accdb、.accdc 或.accde 文件格式保存的数据库中使用“打包并签署”工具。Access 还提供了用于对早期版本创建的数据库进行签名和分发的工具。所使用的数字签名工具必须适合于所使用的数据库文件格式。

（4）一个包中只能添加一个数据库。

（5）该过程将对包含整个数据库的包（而不仅仅是宏或模块）进行签名。

（6）该过程将压缩包文件，以便缩短下载时间。

（7）可以从位于 Windows SharePoint Services 3.0 服务器上的包中提取数据库。

9.1.2 数据库安全基本操作

1．备份数据库

已经建立的数据库可能由于硬件故障或误操作等意外导致被破坏或数据丢失，因此要经常对数据库进行备份，一旦出现意外可以用备份恢复数据库。

例 9-1 备份已完成前面几章实验操作的数据库

操作步骤如下：

（1）打开“进销存管理系统.accdb”。

（2）执行【另存为】操作。

单击【文件】选项卡中的【保存并发布】，单击【文件类型】窗格中的【数据库另存为】。

（3）执行备份数据库操作。

双击【数据库另存为】窗格中的【备份数据库】，如图 9-4 所示。在出现的“另存为”对话框中，如图 9-5 所示，设置备份数据库保存位置和文件名后，单击【确定】按钮。

图 9-4 备份数据库

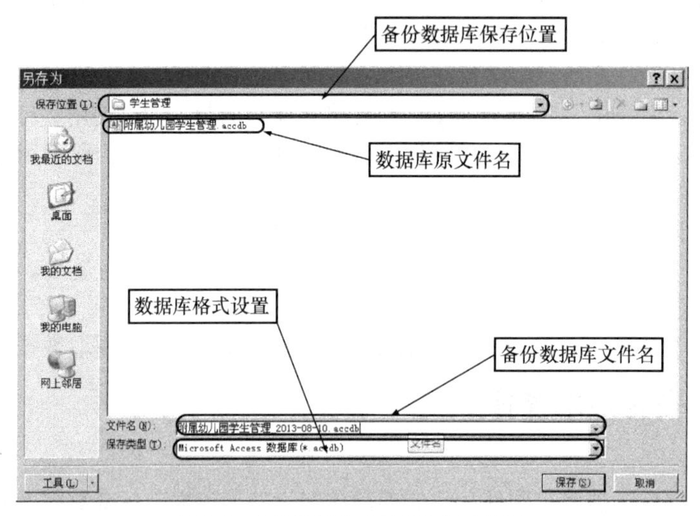

图 9-5 备份数据库“另存为”对话框

2．压缩和修复数据库

对数据库中的数据经常进行删除、修改和添加等操作，会导致数据库文件被散碎保存在磁盘上，从而使数据库文件越来越大。压缩数据库可以重新整理数据库文件，使其在磁盘上存储的更紧凑和规整，从而可以提高数据库的使用效率和有效使用磁盘空间。

在对数据库操作时，由于突然“掉电”或“死机”等意外，导致数据库中的数据遭到破坏，此时可通过修复数据库操作来尝试修复受损数据库。

例 9-2 压缩和修复完成例题 9-1 操作的数据库。

操作步骤如下：

（1）打开“进销存管理系统.accdb”。

（2）执行压缩和修复数据库操作。

在【数据库工具】选项卡的【工具】组中单击【压缩和修复数据库】工具。

3．设置数据库密码加密数据库

通过给数据库设置打开密码防止未经授权的人打开数据库，是一种简单有效的保证数据库安全的措施，但只能给以独占方式打开的数据库设置密码。

例 9-3 给完成例题 9-2 操作后的数据库设置密码。

操作步骤如下：

（1）启动 Access 2010。

（2）以独占方式打开数据库。

在【文件】选项卡的左窗格中单击【打开】，在出现的“打开”对话框中，如图 9-6 所示，通过浏览找到并选择“进销存管理系统.accdb”。单击【打开】按钮旁边的箭头，单击菜单中“以独占方式打开”，则数据库被以独占方式打开。

图 9-6 【打开】对话框

（3）设置数据库密码。

在【文件】选项卡的右窗格中单击【用密码进行加密】，如图 9-7 所示，则打开“设置数据库密码”对话框，如图 9-8 所示，在【密码】和【验证】文本框中输入相同的密码，单击【确定】按钮。

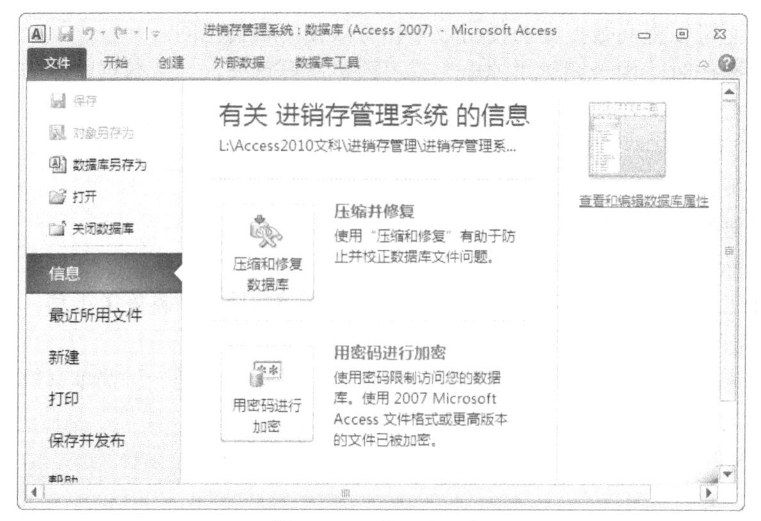

图 9-7 “文件”选项卡

（4）重新打开数据库。

关闭并重新打开数据库，此时出现如图 9-9 所示的对话框，要求输入正确的密码后才能打开数据库。

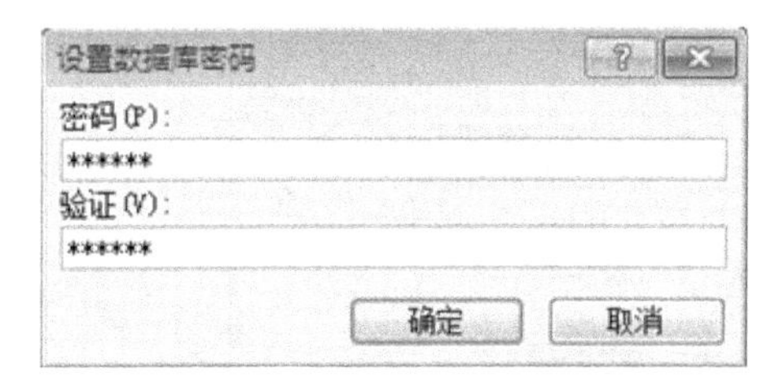

图 9-8 “设置数据库密码”对话框

图 9-9 “要求输入密码”对话框

4．生成 ACCDE 文件

数据库应用系统反复测试后交付用户使用前，还应考虑数据库对象不被除系统设计者外的人查看、修改和删除，可以用数据库生成 accde 格式来解决这个问题。打包生成 accde 文件的过程主要完成以下工作：

（1）对数据库系统编译成“仅执行”格式。

（2）删除可编辑的 VBA 代码。

（3）压缩数据库系统。

例 9-4 将完成例题 9-3 操作后的数据库打包成同名的.accde 文件。

操作步骤如下：

（1）打开“进销存管理系统.accdb”。

（2）执行【生成 ACCDE】命令。

在【文件】选项卡的左窗格中单击选择【保存并发布】，双击【数据库另存为】窗格中的【ACCDE】工具。

（3）生成并保存 ACCDE 文件。

在出现的对话框中，如图 9-10 所示，浏览选择 accde 文件的保存位置，设置文件名，单击【保存】按钮。

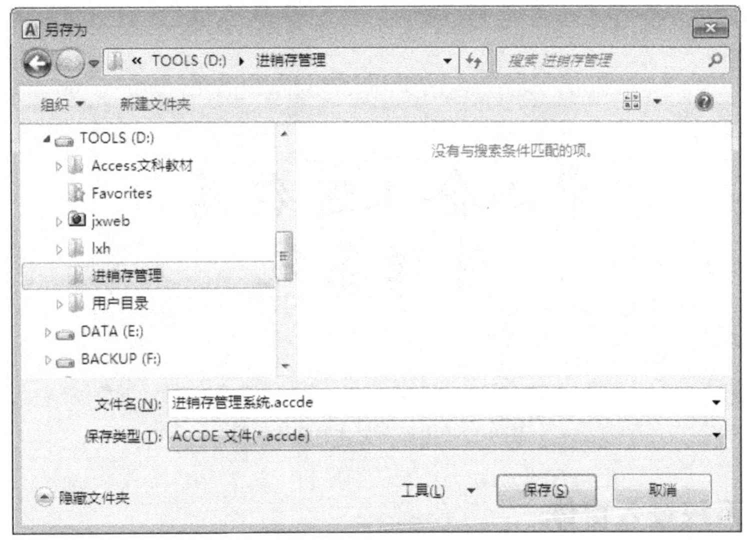

图 9-10 “另存为”对话框

9.2 Access 数据库应用系统集成

前面已经介绍了创建数据库应用系统中各种对象的方法，这里以进销存管理系统为例，在系统所需的窗体、查询、报表和 VBA 过程等功能对象全部创建完成后，综合运用所学内容，完成一个具有完整功能的初级小型应用系统的集成。

9.2.1 创建系统主界面窗体

系统主界面窗体，也称系统主窗体或主程序，它是系统的操作平台。在这个窗体上恰当布局一组对象，比如菜单、工具等，将系统所有功能组合起来，通过对这组对象的操作，用户可以快捷调用系统的各种功能，实现数据处理。

进销存管理系统的主界面窗体一般在窗体设计视图中创建，图 9-11 所示是窗体的设计视图参考布局，图 9-12 所示是窗体的窗体视图参考效果。命名窗体为“进销存管理系统主界面”。

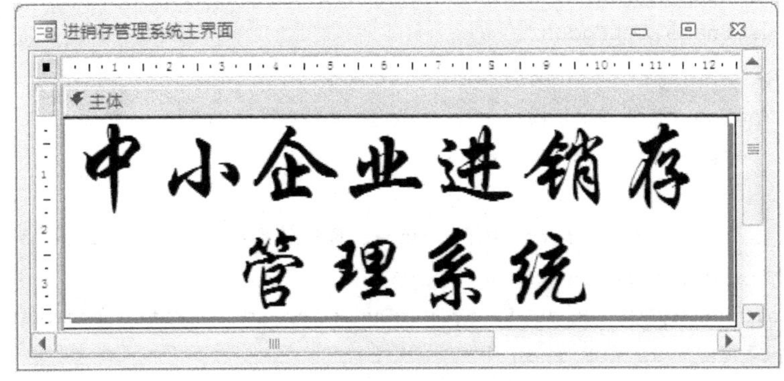

图 9-11 主界面窗体设计视图

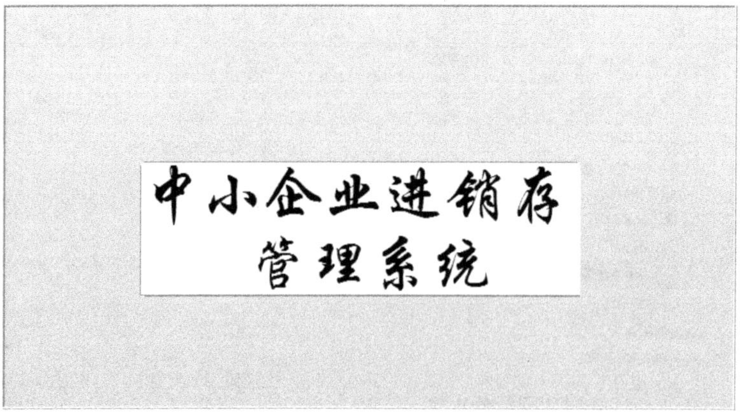

中小企业进销存
管理系统

图 9-12 主界面窗体的窗体视图

9.2.2 创建系统登入窗体

设置数据库密码可以防止未经授权者打开数据库，而作为一个具有应用功能的 Access 数据库，还应该设置登录窗体，通过输入用户名和密码的来禁止非法用户使用应用系统。登录窗体一般是系统打开后的第一个界面，可用例题 5-9 创建的窗体作为进销存管理系统的登录窗体。

单击登入窗体的【登入】命令按钮，则对用户输入的账号和密码进行认证，认证的事件代码如下，代码中“username”和“userpassword”分别是登录账号和密码文本框的名称。

```
Private Sub Command1_Click()
Dim Mydb As New ADODB.Connection
    Dim MyRs As New ADODB.Recordset
    Dim MySQL As String
    Mydb.Provider = "microsoft.jet.oledb.4.0"
    Set Mydb = CurrentProject.Connection
If Len(Nz(username)) = 0 And Len(Nz(userpassword)) = 0 Then
            MsgBox "用户名、密码为空！请输入", vbCritical, "Error"
            username.SetFocus
        ElseIf Len(Nz(username)) = 0 Then
            MsgBox "用户名为空！请输入", vbCritical, "Error"
            username.SetFocus
        ElseIf Len(Nz(userpassword)) = 0 Then
            MsgBox "密码为空！请输入", vbCritical, "Error"
            userpassword.SetFocus
        Else
        MySQL = "select * from 操作员 where 操作员名='" & Me.username & "'" &;
"and 密码='" & Me.userpassword & "'"
        MyRs.Open MySQL, Mydb ', adOpenDynamic, adLockBatchOptimistic, adCmdText
           If Not MyRs.EOF Then
               DoCmd.Close
               DoCmd.OpenForm "进销存管理系统主界面"
           Else
```

```
            MsgBox "你非授权用户！", vbCritical, "Error"
            DoCmd.Close
        End If
End If
End Sub
```

9.2.3 创建和加载【加载项】选项卡自定义菜单

把数据库对象的运行命令定义给菜单选项，选择菜单选项则运行对应对象，这样就可以把系统所有功能集成到一个菜单中。菜单可以通过宏创建，把已创建的菜单加载到系统主界面窗体，就组成了系统主界面的主要内容。

1．创建菜单

通过分析图 1-2，可将进销存管理系统的系统菜单规划为包括 20 个菜单选项的 7 个下拉菜单，如图 9-13 所示，因此需建立表 9-1 所描述的宏和宏组。

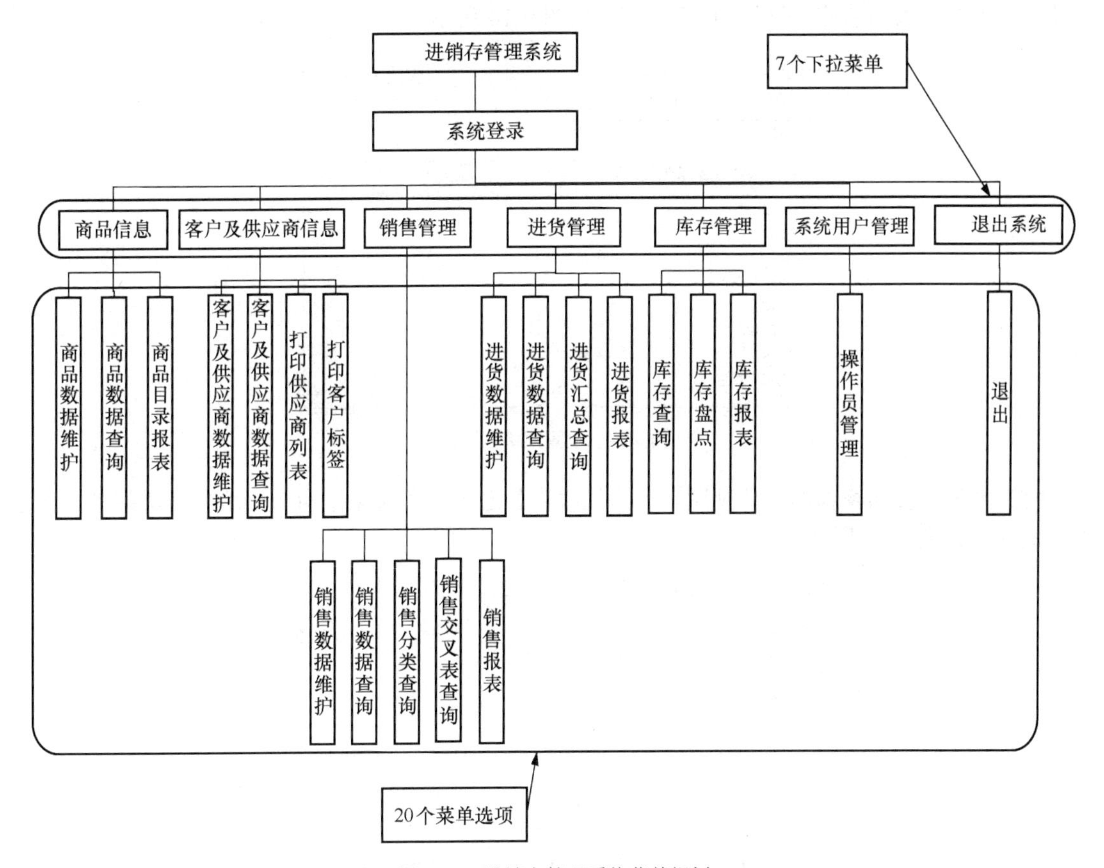

图 9-13 进销存管理系统菜单规划

使用本书 7.6 节介绍的方法，创建菜单的步骤如下：

（1）打开“进销存管理系统.accdb”。

（2）创建 7 个下拉菜单的宏组。

（3）创建一个宏，该宏中有 7 个 AddMenu 宏操作命令将 7 个下拉菜单组合到菜单中。

表 9-1 创建【加载项】选项卡自定义菜单的宏

宏的名称	结构	用途
菜单	7 个 AddMenu 宏操作	将 7 个下拉菜单组合到菜单中
商品信息	3 个子宏	每个子宏对应下拉菜单中的一个菜单项，每个菜单项的功能为执行完成一项管理功能的对象
客户及供应商信息	4 个子宏	
销售管理	5 个子宏	
进货管理	4 个子宏	
库存管理	3 个子宏	
系统用户管理	1 个子宏	
退出系统	1 个子宏	

2. 将菜单加载到系统主界面窗体

菜单加载到系统主界面窗体的方法是：在【属性表】窗口中将系统主界面窗体的【菜单栏】属性设置为菜单宏的名称，这里为“菜单”。如图 9-14 所示。

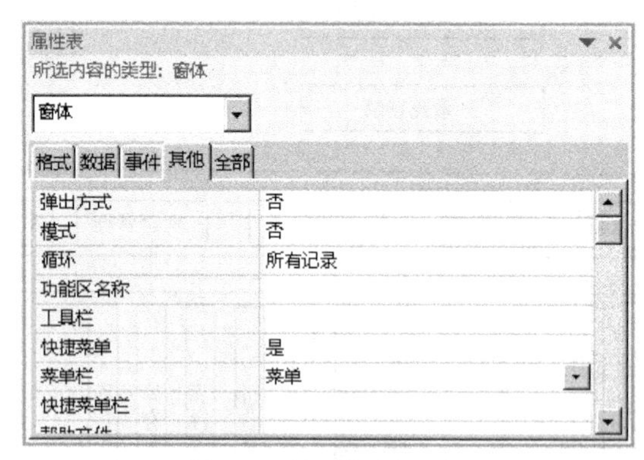

图 9-14 设置菜单栏属性

打开系统主界面窗体的窗体视图，在【加载项】选项卡的【菜单命令】组中出现菜单，表示加载成功，如图 9-15 所示。

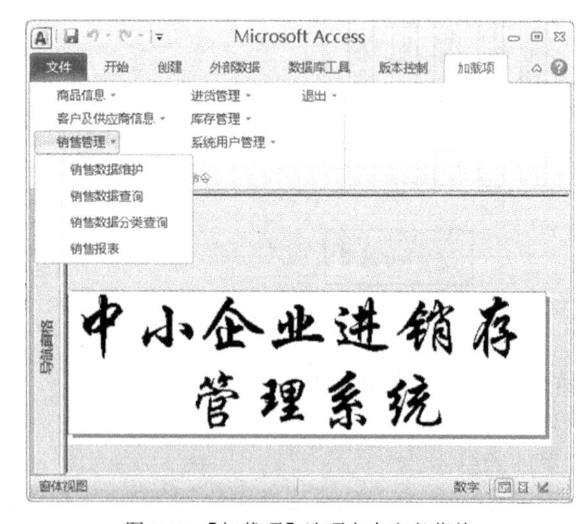

图 9-15 【加载项】选项卡自定义菜单

9.2.4 设置启动窗体

数据库应用建成后，打开数据库应该出现一个应用界面，这个最先出现的界面一般是一个窗体，这个窗体就是启动窗体，启动窗体可能是登入窗体，也可能是其他窗体，因此数据库应用建成后应该选择和设置其启动窗体。

例 9-5 将例 5-9 创建的窗体设置为“进销存管理系统.accdb”的启动窗体。

操作步骤如下：

（1）打开“进销存管理系统.accdb”

（2）将例 5-9 创建的窗体设置为启动窗体。

在【文件】选项卡中单击【选项】，在【Access 选项】对话框的中，如图 9-16 所示，单击左窗格中【当前数据库】。从右窗格的【显示窗体】组合框中，选择“例 5-9 进销存管理系统登入”。

（3）重新打开数据库。

关闭并重新打开数据库，可以看到例 5-9 创建的窗体被自动打开。如在打开数据库的同时按【Shift】键，则会忽略对当前数据库启动窗体的设置和其他设置。

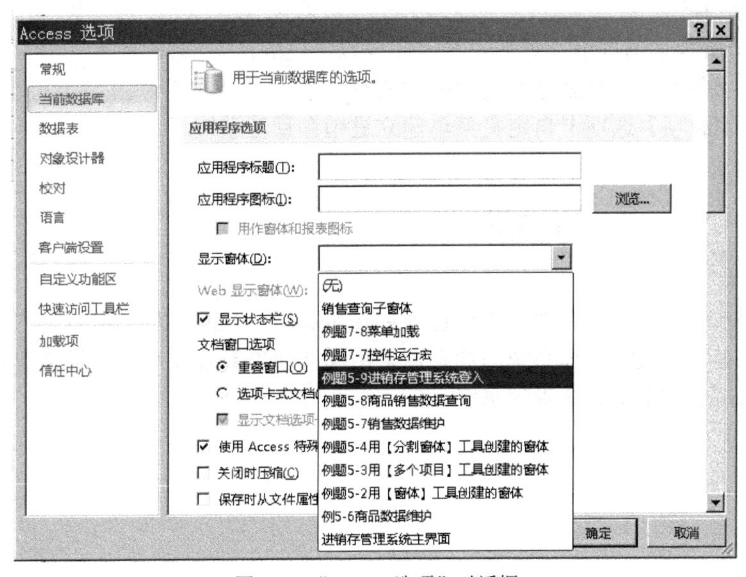

图 9-16 “Access 选项”对话框

系统开发完成后，开发人员会把数据库窗口、系统内置菜单和工具隐藏起来，以免因用户误操作导致损坏数据和对象，即预设置一个应用系统的运行环境。这些设置和应用系统启动对象的选择，都可以在 Access 数据库的【选项】里完成。

9.3 实验九

【实验目的】

1．了解 Access 2010 安全性新增功能。

2．掌握数据库安全基本操作。

3．通过菜单实现小型数据库应用系统集成的方法。

【实验内容】

1．数据库安全基本操作。

2．通过菜单实现小型数据库应用系统集成。

【实验准备】

完成第 8 章所有实验内容后的数据库“进销存管理系统.accdb”。

【实验方法及步骤】

1．实验任务 9-1

完成例 9-1 的操作。

2．实验任务 9-2

完成例 9-2 的操作。

3．实验任务 9-3

完成例 9-3 的操作。

4．实验任务 9-4

完成例 7-4 的操作。

5．实验任务 9-5

根据 1.3.3 节所规划的进销存管理系统，完成以下任务：

（1）参照本书各章中例题创建系统所需的所有对象。

（2）采用【加载项】选项卡自定义菜单建立进销存管理系统。

9.4 实训

在完成实训六后的数据库“学生成绩管理系统.accdb”中完成以下操作：

根据实训一对学生成绩管理系统的规划，采用【加载项】选项卡自定义菜单，选择实训二至实训七所建对象，建立学生成绩管理系统。

参 考 文 献

[1] 付兵．数据库基础与应用——Access 2010 [M]．北京：科学出版社，2012．

[2] 姜增如．Access 2010 数据库技术及应用[M]．北京：北京理工大学出版社，2012．

[3] 徐秀花，程晓锦，李业丽．Access 2010 数据库应用技术教程[M]．北京：清华大学出版社，2013．

[4] 杨涛．中文版 Access 2003 数据库应用实用教程[M]．北京：清华大学出版社，2009．

[5] 张迎新，等. 数据库及其应用系统开发（Access 2003）[M]. 北京：清华大学出版社，2006.